중국학 총서 **1**

중국의 공산화 정책이 전통 가정윤리에 미친 영향

중국혁명과 가정윤리

－고려대 중국학 연구소에서 진행하는 중국학 총서입니다－

중국학 총서 ①

중국의 공산화 정책이 전통 가정윤리에 미친 영향

중국혁명과 가정윤리

조용관 지음

한국학술정보㈜

저자서문

　13억 인구가 동시에 한 계절을 느낄 수 없고, 계절이 달라 하나의 꽃을 볼 수 없어 국화(國花)가 없는 거대한 나라, 중국을 연구한다는 것은 실로 어려운 일이다. 지정학적으로 중국과 밀접한 관계를 맺고 있는 우리에게 중국연구는 단순한 학문적 호기심의 대상을 넘어 우리의 생존과 직결되는 문제이기 때문에 여타 지역연구와는 그 궤를 달리한다. 역사적으로 볼 때 우리가 중국을 올바르게 이해하고 대처했을 때에는 국가의 안녕을 가져왔지만, 그렇지 못한 경우에는 많은 인적·물적 피해를 입었고, 심지어 국가의 존망을 위협받기까지 하였다. 다행히도 지혜로운 우리 선조들은 중국과 직접적인 마찰을 피하려는 많은 노력을 기울여 왔고, 그 결과 남북 분단되기 전까지 비교적 오랫동안 우호적인 관계를 유지해 왔다. 그러나 남북 분단 이후 냉전의 시대에는 중국은 지리적으로 가까운 이웃이지만 이념적으로는 아주 먼 나라였다. 분단 반세기에 이르러서야 한·중 수교가 이루어졌으며, 수교 이후 양국 간에 인적·물적 교류가 급속도로 활발해져 다시 과거 전통적 우호관계가 복원되어 가는 시점에 이르렀다.

　한·중의 이러한 관계를 반영하듯 최근 중국의 정치·경제는 물론 역사·철학·사회·문학·예술에 이르기까지 다양한 서적들이 많이 출판되어, 중국학 대중화의 바람이 불고 있다.

　모택동이 '남을 알고 자신을 알면 백 번 싸워도 위태롭지 않다'는 손자의 말을 중시한 것처럼, 중국학의 대중화 현상은 자국의 이익을 최우선으로 하는 국제화 시대에 중국을 올바로 이해하기 위해서는 바람직한 일이라 하겠다.

　필자가 중국에 대해 관심을 갖게 된 것은 1970년대 초 대학에 입학하면서부터였다. 그 당시 아무도 중국에 대해 별다른 관심을 갖지 않았던 시기에 고 김상협 총장님과 학과장님이시자 아시아문제연구소장님이셨던 김순엽 교수님께서 중국연구의 필요성을 간파하시고 중문과를 창설하였고, 틈이 있을 때마다 우리에게 중국대륙연구의 중요성을 강조하셨다. 그것이 계기가 되어 대학원에서도 계속 중국을 연구하여 석박사 학위를 받았다.

　필자가 중국문제를 연구하면서 갖게 된 한 가지 의문은 동양문화의 메카이자 유가사상의 종주국인 중국이 왜 전혀 다른 곳에서 배태된 마르크스-레닌주의 문화를 수용하게 되었으며, 또 모택동이 자기가 이상화하고 있는 사회주의 문화를 정착시키기 위해 어떠한 노력을 하였으며, 그 결과는 어떻게 나타났는가 하는 것이다. 이 같은 동기에서 출발한 중국에 대한 연구의 결과가 이 책이다.

　이 책에서는 중국정부가 전통적 가정문화를 타파하고 마르크스-레닌주의라는 새로운 통치이데올로기에 조응(照應)하는 사회주의 가정문화를 정착시키기 위해 어떠한 정책적 노력을 시도했으며, 또 그러한 정책적 노력의 과정에서 야기되는 갈등과 마찰은 무엇이며, 나아가 현재 어떠한 형태로 잔존 또는 변형(연속성과 불연속성)되었으며, 또 실제 생활에 이렇게 반영되고 있는가를 규명하고자 했다.

이 책은 모두 5장으로 구성되어 있다.

제1장 서설에서는 연구의 목적과 연구방법론을, 그리고 제2장에서는 전통 중국사회의 통치이념으로 등장했던 유가사상의 이상향과 이를 구현하기 위한 방법 및 이를 토대로 형성되었던 가정윤리체계를 다루고 있다. 제3장에서는 공산주의의 이상사회와 모택동사상을 살펴보고, 모택동이 실시한 가정문화정책이 실제 어떠한 영향을 미쳤는가를 고찰하고 있으며, 제4장에서는 모택동 사후에 집권한 등소평이 지향했던 중국 특색적 사회주의와 그가 실시하였던 가정문화정책과 그 실제와의 관계를 다루고 있고, 마지막 5장에서는 앞서 논의한 것들이 어떠한 함수관계를 가지고 있는가를 다루고 있다.

미비한 것이 많은 이 졸작이 중국학과 중국에 관심을 가진 분들에게 중국사회를 이해하는 데 조금이나마 도움이 되었으면 한다.

이 책이 나오기까지 많은 분의 도움을 받았다. 먼저 중국학에 관심을 갖도록 해주신 고 김상협 총장님, 김준엽 총장님과 이윤중 교수님, 또 늘 조용한 학자의 참모습을 몸소 보여 주신 존경하는 박용헌 교수님, 그리고 북경대학의 위영민(魏英敏)·양적(揚摘) 교수님, 천진사회과학연구원 이우촌(李雨村) 부소장님, 또 어려울 때마다 항상 격려해 주신 손풍삼·황무임·이서행·이재석 교수님께 깊이 감사드린다.

그리고 출판계의 어려운 사정에도 불구하고 「중국학총서」의 출판을 허락해 주신 한국학술정보(주)의 채종준 사장님과 편집부원들에게 감사의 말씀을 드린다.

　　끝으로 자식들을 위해 모든 것을 바치신 사랑하는 부모님과 형제들, 그리고 장모님, 또 부족한 남편을 늘 사랑으로 격려해 주는 동반자 옥희와 아버지의 역할을 다하지 못해 늘 미안한 은혜와 헌이에게 이 책을 바친다.

　　　　　　　　　　　　　　　　　　법화산 기슭 연구실에서
　　　　　　　　　　　　　　　　　　조용관

목 차

제 1 장
통치이념의 변동과
문화체제의 변화

1. 중국사회의 변동과 공산주의 연구방법론

동서고금을 막론하고 정치권력을 담당한 통치자는 자기의 통치이념을 그 구성원들에게 내면화시켜 안정적 정치체제를 마련하고자 하며, 또 이를 위해 많은 노력을 경주하게 된다. 이러한 과정에서 국가의 통치이념과 문화체제, 그중에서도 가정에서의 가치규범이 유사성을 띨 경우 그 정치체제는 안정을 기하지만, 그렇지 못할 경우 불안정하게 된다. 여기서는 중국사회의 변동에 따른 통치이념의 변화와 가정윤리와의 관계, 사회주의국가에 대한 연구방법론, 그리고 가정윤리의 개념정의를 다루고자 한다.

1) 중국사회의 변동과 가정윤리

오랜 역사와 전통을 가진 중국의 정통사상을 간결하게 규정하기란 어려운 일이다. 중국사상은 공자와 맹자를 중심으로 한 유가사상과 노자(老子)·장자(莊子)를 중심으로 한 도가사상, 관자(管子)·한비자(韓非子)를 주축으로 한 법가사상, 그리고 묵가(墨家) 및 불가(佛家) 사상 등의 복합적인 영향하에서 형성되어 왔기 때문이다.[1] 그러나 한무제(漢武帝, B. C. 141~87) 때 동중서(董仲舒)의 건의로 유가가 국교화(國敎化)됨으로써 그 후 2000년간 유가사상은 계속 중국의 정통적 통치이념으로 자리잡아 왔다.2) 이로 말미암아 '인(仁)'과 '덕(德)'을 근간으로 하는 유가사상은 중국의 정치체제와 문화체제의 형성에 중심적 역할을 해왔다.3) 그러나 이렇게 형성된 중국의 정치·

---

1) 중국사상은 크게 유가사상과 도가사상으로 나눌 수 있으며, 유가사상은 정치·윤리·교육 등 현실적인 측면에서 주역을 담당하였고, 도가사상은 종교적 신앙과 회화, 시문 등 예술적인 문화형성에 많은 영향을 주었다. 趙吉惠·郭厚安·趙馥浩·潘策, 김동휘 옮김, 『中國儒學史 1』(서울: 신원문화사, 1997), p.129; 鄭剛, 『中國人的精神』(廣州: 廣東旅遊出版社, 1997), pp.7~11; 柳承國, 『東洋哲學硏究』(서울: 槿域書齊, 1983), pp.137 138.

2) 馮友蘭, 『中國哲學簡史』(北京. 北京大學出版社, 1996), pp.176~177; 龐朴 主編, 『中國儒學 1』(上海: 東方出版中心, 1997), pp.111~113; 梁啓超·李民樹 譯, 『中國文化思想史』(서울: 正音社, 1974), pp.112~113; 余敦康, 「論儒家倫理思想」, 『儒學國際學術討論會論文集』(山東: 齊魯書社出版社, 1989), p.90; 全海宗, 「儒敎文化의 普遍性과 特殊性」, 『유교문화의 보편성과 특수성』(성남: 한국정신문화연구원, 1994), p.10; James R. Townsend, *Pollitics in China*(Boston: Little, Brown and Co., 1980), pp.40~42; Lucian W. Pye, *China: An introuduction*(Boston: Little, Brown and Co., 1978), pp.32~34; V. A, Rubin, *individual and State in Ancient China*, 임철규 옮김, 『중국에서의 개인과 국가』(서울: 현상과 인식, 1983), pp.60~64.

3) 文崇一, 「從價値取向談中國國民性」, 李亦園 編, 『中國人的性格』(臺灣: 中央研究院, 1971), pp.45~75; 張虎, 「中國의 傳統的 價値體系와 共産主義」, 『亞細亞傳統社會에 미친 共産主義의 影響』(서울: 西江大學校 東亞研究所, 1987), p.47; Arthur F. Wright, Values, Roles, and Personalities, Arthur F. Wright Denis Twitchett(ed.), *Confucian Personalities*(Stanford: Stanford Univ. Press, 1962), p.3. 본 논문에서, '체제'는 '사회현상을 구성하는 제요소가 어떠한 중심원리에 의해 일정한 질서 있는 연관성과 통일성을 유지하고 있는 형태'로, 그리고 '체계'는 '상호 작용하고 있는 행위요소들의 집합'이란 외미로 사용하고자 한다 체제와 체계의 개념에 관해서는 鄭仁興 外 2人, 『政治學大辭典』(서울: 博英社, 1988), pp.1511~1512와 A. D. Hall & R. E. Fagen, Definition of System, Ruben, Brent D & John Y. Kim(ed.), *General Theory and Human Communication*(New Jersey: Hayden Book Co., Inc., 1975), pp.52~65 참조.

문화 체제는 근대에 들어와 크게 두 번의 변혁기를 맞이하였다. 첫 번째는 1840년 아편전쟁 이후 서구문물의 영향을 받은 진독수(陳獨秀)·호적(胡適)·노신(魯迅)·오우(吳虞) 등이 전개한 '신문화운동(新文化運動)'[4]과 1911년 손문(孫文) 등이 중심이 되어 청조를 타도하고 공화제정부를 수립함으로써 생긴 변혁기였으며,[5] 두 번째는 1949년 모택동(毛澤東)과 중국공산당이 중국대륙을 점령한 후 중국의 공산화를 추진함으로써 발생한 혁명적 변혁기였다. 특히, 전통 중국문화와는 전혀 이질적인 마르크스-레닌주의를 국가의 통치이념[6]으로

4) 신문화운동은 1915년 9월 진독수가 상해에서 창간한 잡지 『靑年』(1916년 『新靑年』으로 개칭)을 중심으로 일어난 신세대 혁신 신문화 사회운동이다. 이 운동은 서방으로부터 중국을 구한다는 기치 아래 사상혁명(陳獨秀), 문학혁명(胡適), 교육혁명(蔡元培), 문자혁명(錢玄同)을 주창하였고, 1919년 '5·4운동' 때 최고조에 달했다. 郭卿友 主編, 『中國現代史』(北京: 中央民族大學出版社, 1997), pp.33~37; 宮崎市定, 曹秉漢 편역, 『中國史』(서울: 역민사, 1985), pp.406~408.

5) 체스타 탄, 閔斗基 譯, 『中國現代政治思想史』(서울: 知識産業社, 1985), pp.45~57; 林毓生, 『中國傳統的創造性轉化』(北京: 三聯書店, 1988), pp.160~204. 儒家의 파괴운동의 역사와 구체적 전개과정은 宋榮培, 『中國社會思想史』(서울: 한길사, 1986), pp.285~332; 丸山松幸, 김정화 옮김, 『5·4運動의 思想史』(서울: 일월서각, 1983) 참조.

6) 본 연구에서 사용하는 통치이념 또는 통치이데올로기(Ruling Ideology)는 국가의 지배자가 주권을 행사하여 국토 및 국민을 다스리는 정치이념을 뜻하며, 이는 국가이념과 마르크스주의에서 통칭하는 지배이데올로기(Dominant Ideology)와 구분하여 사용하고자 한다. 한편 Franz Schurman은 이데올로기를 개인이나 계급의 특징적 사고방식으로서 조직의 형성과 운용을 위하여 봉사하는 일련의 관념체계라 규정하면서, 이데올로기에는 순수이데올로기(Pure Ideology)인 이론(Theory)과 실천이데올로기(Practical Ideology)인 사상(Thought)이 있다고 본다. 이를 중국에 적용시켰을 경우 이론에 속하는 것이 마르크스-레닌주의이고 사상에 속하는 것이 모택동사상이 된다. Franz Schurman, *Ideology and Organization in Communist China*(California: California Univ press, 1968), pp.18~25. 또 Anthony F. C. Wallace는 이데올로기를 문화체계로 이해하면서 이데올로기를 목표문화(Goal Culture)와 전이문화(Transfer Culture)로 구분하고 있는데 월레스가 말하는 목표문화에 해당되는 것이 순수이데올로기 개념이고 전이문화에 해당되는 것이 실천이데올로기라 할 수 있다. 목표

수용함으로써 이루어진 두 번째 변혁기는 그 폭과 내용 면에서 그
유례를 찾아볼 수 없을 정도의 정치·문화적 대변혁이었다.

　모택동은 신중국의 통치이데올로기로 채택한 마르크스-레닌주의
를 정착시키기 위하여 많은 노력을 시도하였으며, 이러한 노력은 그
의 사후 현재까지도 계속되고 있다.[7] 그 대표적인 예가 바로 1950년

　　문화는 이상사회에 대한 청사진을 제공하고 있는 문화로서 기존문화와
　　대비해 볼 때 어떤 점에 있어서는 부적합하거나 사악한 것으로 간주된
　　다. 반면에 전이문화는 기존문화와 목표문화를 연결해 주는 전달체계로
　　서 기존문화를 목표문화로 전이시키는 작용체계로서의 성격을 띠고 있
　　다. 이러한 점에서 Chalmers Johnson은 이데올로기의 목표문화는 현실
　　과 대조적으로 이상화 된 궁극적 유토피아의 이미지이고, 전이문화는
　　혁명적 지도자들이 목표문화에 접근하기 위해서 택해야 할 제빈 설치
　　를 구체적으로 규성한다고 보고 있다. Anthony F. C. Wallace, *Culture
　　and Personality*(New York: Random House, 1961); Chalmers Johnson,
　　Comparing Communist Nations, Chalmers Johnson(ed.), *Change in Communist
　　Systems*(Stanford: Stanford Univ. Press, 1968), pp.18~25. 이 같은 의미를
　　정리해 볼 때, 본 논문에서 사용되는 통치이념(통치이데올로기)의 개념
　　은 이상사회(Utopia)에 도달하고자 하는 실천이데올로기이자, 전이문화
　　와 동일한 의미라 하겠다. 이데올로기의 개념과 정의에 관해서는 李明
　　南, 『이데올로기 分析論』(전남: 전남대학교 출판부, 1985) 참조.

　7) 모택동 사후의 등소평체제하에서도 마르크스-레닌주의 문화를 정착시
　　키려는 시도는 계속되었다. 그 구체적 실례로 1984년 5월 10일부터 18
　　일까지 광동(廣東)의 『가정(家庭)』 잡지사에서 주최한 제1회 '가정연구
　　학술토론회' 이후 전국 17개 성(省) 76명의 가정이론연구공작책임자들
　　이 채택한 '가정선언'의 내용들은 주로 전통적(봉건적) 가정관을 불식하
　　고 사회주의 가정관을 수립해야 한다는 내용으로 일관하고 있다. 杜立
　　憲 等, 『現代家庭知識大觀』(河北: 河北科學技術出版社, 1991), pp.74~75.
　　또한 중국윤리학회와 천진사회과학원에서 격월간으로 발행하는 『道德
　　與文明』 잡지는 수로 사회주의 문화정착을 위한 논문을 많이 신고 있
　　다. 陳勝, 「應當重視家庭文化建設」, 『道德與文明』(第4期, 1996), pp.18~
　　20. 일부 학자들은 모택동사상이 심층적 구조 및 사상적 측면에서 유가
　　문화와 매우 유시하다며, 마르크스주의의 '유가화(儒家化)'라고 주장한
　　데 대하여 강력히 비판하였다. 譚雙泉, 「評所謂 毛澤東思想儒家化」, 『求
　　是』(第23期, 總 第1170期, 1991), pp.24~29. 중국의 전통사상과 유기시
　　상과의 절합에 관해서 보다 구체적인 내용은 文史知識 編, 『儒·佛·道
　　與傳統文化』(北京: 中華書局出版, 1990); 劉大年, 「馬克思主義與中國

대에 있었던 사상개조운동과 혼인법 제정, 토지개혁과 1958년에 있
었던 인민공사의 설립, 그리고 1966년부터 시작된 문화대혁명과
1989년에 있었던 천안문사태 등이다.

본 연구는 앞에서 살펴본 변혁기 중 1931년 중국공산당이 서금(瑞
金)에 중화소비에트공화국을 수립한 이후 통치이념으로 채택한 마르
크스-레닌주의(후에 모택동사상 추가)에 따라 시도한 공산화 정책이
전통 문화체제의 중핵적 요소라 할 수 있는 가정윤리에 어떠한 영향
을 미쳤는가를 고찰하려는 데 그 목적이 있다. 보다 구체적으로는
1949년 중국정부 수립 이후 중국정부가 전통적 가정문화를 타파하고
마르크스-레닌주의라는 새로운 통치이데올로기에 조응(照應)하는
사회주의 가정문화를 정착시키기 위해 어떠한 정책적 노력을 시도했
으며, 또 그러한 정책적 노력의 과정에서 야기되는 갈등과 마찰은
무엇이며, 나아가 현재 어떠한 형태로 잔존 또는 변형(연속성과 불
연속성)되었으며, 또 실제 생활에 어떻게 반영되고 있는가를 살펴보
려는 것이다.

또한 이 같은 연구를 시도하려는 것은 사회변동에 있어서 한 국가
의 통치이데올로기의 변동이 그 사회의 정치체제와 문화체제에 어떠
한 영향을 미치는가를 아울러 살펴보려는 것이다. 왜냐하면 일반적
으로 한 나라의 정치체제는 통치이념의 변화에 따라 비교적 짧은 기
간 내에 쉽게 바뀔 수 있는 반면, 오랜 세월을 두고 형성된 문화체
제는 쉽게 변화될 수 없기 때문이다.8)

傳統文化」, 『求是』(第7期, 總 第329期, 1989), pp.12~15 참조.
  8) 朴容憲, 「北韓의 政治敎化敎育」, 北韓研究所 編, 『北韓敎育論』(서울:
    北韓研究所, 1977), pp.266~270; 오세철, 『문화와 사회심리이론』(서울:
    박영사, 1986), pp.105~136; 문화변동에 있어서 자본주의는 문화변동의
    결과로서 사회적 변화가 자연적으로 초래한다는 전략을 가지지만, 사회
    주의국가에서는 먼저 사회구조를 문제 삼으며, 그것의 변화에 의해서
    문화는 스스로 수정된다는 입장을 취한다. 따라서 자본주의 체제에서는
    문화의 지속을 위해 노력하는 반면, 사회주의 체제에서는 먼저 하부구

중국을 연구 대상으로 삼은 것은 중국은 오랫동안 유가사상을 통치이념으로 삼아 그 영향으로 정치체제 및 문화체제 모두 유가문화를 근간으로 이루어진 사회였으나, 1931년 공산화 이후 사회주의를 통치이념으로 채택하였기 때문에 이러한 주장의 적실성을 검증할 수 있는 좋은 예에 속하기 때문이다.

한편 본 연구에서 분석의 대상으로 가정윤리를 택한 이유는 전통 중국사회가 다른 어느 사회보다 가정과 윤리를 중시하는 사회였고,[9) 나아가 가정이 쉽게 변화되기 어려운 보수적인 사회화 기관[10)이라는 점에서, 가정윤리체계의 변천 과정에 대한 연구가 곧 중국의 전반적인 사회체제와 문화체제의 변천 과정을 추적하는 데 중요한 디딤돌이 될 수 있을 것으로 생각되기 때문이다.

2) 공산주의 연구방법론

세계가 한때 미소 양축으로 나뉘어 있을 때, 공산주의 체계연구가 활발한 적이 있었다. 당시 공산주의에 대한 연구는 국가적 차원의 정책적 연구이든지, 아니면 개인적 자원의 관심에 의해서든지 세계의 한 부분을 구성하고 있는 공산권에 대한 관심이 높았다. 그러나

조(Intra Structure)의 변화에 중점을 두고 상부구조(Super Structure)는 하부구조에 조응하는 부수적인 관계로 보기 때문에 문화의 단절을 상요하는 경우가 대부분이다. 韓相福·李文雄·金光億, 『文化人類學槪論』(서울: 서울大學校出版部, 1991), pp.42~424.
 9) 樊浩, 『中國特色的道德文明』(南京: 河海大學出版社, 1990), pp.32~34; 李光奎, 『韓國家族의 構造分析』(서울: 一志社, 1990), p.15; C. K. Yang, *Chinese Communist Society*: *The Family and the Village*(Massachusetts: The M. I. T. Press, 1959), p.5.
10) 金在泳, 『政治社會化論』(서울: 人旺社, 1982), p.120~121; Dean Jaros, *Socialization to Politics*(New York: Praeger Publishers, 1973), p.79.

1989년 동구 사회주의권의 해체와 1991년 사회주의 종주국인 구소련의 몰락은 공산주의 체제에 대한 관심을 감소시키기에 충분한 것이었다.

사회주의권의 이 같은 정치적 지각변동은 공산주의 체제에 대한 연구에도 영향을 미쳤다. 1950년대 초반까지 공산주의에 대한 연구는 그 특이성 때문에 일반화된 사회과학, 특히 정치학의 연구방법을 적용하기 어렵다는 생각이 지배적이었다. 그러나 5, 60년대를 거치면서 비교정치학 영역에서 사회주의의 변화를 중심으로 공산권 연구에 박차를 가하였다.[11] 이러한 연구경향도 사회주의권의 몰락으로 또다시 지역주의 연구로 전환되어 가는 추세에 있다.

본 연구에서는 비록 사회주의권이 몰락하고 있지만 아직 중국이 여전히 사회주의 노선을 표방하고 있으므로, 그동안의 공산주의 체제에 대한 연구방법론을 간략히 정리해 보고자 한다.

공산주의에 대한 연구접근방법은 학자들에 따라 서로 상이하지만 크게 ① 역사·문화적 접근법 ② 전체주의 접근법 ③ 복합조직 접근법 ④ 근대화 발전론적 접근법 ⑤ 집단갈등 접근법으로 나눌 수 있다.[12]

(1) 역사·문화적 접근법

일정 사회는 역사적 형성물이고 그 사회가 전승하는 문화와 전통은 후세대의 사회화 과정을 통하여 내면화된 문화가치로서 뿌리를

---

11) 安秉永, 『現代共産主義研究』(서울: 한길사, 1983), pp.350~351.
12) 자세한 방법론은 L. J. Cohen & J. P. Shapiro(ed.), *Introduction Communist Systems in Comparative Perspective*(New York: Anchor Press, 1974), pp.xi ⅹ~xxxⅶ.; John Bryan Starr, *Ideology and Culture: An Introduction to the Dialectic of Contemporary Chinese Politics*(New York: Harper, 1973), pp.3~14와 安秉永, 위의 책, pp.350~378; 廉弘喆, 『比較共産主義政治論』(서울: 博英社, 1977), pp.61~101; 최완규 엮음, 『북한의 국가성격 변동에 관한 연구』(서울: 한울, 2001), pp.11-40 참조.

내린다. 역사·문화적 접근법(The Historical Cultural Approach)[13]은 공산정권의 형성, 기능화 및 그 발전 양상이 이미 공산화 이전에 집적된 전통적 관례와 경험에 의해 영향을 받았으리라는 발상을 바탕으로 접근하는 방법론적 입장이다. 이 방법론의 기본입장은 공산화 이후에 그 사회가 경험한 외형적 변화보다 아직 심층에 자리잡고 있는 역사의 주맥을 찾고 그 현실적 영향력을 밝혀 보려는 접근법이다.[14] 이 접근법의 가장 큰 장점은 모든 사회에서 전통적인 것과 현대적인 것의 연속성과 계속성을 강조하고 있다는 점이다. 예컨대 전통 사회와 정치적 이념을 달리하는 사회주의 사회라 할지라도 많은 부분에서 문화와 역사적 전통의 영향을 받고 있다고 본다. 다시 말하면 어떠한 국가도 역사·문화적으로 완전히 단절된 정치체제는 있을 수 없다는 것이다.

사회주의 국가에서도 각국의 전통문화는 일정한 영향을 미치고 있을 뿐만 아니라 사회주의 문화의 중요한 구성부분으로 자리잡고 있다. 이러한 점에서 각국의 문화적 차별성을 강조하는 역사·문화적 접근법은 다양하게 분화되면서 개별화되는 사회주의 국가들의 양상을 설명해 주는 데 유익하다. 즉 사회주의 각국이 전통적인 요소와 공산주의적 요소의 혼합체로 재구성되면서 각기 특색 있는 체제적 현상을 규명하는 데 많은 도움을 준다.[15] 그러나 이 접근법은 역사적 형성력에 대한 지나친 신뢰 때문에 개별 공산주의 체제의 독특성을 지나치게 강조하고 공산주의 체제의 공유적 특성, 즉 이념적 동

---

13) 역사·문화적 접근법의 대표적인 연구로는 L. W. Pye, *China: An introduction* (Boston: Little Brown, 1972); S. H. Beer(ed.), *Pattern of Government*(New York: Praeger, 1956); Ernst J. Simmons(ed.), *Continuity and Change in Russian and Soviet Thought*(Cambridge: Harvard Univ. Press, 1955); Karl A. Wittfogel, *Oriental Despotism: A Comparative Study of Total Power*(New Haven: Yale Uinv. Press, 1957) 등이 있다.

14) 安秉永, 앞의 책, pp.357-358.

15) 鄭賢壽·金容煥·全外述, 『北韓政治經濟論』(서울: 新英社, 1995), p.25.

류성과 구조적 특징 내지는 장기적인 목표의 중요성 등을 간과할 위험성이 있다.16)

(2) 전체주의 접근법

전체주의 접근법(The Totalitarian Approach)은 2, 30년대에 풍미하였던 새로운 독재정권(스탈린의 소비에트정권, 히틀러의 나치정권, 무솔리니의 파시스트정권 등)으로 출현한 동시대의 유사한 정치현상이라는 점에서 공유적 속성을 토대로 하는 이론적 설명체계에서 출발하였다. 이 접근법은 1930년대 말부터 시작하여 1940년대와 1950년대를 거치면서 후기 스탈린주의 유형의 정치체제에 적용되면서 적지 않은 이론적 발전을 이룩하였다.

전체주의 접근법의 대표적 연구자라 할 수 있는 프리드리히(Friedrich)와 브레진스키(Brezinski)는 전체주의 독재자들의 전형으로 보이는 '상호 관련된 특징' 또는 '징후군(Syndrome)'을 기술하였다. ① 교의(敎義)체계로 구성된 공식적 이데올로기 ② 한 사람의 독재자에 의해 영도되는 단일 대중정당 ③ 폭력적 경찰 통제체제 ④ 매스 커뮤니케이션의 독점적 통제 ⑤ 군대의 독점적 통제 ⑥ 경제의 중앙집권적 통제 등이다. 그들은 전체주의적 독재를 '대중민주주의와 현대적 테크놀로지의 맥락 안에서 일어날 수 있는' 정치통제라고 설명함으로써 이전에 경험했던 각종 전체주의나 권위주의와 구별했다.17) 그러나 이러한 특

---

16) L. J. Cohen & J. P. Shapiro(eds.), Op. Cit., p. xxiii , xxiv. 이러한 한계를 극복하고자 하는 연구방법론이 정치·문화적 접근방법이다.

17) 全體主義 接近法은 2, 30년대에 소련, 이태리, 나치독일의 독재정권들에서 나타났던 ① 관제이데올로기 ② 독재자 한 사람에 의해 영도되는 단일 대중정당 ③ 테러체제 ④ 매스 커뮤니케이션의 수단을 독점으로 통제 ⑤ 군대의 독점적 통제 ⑥ 중앙집권적 경제 등의 특징들이 공산주의 체제에 특징적으로 나타나고 있다고 조망한다. Carl J. Friedrich and Zbigniew Brezinski, *Totalitarian Dictatoship and Autocracy*(Cambridge: Harvard Univ. Press, 1965), 2nd ed., revised by C. J. Friedrich, p.27.

징들은 스탈린시대 이후의 소련과 동구의 공산주의 정치체제를 이해
하기 위해서는 적절하지 못하다는 비판을 받아 왔다. 비판을 받은 이
유는 전체주의 모델이 여러 공산주의 체계에 있어서 강압의 역할을
과장한다든지 또는 중요한 변화의 여러 가지 가능성을 배제하고 있을
뿐 아니라, 어떤 독재자가 사회전체의 적극적 지지를 통합하고, 획득
한 역사적 상황으로서의 어떤 타입의 정치체제를 설명할 수 없는 결
함을 내포하고 있다는 것이다.

   이에 대해 프리드리히 자신은 전체주의 모델에 대한 비판에 다소
신축성 있는 답변을 제시하고 있다. 즉 전체주의적 모델에 의거해서
공산주의 정치체계에 있어서의 중요한 변화를 설명할 수 있으며, 또
한 과거에 있었던 순환적 유형을 식별할 수 있다고 한다. 그는 전체
주의 이론과 실제에 있어서 가장 중요한 변화는 통치의 과정으로서
다른 정치현상과 같이 절대적 범주에서가 아니라 상대적 범주에서
파악되어야 한다고 강조하고 있다. 찰머스 존슨(Chalmers Johnson)도
비슷한 관점에서 전체주의적 모델이 모든 종류의 변화를 배제하고
있지 않음을 지적하고 있다.[18] 이러한 비판에도 불구하고 전체주의
접근법은 전체주의 정치발전의 한 단계에서 나타나는 공산주의 체제
의 여러 중요한 측면을 기술해 주고 있어, 아직까지 공산주의 연구
의 중요한 접근법으로 원용되고 있다.

(3) 복합조직 접근법

   복합소직 접근법(The Complex Organizations Approach)은 공산주
의 체제의 정치적 의사결정 및 그 집행 과정도 현대의 다른 정치체
제와 마찬가지로 현대조직의 특징적 면모를 골고루 투영하고 있음을
강조하는 접근법이다.[19] 대부분의 공산주의 체제는 산업화를 시도하

---

18) 李容弼, 『政治分析』(서울: 大旺社, 1981), pp.81~82.
19) 보다 자세한 내용은 Alfred Meyer, *The Soviet Political System*(New

고 있고, 산업화 구조를 지향하는 한 베버(M. Weber)의 합리적 관료
주의 모형에 상응하는 관료조직을 갖게 된다는 것이다. 이 같은 측
면에서만 보면 이들 체제는 서구의 관료제와 유사성을 보인다는 것
이다. 즉 서구 관료조직의 경우, 일반화된 비공식적 조직이나 비공식
형태의 유형이 구소련이나 동구 사회주의 국가에서 쉽게 발견됨은
물론, 현대 관료제의 역기능적 모습, 예컨대 비능률과 경직성, 보수
주의, 환류(環流)에의 불감증, 목표의 전치(轉置) 등에 있어서도 양
체제는 공통점을 보이고 있다는 것이다. 물론 복합조직 접근법을 강
조하는 학자들 역시 당이나 국가기구에 의한 통제와 명령의 측면을
외면하는 것은 아니다. 그러나 이들은 대체로 공산주의 체제와 서구
의 고도로 관료화된 체제 간의 유사성을 보다 강조하며, 이른바 '전
체주의 이후 사회'에 주된 관심을 표명한다.20) 그러나 복합조직 접
근법은 모든 산업사회가 '수렴하고 있다(Converging)'는 제도적 구조
에 나타난 유사성을 기초로 하여 과장한 데 있으며, 공산주의 국가
가 지니고 있는 관료주의의 현저한 특성을 축소화했다는 지적을 받
고 있다.21)

(4) 근대화 발전론적 접근법

근대화 발전론적 접근법(The Modernization or Developmental Approach)
은 공산주의를 후진사회의 근대화 내지 산업화를 위한 수단으로 보는
연구방법22)이다. 일반적으로 뒤늦게 공산주의의 길을 걷는 혁명정권

York: Random House, 1965), pp.467~476과 Allen Kassof, The
Administered Society: Totalitarianism Without Terror, *World Politics*,
xvi(July 1964), pp.558~575 참조.
20) 安秉永, 앞의 책, pp.362~363.
21) 金泰丸 編著, 『比較共産主義』(서울: 중앙교육문화, 1989), p.58.
22) Robert Sharlet, The Soviet Union as a Developing Country: A Review
Essay, *Journal of Developing Areas* II(Janunary 1968), pp.270~276.

들은 경제발전을 가장 주요한, 또 포괄적인 전이문화(Transfer Culture)를 목표로 설정하고 이를 위하여 이른바 동원 체제를 구축한다는 것이다.[23]

요컨대 이 방법론은 사회주의 사회도 일반 서구사회의 발전 과정과 동일한 근대·공업·산업화 과정의 길을 걷고 있다는 주장을 한다.

이러한 관점에 따라 자본주의와 사회주의사회는 근대적인 산업사회의 서로 다른 형태에 불과하다고 보고 산업화의 진전에 따라 양대 사회는 점차 하나의 동일한 사회로 수렴될 것이라고 전망한다.

그러나 이 접근법은 공산주의 체제라 하더라도 각국의 역사·문화적 특성에 따라 서로 다른 근대화 방식(예를 들면 1952년 이후의 유고, 1956년 이후 폴란드, 1960~1961년 이후의 중국 등)을 택하고 있음을 간과하고 있다는 비판을 받고 있다.[24]

(5) 집단갈등 접근법

전체주의 접근법이 너무 정적이라는 비판에서 출발한 이 이론은 공산주의 국가의 정치 과정은 각기 서로 다른 이해와 목표를 가진 다양한 집단 간의 경쟁이나 갈등에 의해 이뤄지고 있음을 강조하고 있는 연구방법이다.[25] 스킬링(Gordon Skilling)은 이 접근법이 스탈린 이후의 공산주의 체제를 연구하기 위한 가장 유용한 분석틀임을 강조하고, 다양한 집단 간의 이익갈등은 이들 체제의 정책과정을 이해하는 데 필요불가결함을 밝히고 있다.[26] 그러나 서구 정치체제 분석을 위해 마련된 이 집단갈등 접근법(The Group Con-flict Approach)은 집단 간의 갈등에 대한 정확한 정보를 획득할 수 없고, 또 집단

23) 安秉永, 앞의 책, p.364.
24) 梁性喆, 『北韓政治研究』(서울; 博英社, 1993), pp.40~41.
25) 安秉永, 앞의 책, pp.365~368.
26) Gordon Skilling, Interest Groups and Communist Politics, *World Politics*, xviii, 3(April 1966), pp.435~451.

간의 자율성이 보장되지 않은 공산주의 체제에 그대로 적용하고 있다는 한계를 지니고 있다.

공산주의에 대한 이 같은 다양한 연구접근방법에도 불구하고 사회주의 전체를 적실성(適實性) 있게 설명할 수 있는 분석의 틀은 다른 사회과학의 접근법이 그러하듯이 아직 마련되어 있지 않다. 이는 사회주의국가들이 공통적으로 마르크스-레닌주의를 정치이념으로 채택하고 있으나 각국이 가지는 특이성 때문에 각국을 적실성 있게 설명할 수 있는 일반론을 도출하기 어렵기 때문이다.27) 그렇기 때문에 공산주의 연구는 대상국가의 특성과 연구자의 관심을 고려하여 현실을 보다 적절히 설명해 줄 수 있는 연구방법을 택하여야 할 것이며, 또 앞에 언급된 이론들을 상호 보완하여 적용하여야 할 것이다.

본 연구는 전통 유가사상을 통치이념으로 하여 비교적 오랜 세월을 두고 형성된 중국의 문화체제, 그중에서도 가정윤리체계가 공산화 이후의 가정윤리체계와의 연속성 및 불연속성 여부에 초점을 두고 있다. 따라서 공산주의 체제의 공유적 특성, 즉 이념적 동류성과 구조적 특성 그리고 장기적 목표의 중요성을 간과할 위험이 없지 않으나28) 어떤 사회·정치적 변화 속에서 역사적 전통의 연속성을 규명하려 한다는 측면에서 역사·문화적 접근법을 적용하고자 하였다.

또 구체적인 분석방법에 있어서 가장 좋은 것은 중국인과의 면접이나 질문지법에 의한 현지조사(Field Study)방법이겠으나, 이는 현실적으로 어려움이 많다. 따라서 본 논문에서는 주로 문헌분석 방법을 따랐다. 문헌분석에 사용된 본 연구의 자료는 유가경전과 중국당국의 정책, 법률 및 사회제도와 기타 중국에서 발간된 1차 자료 그리

---

27) 중국연구의 특이성에 관해서는 崔明, 「中國硏究現況: 특히 社會科學的 硏究를 중심으로」, 『韓國共産圈硏究白書』(서울: 한국공산권연구협의회, 1989), pp.55~56; Charlmers Johnson, Comparing Communist Nations, in Johnson(ed.), *Change Communist Systems*, Ibid., pp.1~3 참조.
28) Cohen and Shapiro, Op. Cit., p. xxiii .

고 현지를 방문한 사람들의 기록 및 중국에서 발간한 소설 등을 중심으로 살펴보도록 하였다. 분석대상에 있어서는 종래 사회학이나 문화인류학에서 다루고 있는 가족제도론이나 가족관계론보다는 가족을 중심으로 이루어지고 있는 실제의 윤리관계에 초점을 맞추었다.

또 공간적 범위는 각 시대의 통치이념과 가정문화정책 그리고 가정윤리실제 사이의 상관성에 한정하여 살펴보도록 하였다.

본 논문은 총 5장으로 구성되어 있다.

제2장에서는 전통 중국사회의 통치이념인 유가사상의 특성을 고찰한 다음 이러한 통치이념이 어떠한 사회·문화 체제를 형성하였으며 또 그러한 사회·문화 체제가 좁게는 가정문화, 보다 구체적으로는 가정윤리에 실제 어떻게 적용되었는가를 분석하고자 하였다.

제3장에서는 주로 중국의 공산화 이후[29]를 다루었다. 모택동체제 하의 통치이념과 중국정부가 전통 유가문화를 타파하기 위하여 어떠한 가정문화정책들을 시도했는가를 살펴보고, 또 이러한 정책들이 현실에 어떻게 반영되어 나타났는가를 검토해 보았다.

그리고 제4장에서는 모택동 사후에 집권한 등소평체제 하의 통치이념과 가정문화정책과 이러한 정책이 실제 가정윤리에 어떻게 나타나고 있는가를 살펴보고자 하였다.

마지막 제5장에서는 앞에서 살펴본 전통중국의 통치이념과 가정윤리가 공산화 이후 현실에 어떻게 투영되었으며, 이들 사이의 상관성(연속성과 불연속성)과 그 의미를 규명하였다.

그동안 우리 학계의 중국연구는 인문과학에서는 문사철(文史哲)을

---

29) 제3장에서는 1949년 이후부터 현재까지를 주로 연구의 대상으로 하고 있으나 중국공산당이 대륙을 점령(해방)하기 전인 1931년 11월 26일 중화소비에트 임시정부를 수립하여 각종 정책을 수립·실시하였으므로, 이 시기에 실시한 가정정책도 포함시키고자 한다.

주로 연구하였고, 사회과학에서는 중국의 정치나 경제 분야가 주종
을 이루어 왔으며, 사회문화에 관한 연구는 비교적 적은 편이다. 특
히 가정윤리에 관한 연구는 전무한 실정이며, 그나마 가족제도를 연
구한 것도 한국·중국·일본을 간략히 비교하는 수준에 그치고 있다.
이러한 연구의 현실을 볼 때, 가정윤리를 통한 중국사회의 변화를
진단해 봄으로써 중국의 현실을 보다 더 잘 이해할 수 있다는 데 본
연구의 의의가 있을 것이다.

2. 가정윤리의 개념정의와 분석의 틀

1) 가정윤리의 개념정의

가정(Families)은 인륜적(人倫的) 국가의 기본적 구성요소로서 최
초의 윤리적 공동생활체이다.[30] 이러한 윤리적 공동생활체인 가정에
서 가족 구성원들 간에 지켜야 할 윤리규범을 통상 '가정윤리' 또는
'가족윤리'라 한다. 최근 우리 사회에서도 다양한 윤리론이 제기되고
있으며 가정윤리 또는 가족윤리의 중요성도 강조되고 있다.[31] 이같
이 가정윤리에 대한 관심이 고조되는 이유는 전통적 가치관에 입각

---

30) 李壽允, 『政治哲學』(서울: 法文社, 1981), pp.352～353.
31) 우리 사회에서 일어나고 있는 각종 위기의 근본적 원인이 가정윤리의 해
    체에 있다는 주장이 강하게 제기되고 있다. 李箕永, 「家庭倫理와 社會敎
    育」, 栗谷思想硏究院 주최 제2회 세미나(1992) 「汎國民새生活倫理學講
    演大會」 주제발표원고, pp.15～25; 陳德奎, 「한국사회에서의 가족체운동
    의 전개」, 『민주문화논총』(제1권 6호), pp.26～36. 『現代社會와 家族』(서
    울: 峨山社會福祉事業財團, 1986) 참조.

한 가정윤리가 급격하게 변화하고 있는 산업사회에 순응하지 못해 발생되는 일종의 윤리적 지체(遲滯)현상[32) 때문이라고 할 수 있다. 이 같은 윤리적 지체현상은 중국사회도 예외가 아니다. 특히 중국사회는 전통적 통치이데올로기라 할 수 있는 유가사상과는 전혀 다른 문화에서 배태된 마르크스-레닌주의를 통치이데올로기로 채택함에 따라 야기된 사회적 갈등과 마찰이 적지 않기 때문이다. 따라서 공산화 이후 중국정부는 정권의 수립 초기부터 이러한 문제에 많은 관심을 가져왔다.[33)

가정윤리에 대한 관심이 이같이 높아지고 있음에도 불구하고, 이에 대한 명료한 개념정의를 찾아보기 어려울 뿐 아니라 가정과 가족에 대한 명확한 개념구분 없이 혼용되는 경향마저 보이고 있다. 이는 가정윤리에 대해 별도의 정의를 내리지 않더라도 묵시적으로 합의된 개념으로 받아들이기 때문이라 생각된다. 그러나 본 연구가 가

---

32) 사회학자들은 사회변동을 기술적 변동(Technological Change), 조직의 변동(Organizational Change), 이념적 변동(Ideological Change)으로 구분하여, 기술적 변동은 사회적 저항이나 갈등을 가장 적게 일으키며, 이념적 변동은 가장 많은 저항과 갈등을 거쳐서 진행된다고 본다. 그러므로 만일 이러한 세 가지 형태의 사회변동이 동시에 진행되어야 하는 광범하고도 중요한 사회에서는 오그번(W. F. Ogburn)이 말했던 문화지체의 현상이 불가피하다. 임희섭, 「韓國文化의 變化와 展望」, 임희섭 編, 『韓國社會의 發展과 文化』(서울: 나남, 1987), p.234. 문화지체 이론에 관해서 보다 자세한 것은 W. F. Ogburn, *On Culture and Social Change* (Chicago: Chicago Univ. Press, 1964); R. P. Appelbaum, *Theories of Social Change*, 김지화 옮김, 『사회변동의 이론』(서울: 한울, 1983), pp.73~76 참소. 한면 고범서(高範瑞)는 사회적 제도 및 구조의 변화외 기기에 부합되어야 할 가치관, 의식구조, 행동방식 사이의 불일치를 '윤리적 지체(Ethical Lag)'란 용어로 사용하고 있다. 高範瑞, 『變革期의 社會倫理』(춘천: 翰林大學出版部, 1986), pp.37~39

33) 중국에서 발간되는 책자나 잡지 등에 결혼과 이혼, 부부관계, 자녀문제, 성생활 등 가정문제를 다루는 기사가 많다. 그 예로 중국윤리학회와 전진 시회과학 연구원이 격월간으로 발간하는 『道德與文明』이란 잡지는 매회 가정윤리와 도덕문제를 다루고 있다.

정윤리를 분석의 대상으로 하기 때문에 먼저 가정과 관련된 유사개
념인 '가족'과 '가(家: 집)'의 개념을 분석·검토한 후, 가정윤리의 개
념을 도출해 보고자 한다.

　가족과 가정에 대한 정의는 많은 학자들에 의해 다양하게 정의되
고 있으나 대표적인 몇몇 학자들의 정의를 간추려 보면 다음과 같다.

　가족(Family)에 대해서, 머독(G. P. Murdock)은 '공동의 거주(居住)
와 경제적 협력 그리고 생식이란 특성을 갖는 사회집단'[34]으로, 구
드(W. J. Goode)는 '부모와 자녀들로 구성된 사회적 단위'[35]로 정의
하고 있다. 한편 이광규는 '결혼이나 혈연관계로 결부된 사람들이
이룩한 사회집단이며 동거동재(同居同財)의 공동체이고 생식과 양육
의 기능을 가진 생활공동체'[36]로, 김두헌(金斗憲)은 가족을 '일반적
으로 영속적인 결합에 의한 부부와 거기에서 생긴 자녀로 된 생활공
동체'라 하였고, 최재석은 '가계를 공동으로 하는 친족집단'[37]으로,
그리고 김경동은 '두 사람 이상의 남녀가 혼인으로 결합하여 자녀를
갖고, 함께 협력(동거)하여 사는, 비교적 영속적인 사회단위'[38]라고
정의하고 있다. 또한 유영주는 '부부와 그들의 자녀로 구성되는 기

---

34) Murdock, R. K. *Social Structure*(New York: Free Press, 1966), p.1; 한편
　　레비스트로스는 가족을 다음과 같이 정의하고 있다. 1) 가족은 결혼에 의
　　해 출발하며 2) 부부와 그들의 결혼에 의해 출생한 자녀로 구성되지만 이
　　중 핵집단에 다른 근친자(近親者)가 포함될 수도 있고 또 3) 가족 구성원
　　은 ⓐ 법적 유대 ⓑ 경제·종교적 그리고 그 외에 다른 권리와 의무 ⓒ 성
　　적 권리와 금제(禁制)·애정·존경·경외 등 다양한 심리적 정감으로 결합
　　되어 있다. 머독은 공동의 거주를 가족의 가장 중요한 요소로 한 데 반하
　　여 레비스트로스는 가족원의 유대·관계·결합을 중요한 요소로 생각하고
　　있다. C. Lévi-Steauss, The Future of Kinship Studies(Huxley Memorial
　　Lecture, 1965), *Proceeding of the Royal Anthropological institute for 1965*.
　　pp.272～273.
35) William J. Goode, *The Family*(New Jersey: Prentice Hall Inc., 1982), p.8.
36) 李光奎, 『韓國家族의 構造分所』(서울: 一志社, 1990), p.27.
37) 崔在錫, 『韓國人의 社會的 特性』(서울: 開文社, 1980), p.23.
38) 金璟東, 『現代의 社會學』(서울: 博英社, 1989), pp.302～305 참조.

본적인 사회집단'39)으로, 또 이효재는 '일상적인 생활을 공동으로 영위하는 부부와 자녀들, 그들의 친척 그리고 입양이나 기타 관계로 연대의식을 지닌 공동체 집단'40)으로 정의하고 있다. 또 사전적 의미를 살펴보면 '부모와 자식·부부 등의 관계로 맺어진 한 집안에서 생활을 함께하는 집단'41)이라고 정의하고 있으며, 중국에서 발간된 백과사전에는 '혈연관계를 기초하여 이루어지는 가정을 이루는 사회적 단위'42)로 규정하고 있다.

한편 가정에 대한 정의를 살펴보면, 유영주는 '공간적 장소와 함께 그 속에서 가족들이 그들의 신념이나 애정을 주고받으며 정서적 만족을 얻는 심리적 분위기를 포함하는 개념'43)으로, 그리고 이효재는 '가족이 의식주를 공동으로 영위하는 집안으로서 온정이나 사랑에 기반을 둔 정서적 유대와 서로 소속감을 느끼는 연대의식을 가진 공동체'44)로, 또 박용헌은 '부부, 부모와 자식 등 혈연관계로 맺어진 가족 구성원이 생리·사회적 욕구를 충족하면서 공동의 목표를 지향하는 혈연적 공동생활의 터전이며 사회생활의 기본적 단위'45)로 정의하고 있다. 그리고 중국 북경대학이 발간한 『현대가정학개론(現代家庭學槪論)』에서는 가정을 '혼인관계, 혈연관계 및 입양관계를 기초로 형성된 사회생활의 조직형식'46)으로, 또 장현우 등은 '혼인관계를 기초로 하여 이루어진 혈연관계로 유대를 맺는 일정 범위의 친족

---

39) 劉永珠, 『新家族關係學』(서울: 敎文社, 1991), p.24.
40) 李效再, 『家族과 社會』(서울: 經文社, 1991), p.12.
41) 李熙昇, 『國語大辭典』(서울: 民衆書林, 1988), p.36.
42) 中國百科大辭典編委會 編, 『中國百科大辭典』(北京: 華夏出版社, 1990), p.273.
43) 劉永珠, 앞의 책, p.29.
44) 李效再, 앞의 책, p.7.
45) 朴容憲, 「價値敎育을 위한 槪念設計」, 『민주문화논총』(제2권 제8호, 1991), p.62.
46) 北京大哲學系 中國婦女幹部學院, 『現代家庭學槪論』(北京: 北京大學出版部, 1990), p.42.

으로 구성되는 사회생활의 조직형식'[47])으로 규정하고 있으며, 『중국백과대사전(中國百科大辭典)』에는 '혼인과 혈연관계 또는 입양관계를 기초로 한 사회생활의 집합체'[48])로 규정짓고 있다. 또 이희승은 간략하게 '한 가족이 살림하고 있는 집안, 또는 부부와 어버이 자식들이 공동생활을 하고 있는 사회의 가장 작은 집단'[49])으로 정의하고 있다. 이러한 가정의 정의에 대해 이길표는 '가정이란 용어는 근자에 와서 쓰게 된 용어이며 과거에는 '집' 또는 '집안'이라는 의미를 포함하는 '가(家)'라는 말로 쓰여 왔다'[50])고 주장한다. 이때 '가(家)'의 의미는 단순히 구성원들이 모여 사는 장소 이상의 것으로서, 가족 간의 혈연·정서적 유대감, 명예감 그리고 대를 잇는 가통(家統), 나아가서는 친족관계(일문일가(一門一家) 및 성(姓))로까지 확대된 개념을 의미한다.[51])

위에서 살펴본 바와 같이 가족과 가정의 개념을 명확히 구분 짓는 것은 쉬운 일이 아니다. 그러나 이러한 어려움에도 불구하고 양 개

---

47) 張賢鈺 外 3人, 『婚姻家庭槪論』(抗州: 折江人民出版社, 1986), p.5.
48) 中國百科大辭典編委會 編, 앞의 책, p.273.
49) 李熙昇, 앞의 책, p.35.
50) 李光奎, 「가정문화(2): 규범문화」, 『민주문화논총』(제2권 제6호), p.10. 또 이광규는 '집'은 학술적 용어는 아니나 '집'의 개념에는 가족과 건물·가풍·가격(家格) 등의 문화적 의미가 포함되는 넓은 개념이라 규정하고 있다. 李光奎, 『文化人類學의 世界』(서울: 서울大學校出版部, 1986), p.126; 池敎憲, 「家庭의 倫理的 特性과 社會·敎育的 機能」, 『個人과 國家』(성남: 韓國精神文化硏究院, 1985), p.80. 한편 유영주는 '집'의 개념에는 가족 구성원, 가족원이 생활하는 거주지나 건물, 생활공동체로서의 가족이나 기타 동족, 친척까지 포함되는 것이라고 주장하고 있다. 앞의 책, p.28. 이효재는 가족과 관련된 용어를 설명하면서 가정은 Home, The Domestic Family로, 가문 또는 세대(世帶)는 Household로 그리고 가문 또는 집안은 Clan, 그리고 가족은 Family로 표현하고 있다. 李效再, 앞의 책, p.6. 그러나 일반적으로 상식적 차원에서 Family를 가정 또는 가족으로 별다른 구분 없이 사용하고 있다.
51) 劉永珠, 앞의 책, p.29.

념의 차이점을 찾아본다면 다음과 같다.

첫째, 가정은 부부관계를 중심으로 한 가족 구성원들로 이루어진 사회조직체로써 가족보다는 보다 포괄적 의미를 갖는다.

둘째, 가족은 그 구성원들 개개인의 지위와 의무, 역할 등 '사람'이 중심이 되는 집단을 강조하는 반면, 가정은 그 구성원들이 만들어내는 시스템, 즉 공동체의 사람들이 사는 물리적 장소를 강조하는 것임을 알 수 있다. 이는 가족은 단순히 위계적 질서에 따른 사회·경제적 지위 의무, 예를 들면 가장으로서 가족부양의 의무, 아내로서 자녀 양육의 의무, 또 자녀로서 부모 봉양의 의무 등을 강조하는 반면 가정은 주거를 기반으로 한 가족생활에서 공동생활의 장소를 의미한다.

셋째, 가정은 인간이 생활을 영위하는 단순한 물리적 공간이라는 장소적 개념 외에도 정서·심리적 유대의식을 공유하는 공동체로써 문화·정신적 가치를 내포하고 있는 넓은 의미의 개념이나, 가족은 가족 간의 지위·역할 관계로만 국한해서 보는 경향이 있다. 따라서 사회학이나 인류학 등 사회과학에서는 가족이라는 용어를 사용하는 반면 교육학이나 윤리학에서는 가정이라는 용어를 사용하는 경향이 있다.

이상의 차이점을 고려하여 가족과 가정을 정의해 보면, 가족은 '혼인이나 혈연 또는 입양의 유대관계로 맺어지며, 서로 협력하여 사는, 비교적 영속적인 사회집단'을 의미하며, 가정은 '혼인관계를 중심으로 부부·부자·형제·자매 등의 혈연적 유대관계로 맺어지는 물리·정서적 생활공동체'라 정의할 수 있다.

이 같은 차이점에 비추어 볼 때, 본 논문이 가족공동체 내 구성원들 간에 이루어지는 윤리관계(부부·부자·형제 자매·숙조친족 관계에서의 윤리)를 중심과제로 다루기 때문에 단순히 구성원의 사회·경제적 지위와 역할을 중시하는 '가족'이란 용어보다 가족 구성원들이 만들어내는 물리·정서적 공간과 규범문화에 보다 많은 의미를 부여하는 '가정'이란 용어를 사용하는 것이 타당하다고 생각된다. 또한 본 논문에서 가정이란 용어를 택하게 된 또 다른 이유는 연구의 대상인 중국에서 가족과 가정이란 용어를 특별히 구분하지 않고 대체적으로 가정이란 용어로 통일하여 사용하기 때문이다.

한편, 윤리의 개념을 어원을 중심으로 살펴보고자 한다. 먼저 동양에서 쓰이는 '윤리(倫理)'는 유가의 경전인 『예기(禮記)』에서 유래된 것으로,52) '윤리'의 '윤(倫)'자는 '무리·동료·또래 등 인간집단'의 의미와 '질서·법·기(紀)' 등을 뜻하고, '리(理)'는 '치옥(治玉)·분별·조리(條理)·도리' 등을 뜻한다.53) 따라서 '윤리'는 '무리들 간의 지켜야 할 도리'나 '인간관계에서 지켜야 할 이법(理法)'을 뜻한다.

그리고 서양에서 쓰이는 'Ethics'는 원래 그리스어 'Ethike'에서 유래한 것으로, 이는 습관을 의미하는 'Ethos'의 변형된 단어에서 나온 것으로 일반적으로 세 가지 의미로 구분하여 사용된다. 첫째, 광의로는 생활방식 및 그 유형을 의미하는 것으로서 이는 종교적 의미의 윤리개념으로, 즉 기독교·불교·유교에서 말하는 생활양식을 의미한다. 두 번째 의미로는 행위의 규칙 또는 도덕 강령을 의미하는 것으로, 이는 가정윤리·직업윤리·공직윤리·기업윤리 등과 같이 전문적 영역에서 지켜야 할 윤리를 의미한다. 세 번째 의미로는 생활양식과 그 유형 및 행위규범에 관한 철학의 한 영역으로 쓰이는 것으로, 이는 주로 도덕규범에 관한 철학의 한 영역인 윤리학의 의미로 사용되고 있다.54) 이렇게 구분해 볼 때 '가정윤리'에 부합되는 윤리의 의미

---

52) 『禮記』(第19章 樂記篇), '樂者通倫理者也'.
53) 崔東熙 外 2人, 『倫理』(서울: 고려대학교출판부, 1973), p.55; 中國大百科全書出版社編輯部 編, 『中國大百科全書 1』(北京: 中國大百科全書出版社, 1987), p.515; 『辭源(修訂本)』(北京: 商務印書館, 1990), p.234. pp.2061~2062.

는 두 번째의 의미, 즉 행위의 규범과 도덕 강령에 해당된다. 따라서 동서양에서의 윤리의 의미를 종합해 보면, 윤리란 '인간이 공동생활을 영위해 나감에 있어 응당 지켜야 할 행위의 규칙과 도리'라고 정의 내릴 수 있다.

이러한 '윤리'의 개념과 앞서 고찰한 '가정'의 개념에서 가정윤리 개념을 도출해 보면 결국 '가정윤리'란 '혼인관계를 중심으로 이루어지는 부부·부자·형제 관계 등 혈연적 유대관계로 맺어지는 물리·정서적 생활공동체에서 지켜야 할 행위규범'으로 규정할 수 있다. 본 연구에서 가정윤리란 이러한 개념으로 사용하였다.

2) 분석의 틀

가정은 인간생활을 구성하는 가장 기본적인 단위인 동시에 전통과 관습을 습득·전수하는 문화적 기능을 수행하며,55) 나아가 개인의 욕구충족과 사회관계를 이루는 가장 기초적인 집단으로 다른 사회제도와 밀접한 관계를 맺고 있다. 사회구조가 크게 분화되지 않았던 전통 사회에서는 가족·친족 제도가 가장 중추적인 사회제도였으며 또 그와 관련된 영역이 가장 중요한 중심적 생활영역이었다.

근대로 접어들면서 여러 가지 사회제도가 분화되어 가족제도 이외의 여러 가지 사회제도, 예컨대 경제·교육 종교·매스컴 등과 같은 제도가 등장하였으나 여전히 가정은 사회의 기초적 제도로서 존재하

---

54) Jonathan Harrison, Ethics, Paul Edwards(ed.), *The Encyclopedia of Philosophy*, 3(New York: MacMillan, 1967), pp.81~82.

55) J. Messner, et al., *Das Naturrecht: Handbuch der Gesellschafts-Staats und Wirtschafisethik*, Translate by F. F. Doherty, *Social Ethics. Natural Law in the Modern World*(Binghamton and New York: Herder Book Co., 1949), p.291.

고 있다.[56]

이와 같이 가족제도는 전통 사회나 현대사회를 불문하고 사회를 이루는 가장 기초적이고도 중요한 사회제도이기 때문에 사회나 국가를 통치하는 담당자들은 가정에 대해 많은 관심을 가져왔다.

그래서 정치권력의 주체들은 항상 가정을 사회나 국가경영의 기본 단위로 간주하여 그들의 통치이념을 가정이라고 하는 사회화 기관을 통하여 국민들에게 내면화를 시도하게 된다. 또한 가정은 본질적으로 개인의 생활 욕구를 충족시키는 동시에 그 사회가 이념으로 하는 사회질서의 유지와 관련된 사회적 기능도 아울러 수행하는 사회적 제도이다. 이때 '그 사회가 이념으로 하는 사회질서'란 기존의 확립된 사회질서만을 의미하는 것이 아니며 그 사회가 이념으로 하여 새로 발전시키고자 하는 사회질서까지 포함하는 의미이다.[57] 이와 같이 가정은 사회의 질서유지와 관련하여 그 사회가 지향하고자 하는 목표·가치·규범 등을 주입하는 사회화의 기능을 수행할 뿐 아니라, 그 사회질서에 동조하도록 직접 외적 압력을 가하여 질서를 보장하는 기능 또한 수행한다.[58]

그러나 가정과 국가 통치이념과의 관계를 살펴보면, 한 국가의 정체(政體)가 제시하는 통치이념과 문화체제가 동질적일 경우 그 국가의 통치이념은 다양한 정책들을 통해 가족 구성원들에게 쉽게 내면화되지만, 국가의 통치이념이 문화체제와 이질적일 경우 권력의 주체들은 그들이 지향하는 이념을 사회 구성원들에게 내면화시키기 위해 의도적으로 다양한 정책적 노력을 시도하며, 이때 많은 갈등과 마찰이 야기된다. 이 경우 정치권력의 담당자들은 그들의 통치이념

---

56) 崔弘基, 「家族과 社會秩序」, 서울大學校 現代思想研究會 編, 『이데올로기와 社會變動』(서울, 서울대학교출판부, 1986), p.19.

57) 위의 책, pp.42~43.

58) 위의 책, p.36.

에 입각한 사회가치체계(社會價値體系)를 정착시키기 위하여 기존의 문화체제를 변화시키려고 노력하지 않을 수 없는데, 그의 주요 대상이 가정이다. 따라서 그들은 가정문화정책을 통하여 그들이 의도하는 문화를 창출하기 위해 가정윤리의 변화를 시도하게 된다. 통치자들이 특히 가정에 관심을 갖는 이유 중의 하나는 가정이 일반적으로 체제 및 문화를 유지시키는 가장 보수적 기능을 하기 때문이다.

이 같은 현상은 이데올로기에 의해 정치·사회적 변화를 비교적 그 틀에 맞춰 나가고자 하는 공산국가에서 흔히 볼 수 있다.[59] 구소련이나 중국의 경우 마르크스-레닌주의라는 국가이데올로기를 그 구성원들에게 주입시키기 위해 전통적 가족제도를 파괴시키려고 많은 노력을 시도했음은 이미 잘 알려진 사실이다.

정치권력을 담당한 자들은 정치적 안정과 사회질서를 유지하고 그들이 지향하는 통치이념을 정착시키기 위해 다양한 정책이나 운동을 실시한다. 이러한 정책이나 운동을 통하여 개인들은 국가이념에 부합된 행동을 하도록 여러 가지 제재를 받거나 또는 권장받기도 한다. 이렇게 지속적으로 반복되는 행동이 관습화되어 사회통념으로 받아들여지는 경우 '윤리(倫理)'가 되며 이것이 가족 구성원들에게 적용될 때 '가정윤리'가 되어 개인의 행동을 지배·규제하게 된다. 이 같은 현상은 사회변화를 급격히 시도하려는 국가, 즉 혁명을 통하여 사회를 변화시키려는 곳에서 더욱 심하게 나타난다.

국가의 통치이념, 가정문화정책[60]과 가정윤리실제와의 관계를 시간의 흐름을 고려하여 도표화하면 다음과 같다.

---

59) 羅昌杜, 『比較共産政治論』(서울: 形成社, 1983), pp.332~335.
60) 여기서 언급하고 있는 '가정문화'란 가족성원들 간에 지켜야 할 윤리·도덕·규범 및 행위양식뿐만 아니라 개인이 자신과 사회(국가) 및 가정 관계에 대해 갖는 일정한 생활양식을 의미한다. 邵伏先, 『中國的婚姻與家庭』(北京: 人民出版社, 1989), p.175.

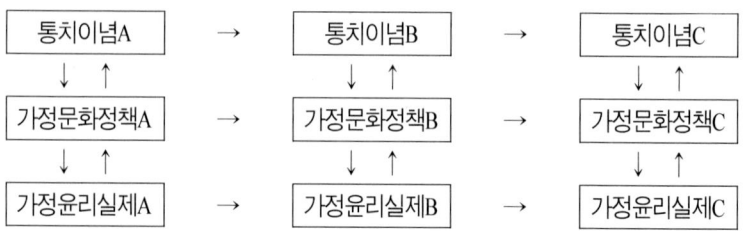

「표1」 통치이념과 가정윤리실제와의 관계

「표1」에 제시된 바에 따라, 통치이념과 가정문화정책 및 가정윤리실제와의 관계를 시간의 변화에 따라 살펴보면, 통치이념 A → B → C로 변화할 때, 이러한 통치이념이 기존의 가정문화와 동질적일 경우 통치이념의 변화에 따른 별다른 갈등이나 마찰을 야기하지 않는다. 그러나 종래의 가정문화와 다른 통치이념이 채택될 때 정치권력의 주체들은 새로운 통치이념에 따른 새로운 가정문화를 정착시키기 위하여 다양한 가정문화정책을 추진할 것이다. 이때 구통치이념에 바탕을 둔 가정문화정책은 정치권력 주체의 변동에 따라 쉽게 변화되지만 새로운 통치이념과 기존의 가정문화체제와는 많은 갈등과 마찰을 야기하여 쉽게 전환되기 어려워 이른바 문화지체현상(Culture Lag)이 발생하게 된다.

지금까지 살펴본 일반론을 본 논문의 연구대상인 중국에 적용시켜 볼 때, 「표1」의 통치이념 A에 해당하는 것이 전통 유가사상에 기초한 통치이념이며, 이를 반영하는 가정문화정책과 가정윤리실제는 가정문화정책 A와 가정윤리실제 A이다. 그러나 본 연구에서는 오랜 역사를 가진 전통 중국사회의 가정문화정책을 도출하기란 쉽지 않으므로 이미 오랜 세월을 두고 형성된 전통적 가정문화의 특질로 대신하고자 한다. 그리고 통치이념 B는 중국이 공산화 이후 수용한 마르크스-레닌주의에 입각한 통치이념이며, 가정문화정책 B와 가정윤리

실제 B도 바로 그 통치이념에 따라 모택동정권이 실현하고자 하는 마르크스-레닌주의문화, 즉 사회주의 문화정책과 그것의 가정윤리 실제를 의미한다. 또 통치이념 C는 등소평체제하의 통치이념, 즉 중국 특색적 사회주의를 의미하며 가정문화정책 C와 가정윤리실제 C도 그에 따른 정책과 가정윤리실제를 의미한다.

본 논문에서 살펴보게 될 주요 항목은 다음과 같다. 먼저 통치이념의 영역에서는 정치권력의 주체들이 그들이 지향하고자 하는 이상사회를 건설하기 위해 그 구성원들을 동원, 참여토록 유도한 이념이 무엇이었는가? 둘째 가정문화정책에서는 정치권력의 주체들이 그들의 통치이념을 정착시키기 위해 실시한 여러 정책들 중에서 가정문화와 관련되는 정책들, 보다 구체적으로는 주로 공식화 된 혼인제도·이혼제도·상속제도·가부장제도 등이 분석의 대상이 될 것이다.

끝으로 가정윤리실제에서는 전통적 가정윤리가 공산화 이후 중국정부가 실시한 사회주의 가정문화정책이 실제 현실에 어떠한 모습으로 나타나고 있는가를 부부·부자·형제·자매·조상(친족) 간의 윤리 관계를 중심으로 살펴보고자 하였다.

제 **2** 장

전통 중국의 통치이념과
가정윤리

유가사상은 한무제(漢武帝) 때 동중서(董仲舒)의 건의로 관학(官學)이 되고, 그 후 불교의 형이상학에 대처하기 위해 초기 유가에 관념론적 색채가 가미되어 송대(宋代) 이후 20세기 초 5·4운동이 일어나기 전까지 2000년간 중국사회 전통적 통치이념으로 자리잡아 왔다. 이로 말미암아 유가사상은 중국의 정치체제와 문화체제를 형성하는 데 중추적인 역할을 해왔다.[1]

여기서는 중국의 전통적 통치이념인 유가사상을 바탕으로 하여 형성된 가정문화의 특징, 그리고 이것이 실제로 어떻게 나타났는가를 주로 유교의 경전을 중심으로 살펴보고자 한다.

1. 전통 중국의 통치이념

공자(孔子)로 대표되는 유가에서는 성인이 다스리는 사회가 이상적인 도덕사회인데, 이는 과거 이제(二帝: 堯·舜) 삼왕(三王: 禹·湯·武)

---

1) 장옥법 지음, 신승하 옮김, 『중국현대정치사론』(서울: 고려원, 1991), p.23. 張岱年, 『中華思想大辭典』(吉林: 吉林人民出版社, 1991), pp.879~880; 文崇一, 「從價値取向談中國國民性」, 李亦園 編, 『中國人的性格』(臺灣: 中央研究院, 1971), pp.45~75; 鄭剛, 『中國人的精神』(廣東: 廣東旅遊出版社, 1996), p.9.

에 의해 실현된 바가 있다고 본다. 성인에 의하여 구현된 바 있는 도덕적 가치는 성인이 신이 아닌 인간이기 때문에 다시 구현될 수 있는 것으로 본다.[2] 따라서 유가에서의 이상세계는 미래지향적이고 새로운 것을 창조해 내는 세계관이 아니고, 현실의 바탕 위에 상고주의사상(尙古主義思想)[3]에 입각한 '상정(想定)된 과거'의 실재,[4] 즉 요순(堯舜)과 주공(周公)의 정치세계를 재현시키려는 데[5] 그 목적이 있다. 다시 말해서 유가에서 이상으로 하고 있는 사회는 과거 지향적 사회로, 이는 인간이 도달 가능한 구체적 현실적 사회로 간주한다.[6]

　그러면 전통 중국의 유가에서 이상으로 하고 있는 상고주의적 세계는 어떠한 세계를 말하는가? 유가에서 이상으로 하고 있는 상고주의적 세계는 『예기(禮記)』 예운편(禮運篇)에 제시되어 있는 '대동사회(大同社會)'를 말한다.[7] 예운편의 대동론에서는 중요한 것은 천하위공(天下爲公)의 대동(大同)이지만, 소강(小康)은 천하위가(天下爲家)라 하였다. 공자와 자유(子游)와의 대화에서 대동사회가 어떠한 사회인가가 잘 나타나 있다.

---

2) 閔斗基, 『中國近代史論』(서울: 知識産業社, 1980), p.116.
3) 상고주의사상은 중국 최초 통일제국을 이룬 진시황 때 법가사상에 의해 잠시 주춤했으나, 그 후 한무제 때에 동중서가 유학을 발흥시켜, 태학(太學)을 다시 부흥시키는 한편 오경박사를 설치하여 '詩', '書', '易', '禮', '春秋'를 교수케 함으로써 유학은 한대의 정교(正敎)가 되었고, 정치와 밀접한 관계를 맺어 여러 학파를 물리치고 정치·사회·문화 등 여러 방면에 가장 많은 영향을 미쳤다. 三浦藤作, 張宗九·林科棠 譯 『中國倫理學史』(臺灣: 臺灣商務印書館, 1970), p.230.
4) 閔斗基, 앞의 책, p.116.
5) 金能根, 『中國哲學史』(서울: 獎學出版社, 1978), p.53; 宋榮培, 『中國社會思想史』(서울; 한길사, 1986), pp.44~45.
6) R. H. Lauer, *Perspectives on Social Change*(Boston: Ally and Bacon, 1973), pp.121~129.
7) 李書有, 『儒學與社會文明』(南京: 南京人民出版社, 1995), pp.286~290; 龐朴 主編, 『中國儒學(第四卷)』(上海: 東方出版中心, 1997), pp.359~360.

　　대도(大道)가 행해지던 때에는 천하는 공공(公共)의 것이었다. 임금
된 자는 어질고도 유능한 자를 가려서 그것을 전수했다. 신의를 강명
(講明)하고 화목하는 길을 닦았다. 그러므로 사람들은 홀로 그 어버이
만을 친애하지 아니했고, 홀로 그 자식만을 자애하지는 않았던 것이
다. 늙은이로 하여금 안락하게 수명을 마칠 수 있게 하고, 장년의 사
람은 그 힘을 발휘하게 하고, 어린이는 건전하게 자라날 수 있고, 홀
아비 과부 고아나 자식이 없는 사람, 그리고 불구자 등도 모두 충분
히 그 몸을 기르게 했다. 남자는 일정한 직분이 있고, 여자는 시집갈
곳이 있었다. 재화가 땅에 버려지는 것을 싫어하지만, 반드시 자기를
위해서 사사로이 감추지 않았다. 힘이 그 몸에서 나오지 않는 것을
싫어하지만 반드시 자기 한몸만을 위하지는 않았다. 이와 같기 때문
에 간특한 계략이 폐색되어 일어나지 못하고, 도적과 난적(亂賊)이 절
멸하여 일어나지 못했다. 그렇기 때문에 사람마다 대문을 잠그지 않
게 되었다. 이것을 대동의 세상이라 일컫는다.8)

　　공자의 자유에 대한 답변으로 전개된 이상과 같은 '대동세계'와
비교되는 '소강세계'는 다음과 같다.

　　이제 큰 도는 숨어서 행해지지 않는다. 천하는 집을 위하여 있게
되었다(임금이 나라를 어진 이에게 전하지 않고 자기 자손에게 전함
을 말함). 사람은 저마다 그 어버이만을 친애하고, 자기 자식만을 사
랑할 뿐이었다. 재화를 거두는 것도 힘을 내는 것도 무두 자기 한몸
만을 위해서였다. 군주는 세습으로 전하는 것을 예로 삼고 성곽을 쌓
고 못을 파서 방비를 강하게 했다. 예의를 만들어 나라의 기강을 삼
아서 군신 사이를 바르게 하고, 부자 사이를 돈독케 하고, 형제 사이

---

8) 『禮記』(禮運篇), '大道之行也 天下爲公 / 選賢與能 講信修睦 / 故人不獨
　　親其親 不獨子其子 / 使老有所終 壯有所用 幼有所長 矜寡孤獨廢疾者
　　皆有所養 / 男有分 女有歸 貨惡其棄於地也 不必藏於己 / 力惡其不出
　　於身也 不必爲己 / 是故謀閉而不興 盜竊亂賊而不作 / 故外戶不閉 / 是
　　謂大同'.

를 화목케 하고, 부부 사이를 화합케 했다. 제도를 만들고, 마을을 세우고, 용맹과 지혜를 숭상하고, 공업을 세우는 것도 자기만을 위해서였다. 그러므로 계략은 이것을 위해서 일어났으며, 병혁도 이것에 의해 일어났다. 이때를 당하여 우·탕·문·무·성왕·주공은(예의를 써서 교화하였으니) 이것이 삼대의 영명한 선택인 것이다. …이것을 소강의 세상이라 일컫는다.[9]

여기서 강(康)이란 평안(平安)의 뜻이므로 소강(小康)은 곧 소평안(小平安)을 의미한다. 만인이 평등하고 다툼이 없는 세상이 '대동'의 세계라 한다면 우왕·탕왕·문왕·무왕·성왕·주공 등 하(夏)·상(商)·주(周) 3대 6군주와 같이 예의를 세워 군권(君權)이 행하여지는 세상이 곧 '소강'의 세계로 보았다.[10] 예운편에 의하면 '소강'의 세계는 비록 순(舜) 이전의 '대동세계'에는 미치지 못하나 여전히 예의로 다스리는 합리적 사회로서 통치자는 덕을 숭상하고 백성을 보호하며, 나아가 예로써 사회질서를 안정시켜, 백성들이 비교적 안정된 생활을 하게 하였다. 그래서 공자로 대표되는 유가학파들은 3대의 예악제도를 이상적 사회제도로 간주하였고, 그들은 인, 의, 예, 지와 같은 도덕원칙으로 당시 사람들을 감화시켰고, 그리고 예제(禮制)를 회복하여, 3대의 소강세계를 중건하고자 하였다.[11]

요컨대, 유가의 이상사회인 '대동'의 세계는 만인이 '평등'하여 다툼이 없고, 또 천하를 개인이 아닌 백성 모두가 공유(天下爲公)하는

---

9) 『禮記』(禮運篇), '今大道旣隱 天下爲家 / 各親其親 各子其子 貨力爲己 / 大人世及以爲禮 城郭溝池以爲固 禮義以爲紀 以正君臣 以篤父子 以睦兄弟 以和夫婦 以設制度 二立田裏 以賢勇智 以功爲己 / 故謀用是作 而兵由此起 禹·湯·文·武·成王·周公由此其選也 / 此六君子者 未有不謹於禮者也 / 以著其義 以考其信 著有過 刑仁講讓 示民有常 如有不由此者 在勢者去 衆以爲殃 / 是謂小康'.
10) 成均館大學校 儒學敎材編纂委員會, 『儒學原論』(서울: 成均館大學校出版部, 1981), pp.242~243.
11) 龐朴 主編, 앞의 책, pp.361~362.

사회였으나 점차 타락하게 되자, 공자나 맹자 등 선진유가(先秦儒家)들은 항상 '예(禮)·의(義)'를 강조하여 올바른 군권(君權)이 행하여지기를 기대하면서, 군주의 도덕성에 의한 '왕도정치'[12)를 주장하여 '소강의 사회'로 나아가려 했다. 다시 말해서 유가들의 이상세계인 '대동세계'와 '소강의 사회'로 나아가기 위해 통치자들이 실시한 통치이념이 곧 민본주의와 덕치주의이다.

1) 민본주의

민본(民本)이란 말은 원래 『서경(書經)』 하서(夏書)에 있는 '민유방본(民惟邦本)'에서 나온 것으로, '백성들은 가까이 할지언정 낮잡아 보면 아니 된다. 백성이야말로 나라의 근본이니 근본이 굳어야 나라가 안녕하다(民可近不可下 民惟邦本 本固邦寧)'는 뜻이다. 이는 우왕의 훈계로서 그의 다섯 손자들이 나라를 잃고 한탄하며 부른 노래 속에 담겨져 있다. 여기에 우왕의 나라에 대한 걱정과 백성에 대한 경외가 다분히 내포되어 있다. 즉 우국경민(憂國敬民)의 정신이 '민본'의 직접적인 계기가 된 것으로 모름지기 통치자는 백성을 사랑하고 그들을 경시하여서는 안 되며, 나아가 백성은 국가의 근본이기 때문에 백성이 안녕해야 국가도 안녕하다는 것을 뜻한다.[13)

또 『서경』 주서(周書)에는 하늘과 백성, 그리고 천자(天子)의 관계에 관하여 언급하면서, 임금은 하늘의 명에 의하여 왕위에 올라 하늘의 뜻에 따라 나라를 다스린다는 천명사상(天命思想)을 강조하고

---

12) '왕도정치'는 인의의 도덕으로서 인정(仁政)을 행하는 정치를 말하고, 그 반대를 '패도정치'라 하는데 이는 인정을 가장하여 무력으로 정치를 강행하는 것을 말한다.

13) 龐朴 主編, 앞의 책, p.369.

있다. 다음은 주(周)나라 무왕(武王)이 은나라 주(紂) 임금을 치려고
군사를 일으켰을 때 따르는 제후들과 전 장병에게 한 훈시로, 하늘
과 천자와 백성과의 관계를 설명하고 있는 내용이다.

> 하늘과 땅은 만물의 부모요, 사람은 만물의 영장(靈長)이다. 그러니
> 누구든 총명하기만 하면 천자가 될 수 있다. 천자는 곧 백성들의 부
> 모다. ……하늘은 백성을 사랑한다. 그러므로 백성들의 바라는 바를 하
> 늘이 반드시 이루어 주신다. ……하늘은 세상을 우리 백성들을 통하여
> 보신다. 하늘은 세상 일을 우리 백성들을 통하여 들으신다.[14]

이를 정리하면, 하늘(天)은 만물의 근본인 동시에 만물의 부모이기
때문에 하늘과 만민 간에는 친자(親子)의 관계가 성립된다는 것이다.
만민(子)의 생장(生長)과 발전을 바라는 것이 바로 하늘(天, 부모)의
정(情)이지만, 하늘은 곧 상제(上帝)이기 때문에 직접 만민을 지배하
고 교도하고 또 생장하도록 할 수 없어, 만민 중에서 우수하고 총명
하고, 또 예지의 인간을 만민의 임금(君)으로 삼아 그들을 대신 지배
케 하는데,[15] 그를 '천자(天子)'라고 불렀다.

하늘의 뜻(天意)의 대행자인 천자의 개폐는 하늘의 뜻에 따르게
되어 있는데, 하늘의 뜻은 곧 민의에 의탁해서 나타난다는 것이다.
이렇게 하여 천치주의(天治主義)와 민본주의가 결합되는데, 천치주
의와 민본주의의 결합은 유가의 천명사상의 한 중요한 특색이며, 이
특색은 맹자에 이르러 가장 현저하게 드러나고 있다.[16]

맹자는 백성을 나라의 근본이라고 보고 백성의 안녕을 해하는 자

---

14) 『書經』(周書篇), '惟天地 萬物父母 惟人萬物之靈 亶聰明 作元后 元后
　　作民父母……天矜于民 民之所欲 天必從之……天視自我民視 天聽自我民
　　聽 百姓有過 在予一人 今朕必往'
15) 三浦藤作, 앞의 책, p.3.
16) 成均館大學校 儒學科 敎材編纂委員會, 앞의 책, p.250.

는 임금이 될 수 없다고 보았다. 그래서 그는 '백성이 가장 귀하고 사직(社稷)이 그 다음이요, 임금은 가장 가벼운 것이다'[17]라고 말하였다. 또 백성의 뜻이 곧 하늘의 뜻이라고 보아, 만일 군주가 훌륭한 군주가 될 수 있는 덕성을 갖추고 있지 못하면 백성들은 혁명을 일으킬 수 있는 도덕적인 권리를 가지고 있다고 보았다. 또 그럴 경우 자기의 군주를 죽인다고 하더라도 결코 시역(弑逆)의 죄를 범하게 되지 않는다고 보았다. 만일 군주가 자기의 임무를 다하지 않으면 그는 도덕적으로 군주의 자격을 상실하게 된다. 그렇게 되면 그 군주는 공자의 정명론(正名論)에 따라 '일부(一夫)'에 지나지 않는다는 것이다.[18] 따라서 왕은 백성과 더불어 즐거움을 나누는 여민동락(與民同樂), 여백성동지(與百姓同之)를 중시하여야 했다.

민본주의에 있어서 하늘과 인간의 관계가 밀접한 것과 같이 통치자와 피치자의 관계도 역시 밀접하다. 그러므로 통치행위의 정당성을 평가하는 기준으로서 재난의 유무가 통치행위의 정당성의 방법으로 활용되기도 하였고 또 통치자의 내적 수양의 필요의 유무를 판단하는 척도가 되기도 하였다.[19] 맹자의 이와 같은 역성혁명사상(易姓革命思想)은 중국사회에 많은 영향을 주었다.

한편 맹자는 공자가 경제 분야를 경시한 것과는 달리 경제를 상당히 중시하였다.[20] 그는 군주가 그의 백성을 잘 다스리고자 하는 소망을 갖는 것만으로는 충분치 않다고 보고, 백성의 복지를 보장할 실질적인 경제적 조치를 취하지 않으면 안 된다고 주장했다.[21] 그래서 그

---

17) 『孟子』(盡心章句下篇) '民爲貴 社稷次之 君爲輕'.

18) 馮友蘭, 鄭仁在 譯, 『中國哲學史』(서울: 螢雪出版社, 1982), p.111.

19) 崔丙植, 「민주주의와 민본주의의 논리」(서울: 成均館大學校 博士學位論文, 1994), p.6.

20) 薩孟武, 『中國政治思想史』(臺北: 三民書局, 1984), pp.38~40; 劉澤華 主編, 『中國古代政治思想史』(天津: 南開大學出版社, 1994), p.79; 三浦藤作, 앞의 책, p.60.

21) Herrlee G. Creel, *Chinese Thought*(Chicago: Chicago Univ. Press, 1953),

는 '백성이 살아가는 법이란 항산(恒産)이 있어야 항심(恒心)이 있고, 항산이 없으면 항심이 없다. 진실로 항심이 없으면 백성들이 자연 방탕·편벽·부정·사치하여 못하는 일이 없게 마련이다. 이렇게 죄악으로 빠진 후에 형벌에 처하는 것은 백성을 일부러 법망에 넣어서 잡는 것이다'[22]라고 하면서, 항산과 항심은 서로 비례하고, 백성의 항산은 세액의 다과와 관계가 있으므로 토지의 균등제, 즉 정전제(井田制)의 실시와 세액의 조정을 통해 항산을 마련해 주어야 한다고 했다.[23]

맹자는 그가 접촉한 제후 가운데서도 특히 많은 대화를 남긴 양혜왕(梁惠王)이나 제선왕(齊宣王)에게 기회가 있을 적마다 여민동락, 즉 백성들과 함께 즐거움을 같이 할 것을 권고했다.

요컨대 유가사상의 '민본주의'는 민심을 근본으로 하는 정치사상이라 할 수 있다. 항상 백성의 뜻을 존중하고, 백성과 더불어 함께하며[天人相與], 이념적으로 모든 사람이 선(善)에 이르도록 지향하고, 조직적으로는 천하를 통일된 대일가(大一家)로 체계화하려고 하였다. 이때 군주는 하늘을 대신하여 천하를 다스리도록 천명이 내려지고 그로 하여금 백성의 부모가 되게 하여 만민을 통치하도록 한 것이다. 그리하여 하늘·군주·백성은 통일된 한 집(家)의 체계를 형성하게 되는데, 이른바 '천하국가'가 그것이다. 이 양상은 원래 가정에서 국가로, 국가에서 천하로 발전하게 되는데, 이때에 온 누리가 크게 통합되어 하나의 체계를 이룬다. 이러한 세계의 이상적인 모습이 바로 평천하(平天下)의 세계이다.

그러나 만약 중간자인 군주가 민심과 천심을 거역하고 학정을 한다면 하늘과 백성은 다시 화합, 그 사리를 빼앗고 다른 유덕자(有德

---

p.82.

22) 『孟子』, 藤文公章句上, '民之爲道也 有恒産者 有恒心 無恒産者 無恒心 苟無恒心 放辟奢侈 無不爲已 及陷乎罪然後 從而刑之 是罔民也'.

23) 劉明鐘, 『中國思想史 1』(대구: 以文出版社, 1983), p.233; 趙吉惠 外, 김동휘 옮김, 『中國儒學史 1』(서울: 신원문화사, 1997), pp.218~221.

者)에게 왕위를 교체시키게 된다. 이것이 곧 민본주의에 입각한 혁명사상이다. 이와 같이 민본주의는 그 정치적 행사가 백성들이 하고자 하는 바를 하늘이 반드시 따른다는 사상이므로, 학문과 교육을 중시하는 교학정치(敎學政治)와 근본을 지키고 백성과 더불어 즐기려는(與民同樂) 예악정치(禮樂政治)를 내포하는데, 이것 또한 왕도정치의 내용이기도 하다.24)

2) 덕치주의

사상이란 시대적 현실 속에 있는 개인이나 집단이 자기가 처해 있는 현실에 정당하게 대처하기 위한 실천적 규준(規準)이기 때문에, 그 시대의 사회 상황에 대한 이해 없이는 그 사상을 정확히 파악하기 어렵다.25)

공자를 중심으로 하는 유가사상이 등장하게 된 주말(周末)은 서주(西周)의 봉건제도를 떠받치는 두 기둥인 지배층이며 세습귀족이었던 군자와 피지배층인 민이 근본적으로 동요되어 가던 시기였다. 이 시대에는 강력한 봉건 제후들이 서로 영토확장을 위해 투쟁하였으며 동시에 그들의 봉토 내에서는 종족적으로 친근한 소영지 소유자(大夫)들을 희생시켜 자신들의 지배권을 집중화하고 강화시키려 했다. 그러므로 권력가들은 군사적 행정적인 전문가를 신하로, 즉 봉토소유자(귀족)가 아닌 일반관료로 채용하였다. 이러한 채용의 결과 지식인 사(士: 학자나 전문가)가 많이 나타났다. 이들은 통치자를 도왔으며 통치자는 자신의 지배를 관료적으로 중앙집권화시키기 위해 이들

---

24) 龐朴 主編, 앞의 책, pp.362~364.
25) 楊幼炯, 『中國政治思想史』(臺灣: 臺灣商務印書館, 1980), p.1.

을 관직에 임용했다. 구지배계층인 세습귀족은 이들 지식인 계층의 대두로 몰락될 위협에 놓이게 되었다. 이 지식계층 중에는 구세습귀족도 있었고 몰락된 세습귀족도 있었으며, 또한 사회적 변화 과정 중에 소인계층에서 새로이 등장한 지주들도 있었다.[26]

지배층의 몇몇 강력한 통치자가 관료의 도움으로 세습귀족을 붕괴시키는 동안에 하층의 소인으로 지칭되어 온 생산계층의 일부가 지식인 계층으로 밀고 올라왔다. 이러한 상황에서 더 이상 통치자에 의해서도 또 피지배층인 백성에 의해서도 지켜지지 않는 주나라의 사회질서가 사실상 거의 완전히 붕괴되어 갔다. 스스로 노력에 의하여 주(周)의 사회질서를 깨달은 공자는 주사회의 질서회복을 자기의 기본입장으로 하였다.

왜냐하면 그는 지배층인 군자와 생산을 담당하는 소인으로 나뉘어져 있는 주사회질서(周禮)를 완전한 사회질서로 생각했기 때문이다. 소수의 통치자를 위한 잉여생산물을 전체 백성이 생산하는 사회에서 공자는 군자지배와 하층백성의 생산이라는 주례에 합당한 사회적 분업을 하늘이 부여한 자연질서로 파악했다. 천명이 부여한 노동 분업에 따라 군자는 노동하는 소인층을 통치하는 소명을 받은 반면, 소인층은 육체노동을 통해 지배층인 군자를 부양해야 한다. 이 때문에 공자는 주사회질서의 붕괴를 사회적 위기로 간주했으며 동시에 주사회질서의 반영인 예(禮)를 절대적이고 보편타당한 사회질서로 추상화시켰다.[27] 그리고 공자는 사회가 이렇게 변화된 것은 예의와 도덕의 퇴폐 때문이며, 이의 근본원인은 군자의 도덕적 타락에 있다고 보았다.

공자는 타락한 군자(세습귀족 또는 통치자)에 대해 새로운 유형의 통치자인 군자를 제시했다. 이 새로운 유형의 군자는 백성들이 통치

---

26) 宋榮培, 『中國社會思想史』(서울: 한길사, 1986), p.110.

27) 위의 책, pp.110~111; 金丁鎭, 「孔子의 理想政治論과 ㄱ 哲學」, 『東洋文化硏究 第5輯』(대구: 慶北大學校, 1978), p.295.

를 위임할 수 있도록 반드시 높은 도덕성을 쌓은 도덕적 존재여야 한다는 점에서 이전의 지배층이라는 의미의 군자(주의 세습귀족)와 확연히 구별된다. 그러나 문제는 공자시대의 통치자들에게는 이 같은 도덕성이 결여되어 있었다. 공자에 의하면 통치를 담당하는 군자는 통치자로서 특별히 요청되는 능력과 덕을 가져야만 했다.[28]

그래서 그는 예의와 도덕을 부흥시켜야 천하를 구제할 수 있다고 보았는데, 이것이 바로 유가의 덕치주의의 시발점이었다.

군자의 덕(德)에 의한 감화력에 따라 피치자의 자발적인 복종을 유도하는 덕치주의는 피치자의 동의와 자발성을 배제하고 강제성을 띠는 모든 형태의 정치에 대해 부정적 자세를 갖는다. 공자는 이와 같은 정치형태로 형벌과 정령(政令)에 의한 통치를 부정하고 있다. 그래서 공자는 『논어』 위정 편에서 '백성들을 인도함에 정령으로 하고 백성의 풍속을 가지런하게 함에 형벌로써 한다면 백성들은 법망을 면하기는 하여도 수치심이 없어진다. 백성들을 인도하기를 덕으로써 하고 풍속을 가지런하게 하기를 예로써 한다면 백성들은 수치심도 있게 되고 또한 올바름에 이르게 된다'[29]라고 하였다. 이는 또 외적으로는 덕의 감화력을 통하여 피치자가 자발적으로 바른 삶의 모습을 가지게 되는 정치를 의미한다고 하겠다.

공자는 피치자의 자발적 복종을 유도하기 위해서는 통치자는 반드시 먼저 자신의 덕을 닦은 후에 남을 다스려야 한다고 했다. 이러한 공자의 수기치인(修己治人) 사상은 『논어』에 잘 나타나 있다. 『논어』 자로 편에 '그 몸이 바르면 명령하지 아니하여도 행하고, 그 몸이 바르지 아니하면 비록 명령을 해도 좇지 아니한다'.[30] 또 '진실로 그

---

28) 위의 책.
29) 『論語』(爲政篇), '道之以政 齊之以刑 民免而無恥 道之以德 齊之以禮 有恥且格'.
30) 『論語』(子路篇), '其身正 不令而行 / 其身不正 雖令不從'.

몸을 바르게 하면 정치에 종사하는 데 무슨 어려움이 있겠느냐? 능히 그 몸을 바르게 하지 못하고서야 어찌 남을 바르게 다스릴 수 있겠느냐?'[31] 등에 잘 나타나 있다.

공자는 정령에 의해 백성들을 교화하고 법률에 의해 백성들을 강제하는 것이 법치주의라고 한다면 도덕에 의해 백성들을 교화하고 예에 의해 백성들을 저절로 질서 있는 생활로 가게 하는 것이 덕치주의[32]라고 공자는 생각한 것이다.

또 덕치주의는 군자의 도덕적 정당성을 정치의 근원적 힘으로 본다. 유가에서는 '정치는 바르지 못한 것을 바르게 만드는 것(政者政也 正其不正)'으로 본다. 따라서 도덕적 정당성은 통치자에게 필요불가결한 것이며, 바르지 못한 것을 바르게 만들 수 있는 힘을 지닌 사람만이 통치자의 자격을 가진다고 할 수 있다. 즉 내성(內聖)의 덕을 갖춘 사람만이 외왕(外王)의 자격이 있으며, 이 내성의 덕은 그 감화력을 통해 자연스럽게 바람직한 사회를 형성해 간다. 이때 '천도(天道)'가 인간사회에 실현되며, 바로 그러한 사회를 가장 이상적인 사회로 보았다. '도덕으로 정치를 하는 것은 비유하면 마치 북극성이 제자리에 있는데 여러 별들이 그것을 향하여 도는 것과 같다'[33]라고 한 『논어』의 이 말이 이를 잘 표현해 주고 있다.

유가정치사상의 핵심을 이루고 있는 덕치주의라든가 예치주의(禮治主義)라고 하는 것은 바로 이러한 '천도(天道)' 사상에 근거를 두고 있다.[34] 인간사회를 '천도'로 해석하려는 노력은 동중서(董仲舒)에 와서 극치를 이루었다. 동중서는 『현량대책(賢良對策)』이라는 책에서 '도지대원출어천(道之大原出於天)'이라고 하였는데, 이때 말하

31) 위의 책, '苟正其身矣 於從政乎何有? 不能正其身 如正人何'.
32) 成均館大學校 儒學科 教材編纂委員會, 앞의 책, p.252.
33) 『論語』(爲政篇), '爲政而德 譬如北展 居其所 而衆星共之'.
34) 朴忠錫, 「古代中國의 政治思想」, 『梨大社會科學論集 1』(1980), p.130.

는 '도'는 도덕과 정치를 뜻하는 것으로서 모두 '천'에서 나온다고 보았다.[35] 이같이 유가에서는 '천도'와 부합되는 인간사회를 만드는 것이 그들의 목적이었고 바로 그러한 사회가 실현된 상태를 '대동세계'라 하였다.

이상에서 살펴본 바와 같이, 유가에서의 덕치주의는 법이나 형벌에 의한, 타율적 강제에 의한 정치체제가 아니라 개인의 도덕적 자각 위에 근거하고 있는 정치이념이라 할 수 있다.

공자가 제창한 이 덕치주의의 이념은 유가의 이상적인 정치형태로 계승되어, 맹자에 이르러 왕도정치로 구체화되었다. 즉 '덕으로써 인(仁)을 행하는 자라야 가히 왕이 될 수 있다'는 것이다. 이 덕치는 맹자의 중심사상인 성선설(性善說)이 그 바탕을 이루며, 임금을 비롯한 모든 백성이 선한 성정(性情)을 가지고 있을 때라야 비로소 가능하게 되는데, 맹자의 왕도론에서 구체화되었다. 즉 대내적으로는 천하를 다스리는 왕자는 우선 자신이 천명에 의해 백성의 군(君)·사(師)·부(父)로서 선택되었다는 것을 자각하여야 한다. 그리고 그 책임감에 의거, 민생을 관리·보호함에 있어 경제생활(恒産)을 보장하고, 그 기초 위에서 백성에게 윤리적 규범을 내려 효제(孝悌)에 의거한 사회질서를 형성하는 정교(政敎)를 펴야 한다는 것이다.

이러한 덕치주의는 공맹 이후 더욱 체계화되어 한대 이후는 정통적 유가의 통치이념의 자리를 굳혔다.

결국 덕치주의는 유가의 이상사회인 대동세계로 나아가기 위한 길이며, 또한 이 길은 '천도'에 부합되는 것으로써, 타율에 의한 강제에서가 아니라 개인 스스로의 도덕적 자각에 의해 자기 수양(修己)을 한 후에 덕과 예로서 남을 다스리는(治人) 정치이념이라 할 수 있다.

---

35) 任繼愈 主編, 『中國哲學史簡編』(北京: 人民出版社, 1974), pp.221~222; 『中國政治思想史(上), 蕭公權全集之四』(臺灣: 聯經出版公司, 1980), pp.315~317.

2. 전통 중국 가정문화의 특성

1) 가정 중심의 혈연사회

　가정은 생명지속의 시간성(時間性)과 생명확충의 공간성(空間性)이 교차되는 하나의 장소인 동시에 혈연중심으로 모인 생명군(生命群)이 이해관계를 초월하여 살아가는 최소의 사회단위이자 문화전승(文化傳承)의 기관[36]이다. 또 가족제도는 모든 사회에 존재하는 보편적 제도인 동시에 한 사회 내의 가장 기본적인 사회제도이기도 하다. 사람은 누구나 가족을 구성원으로 하는 가정 속에 태어나 그 속에서 성장하며 성인이 되면 결혼하여 새로운 가정을 이루며 살아간다. 따라서 누구나 가정을 떠나 살 수 없다. 가정은 이와 같이 개인에게 있어서나 사회조직에 있어서 중요한 위치를 차지하고 있다. 특히 개인과 교회를 중심으로 하여 이루어진 서구사회와 달리 가족주의[37]를 기간으로 하여 형성된 중국을 비롯한 동양사회에서 가정이 지니는 의미는 특별하다고 하겠다.

　전통적 중국사회가 정치·문화적 통일체를 이룬 하나의 보편적 국

---

36) 池教憲, 「家庭의 倫理的 特性과 社會·教育的 機能」, 『個人과 國家』(성남: 韓國精神文化研究院, 1985), p.83. 이는 곧 가정의 기능 중 일부를 의미한다. 가정의 기능에 대해 여러 가지 학설이 있으나 대체적으로 ① 성적 기능 ② 생식적 기능 ③ 사회·교육적 기능 ④ 경제적 기능으로 나누어 볼 수 있다; 劉永珠, 『新家族關係學』(서울: 教文社, 1991), pp.34~39; 高柄翊, 「現代社會와 家族」, 『現代社會와 家族』(서울: 峨山社會福祉事業財團, 1986), p.20 참소.

37) 가족주의란 일반적으로 일체의 가치가 가족집단의 유지·지속·기능과 관련을 맺어 결정되는 가족집단의 단결과 영속화, 그리고 공동의 이익을 추구하려는 가족 구성원들의 꾸준한 집단적 노력을 말한다. 崔在錫, 『韓國人의 社會的 特性』(서울: 開文社, 1980), p.23.

가였다고 하더라도 그것은 가족제도의 연장이었다. 그래서 전통 중
국사회에서는 '가정(家)'은 '국가(國)'의 원형이자 모체였으며, 또 '국
가'는 '가정'이 확대된 것(家化爲國)으로, 그리고 국가의 구성원리도
가정의 구성원리가 확대된 것으로 보았다. 이 때문에 '사해일가(四海
一家)', '천하일가(天下一家)' 사상을 사회관계 형성의 가장 이상적
인 모형으로 삼을 정도로 가정은 모든 중국문화의 출발점이었다.[38)

전통 중국사회가 이같이 가정을 중시하게 된 것은 무엇보다도 전
통 중국사회가 농업중심의 사회라는 점과 밀접한 관계를 맺고 있다.
1949년 중국 대륙이 공산화되기 전만 하더라도 전체 인구의 80퍼센
트 이상이 농민이었기 때문에 인구의 대다수를 차지하는 농민들은
특별한 행운이 있기 전에는 조상들이 살던 땅에서 살고 또 후손들도
같은 땅에서 살 수밖에 없었다. 또한 주업인 농업은 소수 몇몇 사람
의 힘으로 해결할 수 없었기 때문에 자연히 가족·친족·씨족 간의 집
단적 노동력을 필요로 하게 된다. 이렇게 많은 사람이 한곳에서 집단
생활을 할 수밖에 없었기 때문에 가정을 중시하지 않을 수 없었다.

또 가족 간의 집단적 협력을 필요로 하는 이 같은 사회·경제적
조건에 부합된 사상이 바로 유가사상이라 할 수 있다.[39) 그리고 이
러한 사회·경제적인 이유 때문에 중국에서는 세계에서 가장 복잡하
면서도 잘 조직된 가족제도가 발달하게 되었다.[40) 결국 경제적 여건

---

38) 樊浩, 『中國特色的道德文明』(南京: 河海大學出版社, 1990), p.10; 그래
   서 군주를 '군부(君父)'로, 백성을 '적자(赤子)'라고 불렀다. 梁漱溟, 『中
   國文化要義』(上海: 學林出版社, 1987), p.80; 田鳳德, 「傳統的 社會와
   法思想」, 『法學』(서울: 서울대학교 法學研究所, 1978), p.54.
39) 馮友蘭, 『中國哲學簡史』(北京: 北京大學出版社, 1996), p.18; 李龍範, 「東
   아시아 文化의 普遍性」, 都珖淳 編, 『東아시아文化와 韓國文化』(서울:
   敎文社, 1988), p.44; 柳承國, 「孝와 人倫社會」, 『孝思想과 未來社會』
   (성남: 한국정신문화연구원, 1995), p.3; 엘러스데어 클레어, 김덕영 옮
   김, 『오늘의 중국 중국인』(서울: 인간사랑, 1989), p.65.
40) 馮友蘭, 위의 책, p.19.

이 가족제도의 기반을 제공하고 또 유가가 그 윤리적 의의를 강조했다. 이같이 중국의 전통적 가정은 유가적 가치관을 근간으로 하는 가족주의적 성격을 띠고 있다. 그래서 유가를 '가정숭배교(家庭崇拜敎)', '가(家)의 종교(宗敎)'라고까지 말하는 사람도 있다.[41]

　20세기 초에 이르기까지 중국에서는 사회의 경제·교육·종교·오락, 심지어 정치적 기능조차도 가족제도와 밀접히 연결되어 있었다.[42] 개인은 태어나 죽을 때까지 그의 육체적·도덕적 성장, 정서와 태도의 형성, 교육훈련, 사회적 결사, 사회적 교제, 정신과 물질적 안정 등은 계속 가정의 영향권하에 있었다. 중국사회, 특히 농촌 지역에서는 가족 이외에 개인의 사회적 요구를 해결해 주는 사회적 조직이나 결사는 거의 없었다. 그 결과 개인은 그의 전생애에 걸쳐 끊임없이 부모와 자식, 남편과 부인, 형과 동생, 시부모, 시형제, 자매와 며느리, 삼촌, 사촌, 조카, 조부모와 손자 그리고 복잡하게 얽힌 친척사회 내의 다른 구성원들과의 관계에서 발생하는 문제들과 씨름하여야만 했다.[43] 친척 사회 이외에도 개개인은 정부관리, 그의 스승이나 주인, 동료, 고용주 또는 고용인, 그의 이웃이나 친구들과 관계를 유지해야만 했다. 그런데 이러한 사회적 관계의 대부분은 직접·간접적으로 친척 간의 접촉으로 나타났으며, 또한 대체적으로 조직이나 가치에 있어서 가족제도를 모방하였다. 그리하여 정부 관리들은 때때로 '부모

---

41) 范思良·鄭定·詹學農, 李仁哲 譯, 『中國法律文化探究』(서울: 一潮閣, 1996), p.9; 유가에서 강조하고 있는 '효'와 '충'의 윤리규범은 상호 밀접한 관계를 맺고 있다. '천하의 근본은 나라에 있고, 나라의 근본은 가정에 있으며 가정의 근본은 개인에 있다[天下之本在國, 國之本在家, 家之本在身]'라는 격언은 가정과 국가의 관계를 잘 설명하고 있다. 李宗桂, 李宰碩 譯, 『중국문화개론』(서울: 東文選, 1997), pp.70~74.
42) 훼이 샤오 퉁(費孝通), 이경규 옮김, 『중국사회의 기본구조』(서울: 一潮閣, 1995), pp.54~55.
43) C. K. Yang, *Chinese Communist Society. The Family and The Village* (Massachusetts: The M. I. T. Press, 1974), p.5.

관(父母官, Parent Officials)', 백성은 '자민(子民, Children People)'으로 불렸으며, 주인과 도제(徒弟), 스승과 제자의 관계는 의사부모(擬似父母) 관계로서 전개되었다. 스승이 제자를, 또는 주인이 도제를 받을 때는 가친척(假親戚)의 유대관계로서 전개되었다. 이 경우에도 가친척의 유대를 확립하기 위하여 성스러운 성격을 띤 엄숙한 의식이 거행되었다. 그리고 스승이나 주인은 아버지가 자식에게 바라는 것처럼 제자로부터도 헌신과 존경을 기대하였다. 점포, 수공업소, 농장은 주로 친척들을 고용하였고, 친척을 바탕으로 한 유대가 기본적인 경제관계 구조 속에 널리 퍼져 있었다. 친구나 이웃들은 서로 형제나 친척의 호칭을 사용하였다. 친구들 간의 대화는 실제로는 그러한 관계가 아니더라도 '형', '아저씨' 등의 호칭이 흔히 사용되었다.44)

이와 같이 전통 중국사회가 가정 중심의 사회가 된 것은 유가사상의 중요한 가치관 중의 하나라 할 수 있는 친친(親親: 부모나 친척과 같이 마땅히 가까이 친하여야 할 사람과 매우 친함)의 원리에 따른 것이다.45) 친친의 원칙은 전통가정 전체성원들에게 확고한 일체감(Identity)을 갖게 하였다. 역대 가규(家規), 족제(族制) 및 법률조문들이 친친의 원칙을 강조하고 있으며, 그 밖의 생활에서도 응집력을 강조하고 있다.46)

---

44) Ibid, p.6.
45) 韋政通, 『中國文化與現代生活』(臺北: 水牛出版社, 1987), pp.36~37. 이 같은 '친친'의 원리는 『論語』, 『孟子』에서도 잘 나타나 있다. 『論語』(學而篇), '효제는 인을 완성해 가는 근본이다[孝弟也者 其爲仁之本與]' 『孟子』(告子章句下二), '요와 순의 도는 효제일 뿐이다[堯舜之道 孝弟而已矣]'. 이는 효와 제가 인과 도의 모든 출발점임을 의미하는 것이라 하겠다. 孔繁, 「儒敎倫理와 현대 경제윤리」, 『동양사상과 사회발전』(서울: 東亞日報社, 1996), pp.161~162. 전통 유가윤리에서는 가정에 대한 개인의 의무를 특히 강조하였다. 李漢龜, 「儒敎倫理의 構造와 社會的 機能」, 『韓國哲學思想研究』(성남: 한국정신문화연구원, 1982), pp.107~108.
46) 韋政通, 위의 책, p.37.

가정을 중시하게 된 또 다른 배경은 정치적 이유도 한몫을 했다. 국가가 사회적 안정을 위해 가족이나 씨족조직을 육성할 필요가 있었기 때문이다. 국가는 씨족조직을 육성함으로써 가족제도가 계급과 같이 바람직하지 않은 사회적 결집체로 분해되는 것을 방지하기 위해서는 가족제도의 우수성과 집단성을 유지할 필요가 있었다. 다시 말해서 군주는 수평적인 사회적 분열을 견제하기 위하여 씨족제도를 통한 수직적인 결속의 장점을 이용하여 계급의식의 성장을 방지하고자 하였다.[47]

가정이나 씨족이 고도의 사회적 자율성을 가지게 되면, 사적인 권력을 추구하여 국가에 도전하게 됨으로써 국가는 씨족을 통제하지 않을 수 없게 된다. 또 가족은 계급성 없는 씨족 안에서 원형적인 봉건성을 지니고 있는 반면 씨족은 그 사회단위인 가족에 대한 통제권을 가짐으로써 국가의 지배를 용이하게 했다. 따라서 국가는 유가적 윤리에 입각한 가족을 이용하여 씨족을 통제하고 또 씨족을 이용하여 가족을 통제하였다.[48] 씨족이 국가의 압력을 완화하는 작용을 하였으나 한편으론 향신(鄕紳)의 신분적인 특권을 사회체계 속에 확산시킴으로써 계급의식의 성장을 방지하여 국가의 지배를 공고히 하는 데 이바지하였다.[49]

2) 조상숭배와 가문의식 중시

중국 전통적 가정문화의 특징 중의 하나는 조상숭배(祖上崇拜)와

---

47) Joseph R. Levenson, *Confucian China and Its Modern Fate*(Berkley and Los Angeles: California Univ. Press, 1968), pp.53~54.

48) Ibid., p.54.

49) 金永俊, 『毛澤東思想과 鄧小平의 社會主義』(서울: 亞細亞文化社, 1985), p.168.

선조(先祖)에 대한 제사(祭祀)이다. 선조숭배는 선조와 나(我)와의 관계를 규정지어 줄 뿐 아니라 나의 존재가 선조의 생명의 연장임을 깨닫게 해주는 기능을 하였다.[50]

조상에 대한 보은(報恩)의 구체적 표현이 제사이고, 살아 있는 부모에 대한 은혜에 보답하는 것이 효도이다. 원래 조상숭배는 씨족사회의 산물이며 혈연친족관계는 그것의 생리·심리적 기초이며, 동시에 귀혼(鬼魂)숭배의 산물이다. 귀혼숭배는 혈통인연의 관념과 서로 결합하여 조상숭배의식으로 발전하였다. 최초의 조상숭배는 씨족단체의 공동조상을 숭배한 후에야 비로소 부족단체의 공동조상이 숭배되었으며, 그 후 가정이 출현함으로써 각 가정의 조상숭배의식이 등장하게 되었다. 후손들은 조상에 대해 제사 지낼 의무가 있으며 조상신(귀혼)은 후손들의 보호신으로 간주되어 제사를 받는다.[51] 조상숭배라는 제사의식은 동족의 관계와 구조를 확인하게 하고 위계질서를 존중하도록 이념적인 교육기능을 할 뿐 아니라, 공동재산은 친족집단의 활동을 뒷받침해 줌으로써 지역사회에서의 집단의 지위를 높이고 구성원의 사회진출을 배후에서 후원해 주는 역할을 한다. 나아가 가난한 친족으로 하여금 경제적인 혜택을 줌으로써 친족 간의 결속력을 강화시키는 역할을 하였다. 그러므로 전통 사회에서는 지역사회 수준에서의 정치적 영향력이 있는 동족조직이 정치·사회적으로 막강한 힘을 가졌다.[52] 또한 제사의식은 중국인들에게 정신적·심리적 안정감을 제공하였을 뿐 아니라 가족(家族)·동종(同宗)·동성(同性) 등 씨족 간에 일체감과 유대감을 강화시키는 기능을 하였다.[53] 따라서 전통 중국사회에서는 다른 어떠한 행사보다 선조에 대

---

50) 楊懋春, 『中國家庭與倫理』(臺北: 中央文物供應社, 1980), p.63; 池教憲, 앞의 논문, p.91.
51) 李宗桂, 앞의 책, pp.50~51.
52) 韓相福·李文雄·金光億, 『文化人類學槪論』(서울: 서울대出版部, 1991), p.253.

한 제사의식을 치렀다.

그러나 조상에 대한 제사를 지내기 위해서는 대(代)를 이을 후손, 즉 남자 아이(男兒)가 있어야 했다. 만약 대를 이을 자손이 없으면 유가의 최고 덕목이라 할 수 있는 효도를 할 방법이 없을 뿐 아니라 단계(單系)로 구성된 친족들은 죽은 조상에게 제사 지낼 사람도 없어지게 되어 가문이 멸족하고 만다. 친족의 조직이 이와 같이 파괴되면 사친(事親: 부모를 섬김)의 윤리가치도 그 의미를 잃게 된다. 또 순탄하게 출세하지 못하는 것을 인생 최대의 좌절로 여겼고, 후사가 없어 열조(列祖)에 열종(列宗)을 잇지 못하면 인생의 가장 치명적인 상처를 입는 것으로 간주되었다.[54] 이 때문에 중국에는 '일자양부절(一子兩不絶: 형제 두 사람 중 어느 한쪽이 아들이 없을 때 한 아들에게 양가를 모두 계승시킨다)', '일천은, 역불치일개친생자(一千銀, 亦不值一個親生子: 은이 천 냥이 있어도 친자식 하나만 못하다)', '삼대단전, 조종분리야심산(三代單傳, 祖宗墳裏也心酸: 3대 독자로 내려오면 조상이 무덤 안에서 비통해 한다)' 등의 속담이 생겨났다. 모두 조상의 생명을 이을 자식(後嗣)의 귀중함을 말해 주는 것이라 하겠다. '불효에는 세 가지가 있으나 그중에 대를 이을 아들이 없는 것이 가장 큰 불효'리고 한 맹자의 말이 이를 잘 나타내 주고 있다.[55] 그래서 선조나 살아 있는 부모에게 효도를 하기 위해서 무엇보다도 많은 자손을 두는 것이 자식으로서 가장 큰 임무로 여겨졌다. 이와 같이 자손이 번성을 바라는 것은 전통 중국사회가 선조

---

53) 邵伏先, 『中國的婚姻與家庭』(北京: 人民出版社, 1989), p.192; 엘러스데어 클레어, 앞의 책, pp.67~68; 李宗桂, 앞의 책, p.52.

54) 韋政通, 앞의 책, p.38.

55) 『孟子』(離婁章句上 二十六), '不孝有三 無後爲大', 불효유삼이란 어버이를 불의(不義)에 빠뜨리는 것, 집이 가난하고 어버이가 연로하여노 녹(祿)을 받는 벼슬을 하지 않는 것, 아내를 취하지 않아서 무자(無子)로 선조의 제사를 끊는 것을 말한다.

와 부모에게 효도해야 한다는 윤리적 측면 외에도 경제적 측면에서의 요구도 없지 않았다. 경제적 측면에서의 요구란 전통 중국사회가 농업·수공업 사회였기 때문에 집집마다 많은 일손을 필요로 했고, 이러한 문제를 해결하기 위해서는 많은 자손을 갖는 것이 부를 축적하는 것과 같은 의미를 지니는 것이기 때문이다.[56]

또 다른 특질 중의 하나는 가족·친족·동족 간의 가문의식(家門意識)이다. 전통 중국사회의 가정 구성원들은 무엇보다도 가족과 가문의 명예를 중시 여겨 개인의 성공은 곧 가족 전체의 성공이며, 나아가 가문의 영광으로 간주되었고, 개인의 실패는 가족과 가문 전체의 실패와 동일시했다. 따라서 개인은 가정과 가문의 명예를 위해 분투·노력해야만 했다. 뿐만 아니라 가문의 가풍(家風)을 유지하기 위해서 가보(家譜)나 족보(族譜) 등을 만들어 자손들로 하여금 가문의 명예를 지키도록 했고, 어떠한 열악한 혼인관계를 막론하고 이혼이 허락되지 않았으며, 화평한 가정을 이루기 위해서는 개인은 반드시 자기의 의사를 억제하고 부모나 가문의 명령에 일방적으로 순종해야만 했다.[57]

3) 동거동재와 가부장제

전통 중국가정 문화의 또 다른 특색으로 가정재산의 공유와 가부

---

56) 王章陵, 『中國大陸社會的變遷』(臺北: 黎明文化事業公司, 1978), pp.5~6; C. Yang, Op. Cit., p.9.
57) C. K. Yang, *A Chinese Village in Early Communist Transition*(Cambridge: Harvard Univ., 1959), pp.82~83. 가훈 중 대표적인 가훈으로 남북조시대부터 수나라 초기까지 살았던 顔之推가 쓴 『顔氏家訓』이 있다. 최근 중국 「中國傳統文化讀本」 편찬위원회에서는 『顔氏家訓』을 문고판으로 발간하였다. 자세한 것은 『顔氏家訓』(北京: 北京燕山出版社, 1995) 참조.

장제(家父長制)를 들 수 있다. 지방에 따라 다소 차이는 있으나 전통 중국사회에서는 가족이 함께 기거할 경우, 가족재산에 대해 공동재산이라는 생각을 가졌다. 이러한 가족제도를 동거동재(同居同財)라 한다. 다시 말해서 동거동재란 가족이 재회를 하나로 하는 생활로서, 가족원 각자의 모든 노동의 소유가 생활의 물질적 기초가 되는 이 재화에 귀속되고, 각자의 생계가 이 공동의 재화에 의하여 꾸려지며, 공동재산은 공동의 가산으로 보지(保持)되는 것을 말한다.[58] 여기서 동거동재라는 용어는 법적 개념이며 반드시 같은 집(家)에 함께 거주하여야 한다는 것을 의미하지는 않는다. 동거동재의 의미를 보다 자세히 살펴보면 다음과 같다.[59]

첫째는 생산을 공동으로 한다는 것으로, 가족원 각자가 이룩한 근로의 소산은 모두 전 가족원을 위한 단일공동의 회계, 즉 가계(家計)에 들어간다. 이것이 동거동재의 가장 핵심적 내용이자 원리의 근본적 요청이다. 예를 들면 가족원 전원이 농부이고 모두 가(家)의 토지를 경작하는 경우에, 그들 사이에 공동경작·공동수확이라는 형식이 취해지는 것을 말한다.

둘째는 소비를 공동으로 한다는 것으로, 동거하고 있는 가족원 각자의 생활에 필요한 소비는 전적으로 가의 공동회계에서 지출된다. 이때 가가 얼마만큼 생산하였는가는 문제 삼지 않는다. 또한 소비는 각자의 필요를 기준으로 하여 공평하여야 할 것이 요구되며, 무엇보다도 식사의 공평이 가장 중요시된다. 따라서 취사를 공동으로 하고 함께 모여서 식사하는 일이 가족생활의 핵심적 요소를 이룬다.

---

58) 宮崎孝治良, 『財産承繼制度の比較法的硏究－農業基本法の基調を求めて』(東京: 勁草書房, 1983), pp.15~16, 申榮鎬, 『共同相續論』(서울: 나남, 1987), pp.52~53.

59) 申榮鎬, 위의 책, pp.53~54; 滋賀秀三, 『中國家族法の原理』(東京: 創文社, 1967), pp.68~85; 島田正郎, 『東洋法史』(東京: 東京敎學社, 1977), pp.107~112.

셋째, 가산을 공동으로 보지한다는 것으로, 위와 같은 생산과 소비의 전면에 위치한 공동회계로부터 생긴 잉여는 전원을 위한 공동의 자산으로 축적된다. 그리고 가장 안전한 부의 축적 방법으로 흔히 선택된 것은 토지의 취득이었다. 토지는 다른 사람에게 임대하여 소작료를 얻을 수 있는 경우가 아니더라도, 가족이 자가의 토지를 경작하는 경우에도 그 토지에 대한 소작료를 지불할 필요가 없다는 의미에서 그 자체가 수익을 낳으며, 수확 중의 얼마간은 토지 수익으로 간주된다. 그러므로 이러한 공동의 자산으로부터 발생하는 수익도 당연히 공동회계에 산입되고, 장래 가산을 분할할 경우에는 가족원 각자의 신분관계에 기초하여 정해지는 일정 비율(그 기본은 형제 균분의 원칙이다)에 따라 나눠지는 것이다.

가산의 공유개념에 따라 가족공산(家族共産)의 소유형태를 어떻게 이해할 것인가에 대해 여러 가지 학설이 있으나, 크게 다음과 같이 두 가지로 나눠진다.

첫째, 동거동재의 법적 구조를 가산의 합유(合有)로 설명하는 학설로, 이들은 '가산의 소유관계 자체는 가족구조 여하에 따라 변하는 것이 아니다. 가산은 언제나 가족의 합유에 속하고 가장은 공산의 관리권을 갖는 데 지나지 않는다. 또한 직계존속이 가장인 경우에는, 그는 교령권(教令權)이라는 별개의 권력에 의하여 무엇을 막론하고 무조건 자기 의사를 관철할 수 있는 지위에 있으며, 방계친(傍系親)인 경우에도 다르지 않고 사실상 가산의 처분도 자유로이 할 수 있다'고 설명한다.[60] 이는 공재(共財)를 법적 귀속에 있어서의 공동관계로 파악하는 입장으로 동거동재의 구성원이 가산에 대하여 갖고 있는 권리를 모두 한결같이 지분으로 설명한다.

---

60) 中田薫, 『法制史論集 3』(東京: 岩波書店, 1943), p.1331; 申榮鎬, 위의 책, p.55 재인용.

둘째 학설은 가족형태를 가부장형의 가[직계친(直系親)의 동거동재(同居同財)]와 복합형의 가[방계친(傍系親)의 동거동재(同居同財)]로 나누어, 전자에 있어서는 가부장의 단독소유로 후자의 경우에는 앞에 설명한 합수적(合手的, Joint Ownership) 공유로 설명한다. 즉 이 학설은 가부장이 생존하고 있는 동안의 가산은 가부장을 권리주체로 한다는 것이다. 다시 말하면 가부장이 가산에 대하여 완전한 소유권을 가지며, 가산에 속하는 재물을 자유로이 처분할 수 있고, 처분할 때에는 가부장의 명의를 쓰며 가족원의 연서를 요하지 않고, 가산분할에 있어서도 가부장은 그 분수를 자유로이 정할 수 있는 것은 물론이며, 범죄에 의하여 가산이 적몰(籍沒)되는 경우에도 가부장의 범죄이면 전 가산이 그 대상으로 되나 다른 가족원의 범죄이면 가산에까지 그 죄가 미치지 않는다고 보는 것이다.[61]

그러나 가부장의 사후 그 승계인이 두 명 이상일 경우에는, 가산은 승계인의 합동체를 그 권리주체로 하는, 즉 각 승계인은 합동하여 가산을 소유하며, 공동승계인 중의 존장(尊長)이 가산을 관리하더라도, 중요한 처분에는 전원의 동의가 있어야 하고, 공동승계인 전원의 명의나 사망한 가부장의 명의를 쓰며, 가산은 언제나 분할될 수 있고 그 분수(分數)는 균등이어야 함은 물론 범죄로 인한 몰적의 경우에도 그자의 지분만이 대상이 된다는 것이다.[62]

신영호는 이 양설이 동일한 현상을 어떠한 논리로 설명하는 것이 타당한 것인가에서 비롯되었다고 보고 있다. 즉 합유이지만 교령권 내지 가정권의 권위에 의하여 가산의 관리·처분권이 가부(家父)에게 부여되며, 그에 따라 가산분할은 가부의 의사에 의한 또는 가부의 사망에 의한 시분의 현재화(顯在化)라는 의미를 지니는 것으로 파악해야 할 것인가 아니면 단독소유권이나 '계승'의 원칙에 의한 제한

---

61) 滋賀秀三, 앞의 책, p.150.
62) 申榮鎬, 앞의 책, pp.56~57.

이 있으며, 그에 따라 가부의 생전의 가산분할도 지분의 현재화가 아닌 '계승'의 원칙에 터전을 둔 부의 일방적 행위라는 의미를 지니는 것으로 이해해야 하는가와 같은 설명하는 데에 그 차이점이 있다고 주장한다.

그는 또 교령권이나 가부장의 권위에서 이와 같은 권한이 부여되기보다는 가산의 소유관계 자체는 단독소유라고 이해하면서 제2설의 견해를 따르고 있다.[63] 즉 가부장형의 가에 있어서의 가산을 가부장의 단독소유로 본다면, 가부장이 생존하고 있을 동안에 행한 가산에 대한 환가처분의 법률행위는 오로지 가부장의 의사만으로도 유효하게 성립되며, 가족원은 이에 대하여 어떠한 발언권도 갖지 못한다. 또한 가부장 생존 중의 가산분할은 가부장만이 실현할 수 있는 것으로, 그 의미는 가부장이 가산의 전부 또는 일부를 일방적으로 아들들에게 나눠주는 행위이며, 그들의 인격을 해방시켜 각자가 자기의 노동의 소유를 자기의 것으로 할 수 있는 독립성을 부여하는 행위이자, 가산에서의 각자의 몫을 취득하는 행위로 보고 있다.

가장이 재산의 관리권만 인정되었을 뿐 원칙적으로 가장의 가산 단독처분권은 인정되지 않았다는 주장[64]보다는 앞에서 살펴본 신영호의 주장이 더욱 설득력이 있는 것 같다. 왜냐하면 공산화 이후 발간된 중국의 책자들에서도 가장의 가산처분권뿐만 아니라 모든 영역에서 가장의 독점적 전행을 비판하고 있기 때문이다.[65]

중국사회가 이같이 동거동재를 택하게 된 것은 전통 사회가 자급자족의 가족단위의 농경사회여서 많은 노동력을 필요로 했기 때문에 자녀들을 한데 묶어 둠으로써 필요한 노동력을 충당할 수 있었고,

---

63) 위의 책, p.57.
64) 李光奎, 『韓國家族의 構造分析』(서울: 一志社, 1990), p.220; 朴秉濠, 「韓國의 傳統社會와 法」, 『法學』(서울: 서울대학교 法學研究所, 1991), p.93.
65) 杜立憲, 『現代家庭知識大觀』(河北: 河北出版社, 1991), pp.74~75; 王玉波, 『中國家長制家庭制度史』(天津: 天津社會科學院出版社, 1989) 참조.

또 자녀들이 사적 재산을 갖게 되면 부모에 대한 의존심이 약화될 뿐 아니라 부모에게 순종하는 마음이 감소되기 때문에 생겨난 것으로 생각된다.

한편 가부장제란 부계(父系)가족제도에서 가장이 그의 가족 구성원 모두에게 행사하는 지배권을 말한다. 중국에서도 한국과 마찬가지로 가장은 남자로서 최상 세대의 최고령자가 되는 것이 보통이다. 가장이 부(父)이든 형제 중의 한 사람이든 가내에서는 최고의 지위를 점유하기에 최고의 존경을 받는다. 그러나 가사를 처리하거나 가독권(家督權)을 행사하는 때에는 의론의 대상이 되는 성인이 많기 때문에 가장은 일반적으로 의사결정 과정에 성인남자 구성원의 합의를 얻는 것이 불문율로 되어 있다. 말하자면 의사결정 과정이 민주적인 성격을 가진다.66) 이러한 가부장적 제도하에 가장이 행할 수 있는 권한들을 살펴보면 다음과 같다.

먼저 가장은 가정재산에 대한 지배권을 가진다. 중요한 가사문제에 관하여 성인남자 구성원들과 합의를 도출하지만 모든 가산은 가장의 이름하에 속하며 또 가장이 이러한 재산권에 대한 절대적 권한을 가진다. 가족전부의 수입도 가장에게 바쳐야 하며, 개인이 재산을 사유하는 것은 허락하지 않았다. 따라서 가정재산과 재물수입은 가장의 결정 여하에 따라 가정성원들에게 분배되거나 처리되었다.67) 가장은 이와 같이 경제적 측면에서 지배권을 가질 뿐 아니라 가족 구성원들의 정신·사상적 생활면에서도 강한 통제권을 행사했다. 가족성원은 필히 가장의 의지와 가장의 시비(是非)를 자기의 의지와 시비로 받아들여야 했기 때문에 가정성원은 개인의 독립적 의지나

---

66) 李光奎, 앞의 책, p.136. 한국의 가장제와의 차이점에 관해서는 尹泰林, 『韓國人의 性格』(서울: 東方圖書, 1986), pp.158~159 참조.
67) 王玉波, 『歷史上的 家長制』(北京: 人民出版社, 1984), pp.43~44; 王玉波, 앞의 책(1989), pp.26~29.

사상을 가질 수 없었다. 그래서 중국에서는 각 가정마다 가규(家規)나 가법(家法)을 제정하여 가족 구성원들이 이에 따라 행동하도록 하였다. 따라서 전통 사회에서는 가정성원들에 대한 가장의 권위는 거의 절대적이었다.[68]

가부장제는 종법제도에 그 기초를 두고 있다. 종법제도란 신권주의(神權主義)사상을 그 바탕으로 하는데, 이때 '종법'이란 바로 부계(父系), 부권(父權), 부치(父治)의 씨족제도를 말한다. 이러한 씨족제도는 국가성립 이전 시대의 인류의 사회조직이었는데, 이 같은 종법제도가 특히 전통 중국사회에서 발달하게 된 것은 유가의 '천명(天命)사상'과 밀접한 관계가 있다.[69]

유가에서 말하는 '천명사상'에 따르면, '천자'가 된 자는 '하늘'의 뜻에 따라 백성을 다스려야 하고, 또 만민을 대신하여 '하늘'에 대해 제사를 지내야만 했고, 이를 위해서는 대를 이을 자식이 필요하게 되고, 이로 말미암아 적장자(嫡長子) 우대의 풍속이 생겼다. '하늘'과 '임금'과의 이 같은 관계는 일반 사회에도 그대로 적용되어 가정에서의 부권과 족권이 강화되었고, 또 인간관계에 있어서도 군과 신, 관리와 평민, 족장과 가장, 가장과 가족성원 등 상하계층의 구분이 나타나게 되었다. 이러한 수직적 인간관계로 인하여 하위자는 반드시 상위자의 명령이나 처벌에 복종해야만 했으며, 이를 종법제도라 불렀다. 이와 같은 관계를 도표화하면 다음과 같다.[70]

---

68) 위의 책, pp.47~54; 훼이 샤오 통(費孝通), 앞의 책, p.56.
69) 任繼愈 主編, 『中國哲學史 簡編』(北京: 人民出版社, 1974), p.179; 楊適, 『中西人論的衝突』(北京: 中國人民大學出版社, 1991), pp.27~37; 范忠信·鄭定·詹學農, 李仁哲 譯, 앞의 책, pp.4~5.
70) 文崇一, 「從價値取向談中國國民性」, 李亦園 主編, 『中國人的性格』(臺北: 桂冠圖書公司, 1990), pp.53~58.

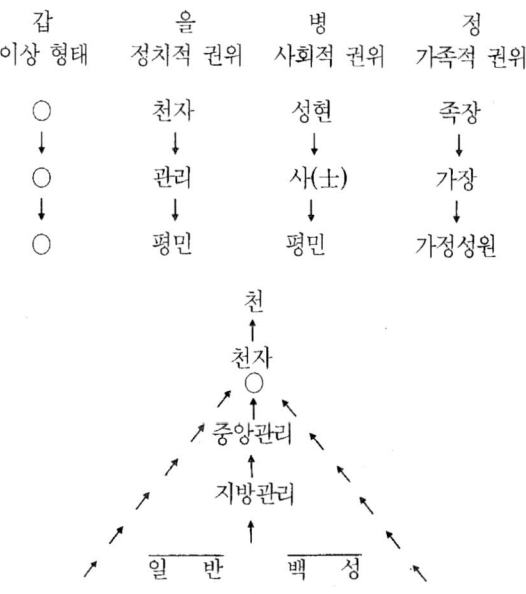

「표 2」 전통중국의 천명사상과 종법제도

　　이와 같이 수직적 인간관계에 기초를 두고 있는 가부장제는 존비
상하(尊卑上下)의 종속관계를 중요시하였다. 이때 존비상하의 종속
관계란 부계(父系), 부권(父權)을 중심으로 모든 인간관계가 이루어
지는 것을 뜻한다. 다시 말해서 부부관계에 있어서는 부권(夫權)이
부권(婦權)보다 우위에 있음을 의미하고 부자관계에 있어서는 부(父)
가 자(子)보다 높고 형제간에 있어서는 장자가 다른 형제보다, 그리
고 적서 간에 있어서는 적자가 더 높은 위치에 있음을 의미한다. 또
남녀 간에 있어서도 남사가 여사보다 더 높은 위지에 있다는 남녀불
평등의 질서의식을 의미한다.71)

---

71) 邵伏先, 앞의 책, pp.102~130.

3. 전통적 가정윤리

전통 중국사회에서 가정은 가장 중요한 사회제도이자 모든 윤리의
출발점이었다.[72] 따라서 다른 어떠한 사회조직보다 가족제도를 중요
시하였고 또 사회를 구성하고 있는 윤리 중에서도 가정윤리를 중시
하였다. 중국윤리의 근간이라 할 수 있는 유가의 오륜(五倫) 중에서
도 가정윤리[부자(父子) · 형제(兄弟) · 부부(夫婦)]가 세 가지를 차지하
고 있음을 보아도 알 수 있다. 가정윤리에 속하는 부자 · 부부 · 형제
간의 윤리를 다른 어떠한 윤리보다 중시하였으며, 그 밖의 나머지
윤리인 군신(君臣), 붕우(朋友)에 관한 윤리는 사회윤리로서 가정윤
리의 확대에 불과한 것으로 보았다.[73]

여기서는 앞에서 살펴본 전통적 유가의 통치이념인 민본주의와 덕
치주의의 이념을 구현하기 위하여, 가정에서는 어떠한 윤리적 규범
들이 형성되어 왔는가를 살펴보고자 한다. 다시 말해서 민본주의와
덕치주의를 기초로 한 유가의 군주들이 그들의 통치를 견고하게 하
기 위하여 실시한 가정윤리, 보다 구체적으로는 (1)부부관계에서 지
켜야 할 윤리 (2)부모와 자식 간에 지켜야 할 윤리 (3)형제자매 간에
지켜야 할 윤리 (4)가정윤리와 직접적으로 관계를 갖고 있는 조상과

---

72) 楊懋春, 「中國的家族主義與國民性格」, 『文化危機與展望上』(北京: 中國
    靑年出版社, 1989), p.363; 梁漱溟, 앞의 책, p.12.
73) 樊浩, 앞의 책, p.20; 梁漱溟, 위의 책, pp.77~84. 우리의 경우에도 통
    치이념을 유가사상(성리학)에 기초를 둔 조선시대의 사회규범은 중국과
    마찬가지로 가족적 차원의 윤리관계를 정치적 윤리관계인 군 · 신 간의
    윤리로 연결시켜 정치적 권위를 공고히 하여 왔다. 夫南哲, 「朝鮮前期
    政治思想硏究」(서울: 韓國外國語大學 博士學位論文, 1990); 柳岸津, 「
    韓國 傳統社會의 特性과 初期 社會化」, 『韓國人의 初期 社會化 過程
    硏究』(성남: 韓國精神文化硏究院, 1983), p.34 참조.

친족에 관한 윤리를 중심으로 살펴보고자 한다.

1) 부부간의 윤리

부부관계는 일반적으로 서로 다른 가정에서 자란 두 남녀가 혼인
(婚姻)이란 의식(儀式) 또는 제도(制度)로 관계를 맺게 된 비혈연적
관계이긴 하나 가장 밀접한 인간관계이자 가정을 이루는 출발점이기
도 하다. 그래서 고전에서도 부부의 결합에 관한 언급이 많다. 『주례
(周禮)』에서는 '부부가 있고 난 후에 가정이 있다(有夫有婦 然後有
家)'라고 하였으며, 『중용(中庸)』에도 '군자의 도는 필부필부(匹夫匹
婦)에서 발단되지만 그 지극한 데에 이르러선 천지에 나타난다(君子
之道 造端乎夫婦 及其至也 察乎天地)'고 하였다.[74]

전통 중국사회에서 공맹(孔孟)을 중심으로 한 유가들은 오륜 중에
서도 효도, 우도(友道), 그리고 군신지도(君臣之道) 등에 관해서는
많은 언급이 있으나 부부관계에 관한 노리(道)에 대해서는 별다른
언급이 없다. 그러나 다른 유가들과는 달리 주희(朱熹)는 부부윤리에
관해 많은 언급을 하고 있는바[75] 여기 몇 구절을 옮겨 보면 다음과
같다.

주희는 호백봉(胡伯逢)의 질문에 대답하기를 '남녀가 힌빙에 미물

---

74) 중국유가의 경전들은 모든 인간관계가 부부관계에서 출발한다고 강조
   하고 있으나 실제 생활에서는 부자관계를 더욱 중시한 사회였다. 이러
   한 사회인식 때문에 부부간의 윤리보다 부자간의 윤리규범이 강조된
   것으로 보인다. Francis L. K. Hsu, Kindship and Ways of Life: An
   Exploration, Francis L. K. Hsu(ed.), *Psychological Anthropology*;
   Approaches to Culture and Personality(Homewood: The Dorsey Press
   Inc., 1961), pp.406~414.

75) 楊懋傑, 『朱惠倫理學』(臺北: 牧童出版社, 1978), p.127.

때는 그 사이의 사람의 연분이 지극히 가까운 거리에 있으니, 어찌 도(道)가 그 사이에 행해질 수 있겠는가? 이것은 군자의 도가 닳아 없어지기 쉽고 희미해지기 쉽기 때문이다. 그러므로 어둡고 은밀한 가운데서 옷소매와 옷깃이 서로 닿아서 해이해질 것인즉 하늘의 뜻(天命)이 행해지지 못함이 있을 것이다. 이는 군자의 도라는 것이 부부 사이의 가깝고 은밀한 가운데서부터 실마리가 만들어지는 것이니 그러한 데에서 더욱 지극히 조심하면 하늘의 높음과 땅의 깊은 구석까지도 살필 수 있는 것을 말한 것이다. 그렇지 못하다면 어찌 홀로 있을 때 삼간다는 것을 아는 군자라 할 수 있겠는가! 그런 사람이 어찌 다른 사람의 모범이 될 수 있겠는가?'[76]라고 하였다.

이는 도는 있지 않은 곳이 없음을 뜻한다. 즉 밝은 곳에도 있고 어두운 곳에도 있다는 것이다. 밝은 곳이란 남과의 사회생활, 즉 공무를 수행하는 곳을 뜻하고 어두운 곳이란 남녀가 한방에 있는 사적 생활을 하는 곳을 뜻한다. 다시 말해서 부부의 사사로운 생활 가운데서도 역시 도는 행하여진다는 것이다. 이는 부부관계를 인욕(人欲)의 단계로부터 이성(理性)적 단계로 승화시켜, 도덕의식을 부여했다고 할 수 있다. 주자는 부부관계에 도덕의식을 부여하였지만 그것은 일종의 이상이며 실제 부부관계에 있어서는 인욕이 흐르기 쉽고 천리(天理)가 이루어지기 어렵다는 것을 잘 알고 있었다.[77]

또 주자는 '부부의 정은 은밀하고 나약함에 빠지기 쉬우니 철저하게 조심하지 않으면 사사로운 욕심이 소홀하고 방심(너무 친해져서 농지거리를)하는 데에서 솟아나서, 사람들에게 자기 자신을 속이는 것조차 깨닫지 못하는 지경에까지 이를 수 있으니, 마땅히 그 작은

---

76) 張伯行 編, 『續近思錄』(卷六), '男女居室 人事之至近 而道行乎其間 此君子之道 所以費而隱也 / 然幽闇之中 衽席之上 人或褻而慢之 則天命有所不行矣 / 此君子之道所以造端乎夫婦之微 而語其極則察乎天地之高深也 然非知幾愼獨之君子 / 其孰能體之?', 위의 책, p.127 재인용.

77) 위의 책.

출발점에서부터 신중히 하고 삼가하고 두려워하여야 한다. 이 내면
으로부터 공부해 나가면, 부형(父兄)을 섬기고 벗과 사귐에 있어, 모
두 힘이 될 것이고 또 이룸이 있을 것이다'[78]라고 하였다.

　이는 부부관계는 비록 사적인 관계에 있지만 인격수양을 해야 함
을 뜻하며, 이러한 부부관계를 통하여 부형과 친구관계도 원만히 이
루어나갈 수 있다고 밝히고 있는 것이라 하겠다.

　그래서 주자는 부부관계는 너무 은밀한 정으로 묶여 있는 관계이
기 때문에 자칫 잘못하면 예의(禮義)를 잃어버리기 쉽고 또 다툼이
일어나기 쉽기 때문에 부부간의 예의를 중요시하였다. 그는 또 '부
부간의 화합이 있은 후에 가정의 도가 이루어진다(夫婦和而後家道
成)'[79]라 하였다. 부부의 불화는 가정 비극의 최대의 원인이 되기
때문에 부부의 화합이 무엇보다 중요함을 강조한 것이라 하겠다.

　요컨대 주자는 부부관계는 너무 가까운 사이여서 자칫 도의(道義)
를 잊기 쉽기 때문에 예의와 화합을 강조하였다고 하겠다. 이에 반
해 주자를 제외한 대부분의 유가들은 남녀에 대해 존(尊)·비(卑)·귀
(貴)·천(賤)·건(健)·순(順) 등 서로 다르게 평가하였는데, 이는 『주
역(周易)』에서 나온 것이다.[80]

　전통 중국사회에서의 부부관계는 흔히 '부고어처(夫高於妻)', '부
창부수(夫唱婦隨)', '부주외 처주내(夫主外妻主內)'로 표현된다. 여기
서 '부고어처'란 남편이 부인보다 높다는 의미로서 부인은 남편을
존경해야 한다는 의미이다. 또한 남편은 하늘이고 부인은 땅이라 하
여 부부간의 조화를 이룬다는 의미였으나 이것은 곧 남자가 여자보

---

78) 張伯行 編,『續近思錄』(券六), '夫婦情意密而易於陷溺 不於此致樣 則私
　　欲行於狎玩之地 自欺人不知之境, 倘知端之重 隱微之際 戒樣恐懼 則是
　　工夫從裏面做出以之事父兄 處朋友 皆易爲力而有功矣', 위의 책, p.128
　　재인용.
79) 張伯行 編, 위의 책.
80) 위의 책, p.127 재인용.

다 높은 위치에 있는 의미로 바뀌고 말았다. 남편이 부인보다 높은 위치에 있다는 것은 부부관계에 있어서도 남녀의 차별적 위치에 있음을 의미한다. 다시 말해서 이것은 부부관계도 남존여비사상에 따라 불평등한 관계임을 뜻한다. 남존여비의 관념이 언제부터 생기게 된 것인가는 확실하지 않으나 『예경(禮經)』이 확립된 이후 '삼종(三從)'의 이론적 기초가 마련되었다. 『예기(禮記)』 교특성(郊特性)에 '부인은 다른 사람을 따라야 하는데, 어려서는 부형을 따르고, 시집 가서는 남편을 따르며, 남편이 죽으면 자식을 따른다(婦人從人者也 幼從父兄 嫁從夫 夫死從子)'라고 하였고, 또 『의례(儀禮)』 상복전(喪服傳)에 '여지는 세 가지 도리를 따라야 하며, 오로지 자기 뜻대로 할 수 없고, 시집가기 전에는 아버지를 따르고, 시집가서는 남편을 따르며, 남편이 죽으면 자식을 따른다(婦人有三從之義 无專用意 故 未嫁從父 旣嫁從夫 夫死從子)'라 하였다. 부녀자의 독립적 존재를 인정하지 않는 삼종지도(三從之道)는 고대 중국의 부녀의 지위를 밝히는 것이었는데 이것은 남존여비와 부녀의 생활 중에 부권(夫權)의 통치를 집중적으로 체현(體現)한 것이라 하겠다.[81]

또 부부관계에 있어서 지켜야 할 윤리 중의 하나가 부위처강(夫爲妻綱)이다. 『의례』 상복전에 '아버지는 아들의 하늘이고, 남편은 아내의 하늘이라(父者子之天也 夫者妻之天也)'라고 하였는데, 이것은 부부간의 지위가 천양지 차이(天壤之別)가 있음을 의미한다. 또 『설문해석(說文解釋)』에는 '부(婦)는 복종하는 것이며, 복종은 부(夫)에게 하는 것이다(婦 言服也 服事于夫也)'라고 언급하면서, '부인(夫人)'이란 비록 존칭이지만, 그 말의 의미는 타인을 도와주는(扶助)데 불과하며, '부인'은 오직 남자에게 속해 있음을 말한다[82]고 밝히고 있다.

81) 史鳳儀, 『中國古代婚姻與家庭』(湖南: 湖南人民出版社, 1987), pp.120~121.
82) 위의 책, p.124.

부부관계에 있어서 지켜야 할 또 다른 도리는 부창부수(夫唱婦隨)이다. 부창부수란 원래 남편의 주장에 아내가 따르는 부부화합(夫婦和合)의 도를 의미하는 것이다. 아내가 남편의 주장에 따르는 것이 부부화합의 도라고는 하지만 전통 중국사회에서는 남편의 뜻이 일방적으로 아내에게 강요되는 강제된 화합을 뜻하는 경우가 대부분이었다.[83] 이것은 앞에서 살펴본 바와 같이 남존여비사상 때문에 남자가 가정의 모든 문제의 주도권을 쥐고 있을 뿐 여자에게는 다만 남편에게 순종할 의무만 있었기 때문이다. 또 아내는 자기의 의견을 남편에게 건의할 수 있고, 수정할 수 있다고는 하나 대부분의 경우 남편의 뜻을 따르거나 옹호하는 것이 상례였다. 남편 된 자는 가정에서 이 같은 특권이 있는 반면에 처와 가족들을 보호할 책임과 의무도 아울러 있었다. 그러나 이러한 책임과 의무는 잘 지켜지지 않았고, 재산에 대해서도 여자에게는 별다른 권한이 없었다.

전통 중국사회에서는 여자를 남자에게 예속시키기 위한 많은 책들이 있었다. A. D. 1세기경 동한(東漢)의 반소(班昭)는 그녀가 쓴 『여계(女誡)』에서 '음과 양은 남자와 여자처럼 매우 다른 원리이며, 양의 미덕은 안정성이며 음의 미덕은 유연성이다'라고 말했다. 그녀는 여성들이 순종적이고 겸손하며 순복하고 소심하며 공손하고 말을 적게 하며 이타적인 서류을 갖도록 교훈했다. '남을 먼저 생각하라' 여인은 꾸짖음을 감내하고 훈계를 마음에 새기며 '남편은 하늘'이며 '하늘은 불변의 것, 제쳐둘 수 없는 존재'로서 섬겨야 할 대상이며, '만약 아내가 남편을 받들지 않는다면 예법은 파괴되고 말 것이다'라고 했다.[84] 이와 비슷하게 『여아경』은 이상적인 여자의 성품들에 대한 목록을 만들었는데, 그 책에서는 '삼종(三從)'과 '사덕(四德: 婦

---

83) 楊懋春, 앞의 책, pp.109~119.
84) Elisabeth Croll, *Feminism and Socialism in China*, 김미경·이연주 옮김, 『中國女性解放運動』(서울: 사계절, 1985), p.18.

德, 婦言, 婦容, 婦功)'을 더욱 상세하게 범주화시켰다. 삼종이란 앞에서 지적한 바와 같이 여성은 자기 생애를 통해 어릴 적에는 아버지와 오빠를, 결혼해서는 남편을, 남편을 여읜 후에는 아들을 따르는 것을 의미한다. 사덕을 살펴보면, 첫째 부덕(婦德)은 여자가 우주 내에서의 자기 위치를 알며 언제나 시대가 존중하는 윤리규범들에 맞추어 행동해야 하는 것을 의미한다. 둘째, 부언(婦言)은 여자는 너무 많이 지껄이거나 남들을 괴롭게 하지 않도록 언제나 말을 삼가야만 한다. 셋째, 부용(婦容)은 여자는 항상 몸을 깨끗이 하고 습관을 바르게 하며 남성을 즐겁게 하기 위해 자신을 가꾸어야 한다. 넷째, 부공(婦功)은 여자는 가사를 게을리 해서는 안 된다는 것이다.[85]

또 A. D. 1세기에 유향(劉向)에 의해 『열녀전(烈女傳)』이 처음으로 편찬되었는데 이 전기들의 총서문에 이렇게 씌어져 있다. '아내는 남편을 의지한다. 부드럽고 순종하면서 여자는 언제나 다른 사람들의 말에 귀 기울인다. 여자는 정숙한 방법으로 남편을 조종하며 다른 사람들에게 봉사하는 사람으로서의 본성과 감정을 갖고 있다.' 그 전기들은 효녀들, 불명예보다는 죽음을 택하고자 했던 정숙한 처녀들, 이상적인 올케, 아내, 어머니 그리고 그 정숙함과 의무를 다하기 위한 헌신으로 교훈이 될 만하며 서로 견줄 만한 미망인들을 다루고 있다.[86] 이에 반해 남편은 많은 첩을 둘 수 있었으며, 심지어 칠거지악(七去之惡)이라 하여 모든 잘못을 부인에게 돌리는 경우도 많았고 여자에게 정절을 강요하여 정절 때문에 목숨까지 잃은 경우가 없지 않았다. 뿐만 아니라 부인을 성적 도구로 간주하여 여성들에게 전족(纏足)[87]을 강요하기도 하였다.

---

85) 위의 책, p.18.
86) 위의 책.
87) 전족은 인위적인 방법으로 발을 작게 하는 풍습이며, 이는 발 모양에 따라 궁족(弓足)·금연(金蓮)·춘순(春荀)으로 구분된다. 전족은 원래 남당(南唐) 때 이후주(李後主)가 궁녀 요낭(窅娘)의 발을 천으로 감아 초

이와 같이 전통 중국사회의 유가들은 남녀유별(男女有別)을 절대 시하고 가정생활에 있어서 남녀의 자유로움을 극히 경계하였으며, 또 남녀유별을 솔선수범하려고 노력하였고, 이러한 생활태도는 일반 백성들에게 영향을 미쳤다.[88] 이러한 남녀유별적 사상은 부부관계에도 그대로 적용되어 위에서 살펴본 바와 같이 부고어처, 부창부수, 삼종지도, 사덕, 부주외 처주내 등 남존여비의 불평등한 윤리관계를 형성하였다.

남존여비의 불평등한 윤리적 부부관계로 인하여 부인은 남편에게 복종할 의무만 주어졌고, 나아가 사회나 국가도 부권(父權)의 권위를 뒷받침해 줌으로써 정치체제의 안정을 도모하고자 하였다.

2) 부모와 자녀 간의 윤리

『맹자』와 『중용』에 잘 나타나 있듯이 오륜 중에서도 부모와 자식 간에 그 우선권이 주어지고 있는데, 이는 나머지 네 가지 관계가 이 부자간의 확장과 연장임을 의미한다고 하겠다. 이때 부모와 자식을 이어 주는 본질적인 끈은 효가 아닌 타고난 애정관계인 애틋함(親)이라는 것이다. 부모와 자녀 신의 관계를 미쁨 끈끈하게 이어 주고 있는 것은 바로 이러한 애틋함과 친밀감에 뿌리를 두고 있으며, 『논어』에서 말하듯이 효라는 것은 부모가 자식을 돌보고 염려하는 데서 출발한다고 하는 설명과 부합된다.[89]

생날 보양으로 만든 데서 시작되었다. 이러한 풍습은 한대 이후 일반하디었고 명대에 와서 전성기를 이루었다. 陳東原, 『中國婦女生活史』(上海. 上海文藝出版社, 1990), p.125.
88) 朴秉濠, 『韓國法制史攷』(서울: 法文社, 1987), pp.329~330.
89) W. T. de Bary, Personal Reflections on Confucian Filial Piety, 『孝思想과 未來社會』(성남: 한국정신문화연구원, 1995), p.62.

효가 갖는 이러한 의미는 마찬가지로 넓게는 통치자와 관료가 자기들이 책임을 지고 있는 백성들에 대해 가져야 하는 염려와 관심에 동일하게 적용된다. 『논어』 위정 편에서 보듯이 통치자가 백성들로부터 충성스러움을 기대하려면 먼저 백성들에게 효자(孝慈)를 가져야만 한다. 즉 효성스러운 아들이 자라서 임금에게 충성스러운 백성이 되는 것이 아니라 아버지나 임금이 먼저 위로부터 효의 정신을 베풀어야 그것이 아들과 백성에게 전달되어 효성스러운 아들이 되고, 충성스런 백성이 된다는 것이다. 또 공자는 효를 사회적 도덕성에 빠뜨릴 수 없는 덕목으로 보고, 그저 세상에 나아가 관직을 차지하고 있는 것보다 백성을 염려하고 먼저 봉사하는 것이야말로 효를 증진시킬 수 있는 길로 보았다.[90] 그래서 공자는 '효도와 자비로 일하면 충성스러워진다(孝慈則忠)'[91]라고 하였다. 이 말은 위에 있는 사람이 효(孝)와 자(慈)로써 백성을 인도하면 각 사람은 그 부모에게 효도하고 부모는 자식을 자비롭게 다스려, 곧 백성은 스스로 위에 있는 사람에게 충성한다는 말이다.

다시 말해서 부모와 자녀 간의 윤리관계라 할 수 있는 '부자자효(父慈子孝)'란 부모가 먼저 자녀에게 자비로움으로 대해야 하고 자녀는 부모에게 효도해야 한다는 것을 의미한다. 즉 효(孝)와 자(慈)는 상호 불가분의 관계로 상호 분리시켜 존재할 수는 없으나, 순서에 있어 부모가 자녀에게 베풀어야 할 자비가 효도보다 앞서며, 임금과 백성 간에도 임금이 먼저 자비로워야 백성이 충성한다는 것을 의미한다고 하겠다.

그러나 공자 이래 많은 유가들은 자녀들이 지켜야 할 '효'에 관해

---

90) Ibid., p.63.
91) 『論語』(爲政篇), 전통 중국사회에서 부자간에 지켜야 할 윤리규범은 '부자자효(父慈子孝)'이나 실제로 자녀가 부모에게 지켜야 할 도리인 '효도'만이 일방적으로 강조되었다. 史鳳儀, 앞의 책, p.186.

서 많이 언급하고 있었지만 부모가 지켜야 할 '자'에 대한 언급은
그다지 많지 않다. 이에 반해, 주자(朱子)는 '효'에 관한 언급이 적은
반면에 '자'에 관해서는 자주 언급을 하였다.[92] 예를 들면 주자는
'사람이 누군들 알지 못하겠느냐? 자식이 효를 알며, 어버이가 자를
안다. 단지 아는 것을 하지 않을 뿐이다'[93]라고 자에 관하여 언급하
고 있다. 주자는 '자'에 대해 보다 자세히 설명하고 있다. 어떤 사람
이 '부모가 자식에게 끝없이 사랑을 베풀어, 그 자식이 총명하기를
바라는데 이것을 성심(誠心)이라고 합니까?'라고 묻자 주자는 '부모
가 그 자식을 사랑하는 것은 당연하다. 그러나 끝없이 자식을 사랑
하여 자식이 어떻게 되기를 바라는 것은 잘못이다. 이것은 하늘의
이치와 인간의 욕망 사이에서 바르게 판단할 일이다'라고 대답하였
다.[94] 이는 부모가 그 자식을 사랑하는 것은 지성(至誠)에서 나오는
것이므로 막기가 어렵다는 것이다. 따라서 자식을 사랑하는 마음 때
문에 그가 총명하기를 바라고, 나아가 그가 장래 무엇을 성취하고자
바라는 것은, 모두 천리(天理)에 합당하다는 것이다. 그러나 만약 자
식을 사랑하는 마음 때문에 그가 반드시 어떤 인물이 되어야 한다고
바라는 것은 이미 부모 자신의 희망으로써 인간의 욕심이라 아니할
수 없다는 것이다.[95]

여기에 주자는 진정한 자애(慈愛)의 하나의 표준을 제시하여 천하
의 부모 된 자들에게 자식사랑의 어려움을 밝힌 것이라 하겠다.

한편 부모에 대한 자녀의 도리를 효라 한다. 유가사상에서는 효를

---

92) 楊慧傑, 앞의 책, p.126.
93) 『朱子語類』(卷十五), '人誰無知? 爲子知孝 爲父知慈 只是知不盡', 위의 책,
    p.126 재인용.
94) 張伯行 編, 『續近思錄』(卷六), 有人問: '父母之於子 有無窮憐愛 欲其
    聰明成立此之謂誠心 耶?' 朱子答: '父母愛其子 正也 愛之無窮 而必欲
    其如何則非矣 此天理人欲之間正當審決', 위의 책, p.126 재인용.
95) 위의 책.

단순한 어버이와 자녀 간에 지켜야 할 윤리적 덕목이라기보다 천지
자연(天地自然)의 법도로 인식하였다.[96] 그러기에 공자는 『효경(孝
經)』에서 '대저 효란 만물을 생성하는 하늘의 법도이며, 땅의 의리이
고, 백성이 갈 길이다'[97]라 하였고, 또 '부모와 자식 간의 도는 천성
(天性)이다'[98]라고 하였다. 그는 또 '대저 효는 덕의 근본이며, 가르
침이 그로 말미암아 생기는 것이다'[99]라고 하였고, '효성과 우애는
인의 근본이다'[100]라고 하였다. 이는 결국 효가 인(仁)의 기초임을
강조한 것이라 하겠다.[101]

　이와 같이 효도는 중국윤리의 원리들 중 근본이 되는 윤리였으며,
또 중국윤리에 있어 최고의 위치를 차지하여 왔다. 그리하여 효도가
중국사회에서 실제로 어떻게 적응·실천되어 왔는가를 이해하지 않
고서는 중국윤리, 나아가서 중국의 정치활동을 이해하기 어렵다.[102]

　그러나 효도는 도덕실천의 최종목적이 아니라 단지 도덕실천의 출
발점이다. 그래서 『효경』에 '무릇 효는 부모를 섬기는 데서 시작하
여, 임금을 섬기는 것이 그 다음이며, 몸을 세우는 것이 그 끝이
다'[103]라며 효도의 순서를 밝히고 있으며, 보다 구체적으로 '아버지
를 섬기는 그대로의 태도로써 어머니를 섬기면 그것이 곧 어머니를
섬기는 사랑이며, 아버지를 섬기는 그대로의 태도로써 임금을 섬기

---

96) 李應百, 「孝思想의 展開過程」, 한국정신문화연구원, 앞의 책(1995), p.145.
97) 『孝經』(三才章), '夫孝 天之經也 地之義也 民之行也'
98) 『孝經』(父母生績章), '父子之道 天性也'.
99) 『孝經』(開宗明義章), '夫孝 德之本也 敎之所由生也'.
100) 『論語』(學而篇), '孝弟也者 其爲仁之本與'.
101) Hsieh Yu-Wei, Filial Piety and Chinese Society, Charles A. Moore(ed.), *The
　　 Chinese Mind*(Honolulu: Hawaii Univ., 1967), p.167; Jack Gray, China:
　　 Communism and Confucianism, Archie Brown and jack Gray(ed.), *Political
　　 Culture and Political Change in Communist States*(New York: Holmes &
　　 Meie Publishers, Inc., 1979), p.200.
102) Hsieh Yu-Wei, Ibid., p.172.
103) 『孝經』(開宗明義章), '夫孝 始於事親 中於事君 終於立身'.

면 그것이 곧 임금을 섬기는 공경이다. 그러므로 어머니를 섬김에 있어서는 아버지를 섬기는 그 사랑으로써 섬기고, 임금을 섬김에 있어서는 아버지를 섬기는 그 공경으로써 섬긴다. 어머니를 섬기는 사랑과 임금을 섬기는 공경, 이 두 가지를 모두 갖추고 있는 것이 아버지를 섬기는 일이다'[104]라며 효도의 구체적 방법론을 제시하고 있다. 이는 아버지를 하늘에 견주고 어머니를 땅에 견주되 하늘이 땅의 기능을 겸하며, 임금에 대한 충성도 효에 근원한다는 생각에서 펼쳐진 것이라 하겠다.[105]

결국 전통 사회에서 효는 모든 덕목의 뿌리이자 모두 도덕적 강령이나 준칙의 근간이었으며, 나아가 사회·정치적인 안정과 복지의 초석으로 간주되었다.[106]

그러면 '효'는 어떻게 실천하여야 하는가? 유가에서는 '효'의 실천방법에 대해 구체적으로 설명하고 있다.

『예기(禮記)』에서는 효의 내용을 세 가지 유형으로 구분하고 그것을 대효(大孝)·중효(中孝)·소효(小孝)로 설명하고 있다. 대효는 존친(尊親)이고, 기차(其次)는 불욕(不辱)이고, 기하(其下)는 능양(能養)[107]이라는 구절이 바로 그것이다. 효 중에서 가장 으뜸가는 것으로 평가되는 것은 부모를 모심에 있어서 그를 정신·정서적으로 편안히 해드리는 것이라 했다. 효도 중 두 번째로 중요한 것은 불욕이라 했다. 부모를 욕되게 해서는 안 된다는 뜻이다. 자식 된 자가 부모에게는 세아무리 극진한 효성(孝誠)을 다한다 하더라도 대인관계 또는 사회활동에서 옳지 못한 일을 일삼는다면 그 어버이에게까지 누를 끼치게 됨으로 행동거지를 조심하는 것이 효와 연결된다는 뜻이다.

---

104) 『孝經』(士人章), '資於事父以事母 而愛同 資於事父以事君 其敬同 故母取其愛 而君取其敬 兼之者父也'.
105) 李應百, 앞의 논문, p.144.
106) 위의 논문, p.144.
107) 『禮記』, '大孝尊親 其次不辱 其下能養'.

그리고 효 중에서 가장 낮은 비중을 차지하는 것이 능양(能養)이다. 능양이라 함은 부모에 대한 물질적인 봉양을 의미하는데, 공자는 이 것을 효행 중에서 가장 비중이 낮은 것으로 평가하였다. 공자는 제자 자유(子遊)가 효도에 대해 묻자, 대답하기를 일반적으로 '효란 음식을 봉양하는 것으로 족(足)한 것으로 알고 있으나 견마(犬馬)라 할지라 도 모두 기름이 있으니 공경하는 마음이 없다면 짐승과 인간을 무엇 으로 구분할 수 있을 것인가'[108]라고 했다. 부모 봉양에 있어서 공경 하는 마음이 결여된다면 이를 효라 할 수 없다는 뜻이다.

공자는 『효경』 첫머리에 '몸과 머리터럭과 살갗을 부모에게 받았 으니, 감히 못쓰게 망가뜨리거나 상하게 하지 않는 것이 효의 시작 이다'[109]라는 사실을 강조하며, 자식 된 자는 자신의 신체를 손상시 키지 않는 것이야말로 효도의 시작이라 하였다. 다시 말해서 부모로 부터 받은 신체를 온전하게 보존하는 것이 부모에게 효도하는 방 법[110]이라는 뜻이다. 또 『효경』에는 효의 완성이 '입신(立身)'하여 이 름을 후세에 남기는 것으로 보고, '입신하여 후세에 그 부모의 이름 을 드러내면 효의 마지막이다'.[111]

이제까지의 내용을 요약하면, 부모와 자녀 간에 지켜야 될 윤리는 부모는 먼저 자식을 자비로서 사랑하되 천리(天理)와 인욕(人欲)을 잘 분별하여 사랑해야 할 것이고, 자식은 부모를 정성껏 봉양하고, 자기의 건강을 돌보아 부모에게 걱정을 끼치지 아니하며, 저로 인하 여 부모를 욕되게 아니하며, 나아가 '입신'하여 후세에 그 부모의 이 름을 남기는 것이라 하겠다.

---

108) 『論語』(爲政篇), '子曰 今之孝者 是謂能養至於犬馬 皆能有養 不敬何以 別乎'.
109) 『孝經』(開宗明義章), '身體髮膚 受之父母 不敢毀傷 孝之始也'.
110) 朴在侃, 「傳統的 孝思想과 그 現代的 意義」, 『傳統倫理의 現代的 照 明』(성남: 韓國精神文化研究院, 1989), p.94.
111) 『孝經』(開宗明義章), '立身行道 揚名於後世 以顯父母孝之終也'.

한대(漢代) 이래로 역대 왕조는 효도를 적극적으로 권장하는 정책을 끊임없이 시행하여 왔다.[112] 이같이 역대 정권이 부모의 권위, 특히 아버지의 권위를 중요한 덕으로 강조해 온 것은 국가의 제도나 황실의 제도가 근본적으로 바로 황제가 아버지로, 신하는 자식으로 행동해야 하는 '확장된 가족제도'이었기 때문이다. 또한 '효'의 덕목에서 통치자에 대한 신하의 덕인 '충(忠)'이 도출된다.[113] 효와 충의 이러한 관계 때문에 유가의 군주들은 자기의 지배질서를 확고히 하기 위하여 윤리적으로나 제도적으로 효도와 충성을 강조해 왔다.

3) 형제자매 간의 윤리

중국의 전통윤리에는 효(孝)·제(悌)·충(忠)·신(信) 등 4개가 중요 덕목이다. 이 중 가정윤리에 해당되는 것은 효와 제이다. 효에 관해서는 이미 앞에서 살펴보았다.

이제 '제(悌)'에 관해서 살펴보고자 한다. '제'는 가정 혹은 가족 내의 윤리로 동년배의 친척(속)을 어떻게 대접하며, 또 서로 돕고 서로 상대방에게 이롭게 하며, 자기에게도 이롭고, 공동으로 이로움을 빈는 깃을 의미한다. 이것은 적극적인 측면에서 실펴본 깃이고, 소극적인 측면에서는 '자기가 하기 싫은 일을 남에게 시키지 밀라(己所不欲 勿施於人)'는 것을 뜻한다.[114]

다른 사람이 나에게 어떤 행위를 가하는 것을 좋아하지 않는 이유는 그것이 곧 나를 속박하기 때문이며, 또 그러한 행위를 다른 사람

112) 朴秉濠,「孝倫理의 法規範化와 그 繼承」, 한국정신문화연구원, 앞의 책(1995), p.239.
113) 宋榮培, 앞의 책, p.314; W. T. de Bary, Op. Cit., p.65.
114) 楊懋春, 앞의 책, p.149.

에게 가하기를 원치 않기 때문이다. 예를 들면 다른 사람이 의식적이건 무의식적이건 간에 내 몸에 어떤 행위를 가하면 인내하거나 용서를 하든지, 그렇지 않으면 '눈에는 눈, 이에는 이'식으로 보복을 하게 된다. 이 경우, '다른 사람'은 모두 내 가족이든지 혹은 나와 동년배에 있는 친척관계의 형제자매가 된다. 보다 구체적으로 말해서 '제'의 실천은 곧 형우제공(兄友弟恭)을 의미한다. 이때 우(友)는 곧 사랑하고 보호함[愛護]을 의미하며 공(恭)은 존경하는 것을 뜻한다. 이 말은 형(언니) 된 사람은 동생을 사랑하고 보호해야 하며, 동생 된 사람은 형(언니)에게 경의를 품고 존경해야 한다. 형제자매 간에 서로 사랑하고 보호하며 또 존경하는 것은 어릴 때나 청소년기에 가장 쉽게 찾아볼 수 있다. 일단 성년기에 접어들게 되면 점차 박약해지거나 심한 경우 사라지기도 한다. 성년이 되면, 예를 들면 형제 간의 유지해 왔던 좋은 관계, 즉 어릴 때 우애가 변하여 '수족지의 (手足之義(情))'가 된다. '수족지의'의 의미는 사람 몸의 손과 발처럼 서로 돌보며 서로 대접하는 것을 뜻한다.

결국 형제나 자매간의 관계는 인체의 일부가 없으면 안 되는 것처럼 하나의 수족으로 서로 도와가며 살도록 권장하고, 또 형은 우애하고 동생은 형(언니)을 공경하는 것을 바람직한 윤리관계로 보았다.

4) 조상친족 간의 윤리

조상숭배라는 제사의식은 선조와 나와의 관계를 규정지어 줄 뿐 아니라 같은 핏줄에 의하여 연결되어 있다는 동족의식을 갖게 하였다. 조상숭배의식은 대부분의 전통 사회에 있던 일종의 종교의식이 었으나, 중국을 비롯한 동양사회에서는 단순한 종교의식의 차원을 넘어 사회적 영향력을 많이 미쳤다. 중국인들에게 제사는 가족·동종(同宗)·동성 등 씨족 간에 같은 일가(一家)라는 일체감과 유대감을 강화시켰을 뿐 아니라 정신·심리적 안정감을 제공하는 마음의 안식처이기도 하였다.115)

고대 중국의 조상숭배의식은 가부장적 종족지배를 확고히 하기 위한 근본수단으로 이해되었다. 원시적 단계에 있는 인간들의 생각은 선조에게 제물을 바치면서 그의 후손들에게 행운을 주고 또 커다란 재앙으로부터 후손을 지켜 달라고 빌었다.116) 여기서 제사의식이 출범하게 된 것이다. 특히 주례(周禮)에서는 '제사(祭祀)'를 매우 중요시하였다. 그렇게 한 이유는 조상숭배의식이 주나라의 가부장적 종족지배인 종법(宗法)제도를 공고히 해주었기 때문이다.117)

'제사'의 심리적 근거는 조상의 은혜에 보답하는 것, 즉 보본반시(報本反始)이다. 그것은 원래 인간의 효제(孝弟)의 마음으로서 효제는 '인(仁)'으로 변하며, '인'은 비단 종법제도의 정수가 될 뿐 아니라 인류사회 조직의 최고의 원리로 평가되었다.118)

전통 중국사회에서는 조상에게 제사지내는 것을 가장 중요한 의식으로 간주하였고, 나아가 다른 종교의식에 비하여 더욱 장엄하였고, 규모가 화려하였다.

한편으로 제사는 매우 중요한 문화적 가치를 지니고 있다. 그것은 사람들에게 귀속감을 갖게 해줄 뿐 아니라 심리적 안정감을 가져다 주었다. 이는 가족주의가 인간의 잠재의식을 지배하여 제사행위를 하도록 한 것이다. 이와 같이 조상숭배의 관념과 의식, 그리고 제사 활동은 혈연관계를 확인케 할 뿐 아니라 중국문화에 있어 가족조직

---

115) 邵伏先, 앞의 책, p.192; 엘러스데어 클레어, 앞의 책, pp.67~68.
116) 宋榮培, 앞의 책, pp.27~28.
117) 위의 책.
118) 吳自甦, 『中國家庭制度』(臺灣: 臺灣商務印書館, 1973), p.16.

은 중화민족주의 공동체의식 형성에 매우 중대한 영향을 미쳤다.[119]

가족주의 정신의 유지·발전과 조상숭배의식은 매우 밀접한 관계를 맺고 있으며, 이것은 마치 서양인들이 믿는 종교가 개인주의 문화와 밀접한 관계가 있는 것과 같다. 조상숭배는 한 측면에서는 중국인의 정신적 안식처[寄托]를 찾는 출발점이며, 또 다른 측면에서는 가족 가운데 개체적 문화활동의 존재, 즉 가족·동족·동성(同姓)의 죽은 조상과 활동하고 있는 족장(族長)과 족군(族群)이 개체의 집단 소속감을 반영하는 것이기도 하다. 조상숭배의식 그 자체는 혈연관계의 숭배와 신격화이다. 개체의 숭배행위와 활동은 필연적으로 현실적인 직접 혈연관계의 결속을 가져오고, 죽은 친척에 대한 존경심도 필히 활동하고 있는 친척 간에 신뢰관계를 갖게 한다. 또 죽은 자에 대해 무릎 꿇고 절하는 것을 요구하기에 앞서 먼저 살아 있는 사람 간에 서로 예(禮)로써 대해야 했다.[120] 뿐만 아니라 조상숭배의 가장 좋은 방법은 조상의 유지(遺志)를 받들고, 또 그가 생전에 이루지 못한 뜻을 이루는 것이다. 이 때문에 조상숭배와 가장에게 효도하고 족장에게 복종하는 것은 상호 밀접한 관계가 있다. 조상숭배는 조상의 뜻을 따르고 집행하며, 가문의 이름을 높이며, 조상을 빛내는 것과 불가분의 관계가 있다. 또한 이 때문에 조상숭배는 먼저 필연적으로 가족주의로 귀결되며, 또 가족주의 정신은 중국문화와 민족의식에 침투되어 심층구조를 이루게 되었다.

한편 친족은 같은 선조 아래 결합된 하나의 공동사회로서 선조를 숭배하기 위해서는 서로 화목해야만 한다. 따라서 전통 중국사회와 같은 대가정사회(大家庭社會)에서는 가정도덕이 높이 평가되었다. 원래 친족은 부족(父族)·모족(母族)·처족(妻族)의 삼족으로 이루어지는 것이나 부계중심으로 된 종법사회에서는 부족이 주종(主宗)이

---

119) 邵伏先, 앞의 책, pp.191~192.
120) 위의 책, p.192.

되었고 나머지는 이에 종속되었다.[121] 이와 같이 조상숭배는 혈연집단 간의 종적관계에서 지켜야 할 윤리를 의미하고, 친족 간의 화목은 후손들 사이의 횡적 관계에서 지켜야 할 것을 의미한다.

요컨대 전통 중국의 가정윤리는 부부중심에서 출발하였으나 실제로는 부자중심의 윤리가 그 중심축을 이루었고, 그중에서도 부모에 대한 효와 임금에 대한 충성을 강조하였다. 또한 부자·군신 등의 관계를 토대로 종법사회를 형성하였으며, 조상에 대한 숭배의식도 매우 강조되었다. 이 같은 종법제도는 부권(父權)·부권(夫權)·족권(族權)의 권위를 국가(君權)가 뒷받침해 주었다. 이에 반해 자녀와 여성의 지위는 상대적으로 낮은 위치에 있었다. 결국 전통 중국윤리는 군존신비(君尊臣卑), 부존자비(父尊子卑), 부존처비(夫尊妻卑)로 인간관계를 등급화하는 차별적 윤리관계가 지배적 윤리규범이었다고 할 수 있다.[122] 윤리나 도덕은 개인적 행위에 대한 사회적 제재력으로서, 개인들로 하여금 규정된 형식에 맞추어 행동하게 하도록 함으로써, 해당 사회의 생존과 지속을 유지해 준다.[123] 이 같은 관점에서 볼 때 불평등하고 차별저인 중국 전통윤리가 오래 지속될 수 있었던 것은 유가의 가정윤리가 사회·경제적 필요에 부합되었다는 측면과 아울러 군주(국가)가 종법제도를 지속적으로 지탱할 수 있도록 적어도 표면적으로 가정과 사회를 안정시키기 위하여 적극 지지하였기 때문이다.

---

121) 池教憲, 앞의 글, p.31.
122) 李書有, 앞의 책, pp.261~262.
123) 훼이 샤오 통(費孝通), 앞의 책, pp.40~41.

제 **3** 장

모택동체제하의
가정문화정책과 가정윤리

　1917년 러시아의 볼셰비키 혁명과 그 후 소련에서 전개된 일련의 사태는 전 세계적으로 여러 가지 영향을 미쳤지만, 그중에서도 반봉건제의 타파와 외세의 침략으로 빚어진 반식민지 상태에서의 탈피를 위한 근대화운동, 민족주의운동의 격동 속에 있었던 중국에 큰 영향을 주었다. 특히 중국의 일부 급진적 지식인들은 반봉건·반식민지 타파라는 중국의 당면과제를 해결하는 데 있어서 다른 방식, 즉 공산혁명의 방식이 있음을 알게 되었다.[1] 이러한 배경하에 태동한 중국공산당은 1921년 7월 출범 당시부터 마르크스－레닌주의(후에 모택동사상 추가)를 그들의 지도이념으로 내세웠고, 또 1954년에 제정한 헌법이나 현행 헌법에도 중국이 사회주의국가임을 명시하고 있으며 그들이 이룩하고자 하는 최종목표는 공산주의 사회제도의 실현임을 분명히 하고 있다.[2]

　이념(理念)은 흔히 한 정부의 발전을 결정하는 원동력으로 이해되며, 그것은 사회의 목적과 그 목적을 달성하는 수단을 정립한다. 정치에 있어서 그것은 게임의 원칙(Rules of the Game)을 결정하고 권력의 획득과 사용에 대한 전술과 전략 또한 결정한다.[3] 이러한 의미에서 모택동의 통치이념은 공산주의 사회제도를 중국에 이식시키기 위하여 취한 모택동의 전략과 전술을 의미한다고 하겠다.

---

1) 金河龍, 『中國政治論』(서울: 博英社, 1984), pp.13~14.
2) 何竹康 主編, 『中國共産黨百科要覽』(吉林: 吉林人民出版社, 1991), pp.2~3.
3) 崔明, 『現代中國의 理解』(서울: 玄岩社, 1975), p.354.

여기서는 먼저 중국식 마르크스-레닌주의로 불리는 모택동의 통치이념(毛澤東思想)을 살펴보고, 또 통치이념의 현실적 적용이라 할 수 있는 제반의 공산화 정책4) 중 가정문화와 관련되는 정책과 운동들을 살펴보고, 이러한 정책들이 실제 가정윤리에 어떠한 영향을 미쳤는가를 살펴보고자 한다.

1. 공산주의 이상사회와 모택동사상

1) 공산주의 이상사회: 무계급 평등사회

공산주의(Communism)란 일반적으로 사유재산이 폐지되고 생산수단이 공유되며, 공동생활방식과 재산의 공동소유를 기초로 하는 사회제도를 뜻한다.5) 이러한 의미의 공산주의는 주로 마르크스·엥겔스의 사상을 토대로 한 사회체제를 뜻하며, 그 이론체계는 마르크스주의의 철학, 정치경제학과 과학적 사회주의 세 가지로 구성되어 있다. 주로 18세기 말부터 19세기 초에 생성된 독일의 고전철학에 기초를 두고 있는 마르크스철학은 무산계급의 과학적 세계관과 방법론이자 무산계급이 세계를 인식하고 개조하는 강대한 사상무기이며, 나아가 마르크스주의 전학설의 기초를 이루고 있다. 또 정치경제학은 자본주의의 생산방식의 본질과 그 생성·발전·멸망의 법칙을 규명하여 자본주의 제도

4) 여기서 사용하고 있는 '共産化政策'이란 마르크스-레닌주의를 중국에 이식시키고자 하는 중국공산당 및 중국정부의 정책을 의미한다.
5) C. D. Kerning, *Western Society and Marxism Communism 2: Comparative Encyclopedia*(New York: Herder and Herder, 1972), p.70.

가운데서 무산계급의 지위를 드러내 밝혀, 무산계급혁명을 위한 혁명의 이론적 근거를 제공하고 있는 마르크스주의 학설의 주요 내용이다.

한편 과학적 사회주의는 마르크스주의 철학과 정치경제학을 이론적 기초로 하여 무산계급이 자본주의를 변혁하고 사회주의와 공산주의 조건과 수단(절차)을 건설하여 무산계급운동의 이론무기를 직접 지도하는 이론이다. 이 세 가지 이론은 상호 불가분의 관계를 가지며 또 통일을 이루고 있으며,6) 이 이론들은 슈만(Franz Schurman)의 주장에 따르면 순수이데올로기에 속한다.7) 그러면 이러한 이론을 토대로 하여 공산주의자들이 이루고자 하는 사회, 즉 공산주의 사회는 어떠한 사회를 말하는가?

공산사회는 모든 시민들의 복지를 보장하면서 곤궁과 가난에 영원히 종지부를 찍는 사회이며, 또 인간 노동이 모든 가치의 유일한 원천이 되고, 모든 사람은 그의 지위나 노동의 양과 질에 관계없이, 그가 필요로 하는 모든 것을 사회로부터 무상으로 받으며 자유와 평등의 원칙이 완전히 실현되는 사회를 뜻한다.8)

이러한 공산사회를 이루는 방법은 각국 공산주의자들에 따라 다르다. 중국의 경우 중국식 공산주의를 이루기 위한 실천이데올로기가 바로 모택동사상이다.

2) 모택동사상

어떤 정치 이데올로기가 굴절 없이 똑같이 사회에 적용되기는 어

---

6) 何竹康 主編, 앞의 책, pp.50~51.
7) Franz Schurman, *Ideology and Organization in Communist China*(California: California Univ., 1968), pp.18~25.
8) 쿠시넨, 『사회주의와 공산주의』(서울: 동녘, 1989), pp.216~229.

렵다. 공산사회 건설을 최종 목적으로 하는 마르크스－레닌주의 정치이데올로기도 모든 사회주의국가에 그대로 적용되지 않았고, 또한 이를 실현하려는 방법론도 그 사회의 환경과 특성에 따라 달랐다. 중국의 경우 일종의 순수이데올로기라 할 수 있는 마르크스－레닌주의를 중국 실정에 맞게 적용시키려 했던 실천이데올로기가 바로 모택동사상이다.

그러나 '모택동사상'의 핵심이 무엇이냐에 관해서는 학자들 사이에 다양한 해석이 내려지고 있다.9) 일반적으로 서방학자들은 대체로 모택동사상의 특질로, ① 주의주의(主意主義) ② 군중노선(群衆路線) ③ 부단혁명론(不斷革命論) ④ 중화민족주의(中華民族主義) 등으로 보고 있다.

한편 현재 중국에서는 '모택동사상은 마르크스－레닌주의의 보편적 진리를 중국혁명의 구체적 실천과 상호 결합시켰으며, 마르크스－레닌주의를 중국에 적용·발전시킨 것이며, 또 중국혁명과 건설에 관한 정확한 이론과 경험이 실천으로 통하여 증명된 총화(總結)이며, 중국공산당의 지혜의 결정체'10)로 정의하고 있다.

---

9) Harold C. Hinton은 ① 성실한 민족주의 ② 인민주의(Populism) ③ 주관주의 ④ 부단혁명론이라고 보았고, A. Doak. Barneet는 ① 부단혁명론 ② 변증법적 사고 ③ 군중노선 ④ 주의주의 ⑤ 인민주의라고 보았다, 한편 Lucian W. Pye는 ① 모순과 투쟁 ② 인간정신의 우위성 ③ 자립성(Sclfreliance) ④ 전문화의 불신(Distrust of Specialization) ⑤ 농촌숭시 ⑥ 집단주의 등을 들고 있고, Roy C. Macridis는 ① 농민중시 ② 민족주의 ③ 게릴라전, 그리고 Willam Ebenstein과 Edwin Fogelman은 ① 농촌우위 ② 홍군의 강조 ③ 혁명적 정열 ④ 주관적 힘이 강조 등을 들고 있다. Harold C. Hinton, 金河龍 譯, 『中共과 世界政治』(서울: 語文閣, 1967), pp.89~90; A. Doak Barnett, *Uncertain Passage*(Washington, D. C.: The Brookings Institution, 1974), p.11; Lucian W. Pyc, *China: An Introduction*(Boston: Little, Brown and Co., 1978), pp.198~203. Royc. Macridis, *Contemporary Political Ideologies*(Boston: Little, Brown and Co., 1983), pp.154~156; Willam Ebenstein and Edwin Fogelman, *Today's Isms* (New Jersey: Prentice Hall, Inc., 1980), pp.85~92.

'모택동사상'이란 용어는 1943년 7월 왕가상(王稼祥, 일명 가상(嘉祥))이 「중국공산당과 중국민주해방의 길(中國共産黨與中國民主解放的道路)」이라는 논문에서 처음 사용하였으며, 중국공산당의 지도이념으로 정식 채택한 것은 1945년 5월에 열린 제7차 전국대표자대회에서이다.[11]

중국에서는 모택동사상을 하나의 과학적 사상체계를 갖추고 있는 독창적 이론으로서 마르크스-레닌주의를 더욱 발전시켰다고 주장하면서, ① 신민주주의 혁명론 ② 사회주의 혁명과 사회주의 건설 ③ 혁명군대의 건설과 군사전략 ④ 정책과 전략 ⑤ 사상정치공작과 문화공작 ⑥ 당 건설 등 6개 부분을 통해서 형성되었다고 보고 있으며, 이 각 부분의 기본적 관점은 실사구시(實事求是), 군중노선(群衆路線), 자주독립(自主獨立)이라고 밝히고 있다.[12] 다시 말해서 모택동사상의 기본적 특성은 실사구시·군중노선·자주독립이라는 것이다.

중국에서 보는 모택동사상과 자유진영에서 보는 모택동사상을 정리해 보면 군중노선은 쌍방 모두 공통점으로 보고 있다. 그리고 부단혁명론은 실사구시와 그 맥을 같이하는 것으로 볼 수 있고, 주의주의와 중화민족주의는 자주독립과 유사성을 가지고 있다고 볼 수 있다. 따라서 여기서는 실사구시·군중노선·자주독립을 모택동사상의 특질로 보고 이를 차례로 살펴보고자 한다.

---

10) 夏征農, 「從實踐出發, 堅持和發展毛澤東思想」, 中共上海市委宣傳部 編, 『毛澤東思想論文集』(上海: 上海人民出版社, 1984), p.3. 한편 유소기(劉少奇)는 모택동사상을 '현대 세계정세 및 중국의 국내정세에 대한 분석이며, 신민주주의(新民主主義)에 관한 이론과 정책이며, 혁명근거지에 관한 이론이고, 신민주주의 연방공화국 건설에 관한 이론과 정책이며, 당 건설에 관한 이론과 정책이며, 문화에 관한 이론과 정책'으로 정의하였다. 劉少奇, 『關於修改黨章的報告』(北京: 中國出版社, 1947), p.18.

11) 宋子宏, 『簡明思想政治敎育辭典』(河南: 河南人民出版社, 1989), p.87.

12) 何竹康 主編, 앞의 책, p.53.

(1) 실사구시

'실사구시(實事求是)'란 사실에 입각하여 진리를 탐구하는 태도를 의미한다. 즉 눈으로 보고 귀로 듣고 손으로 만져 보는 것과 같은 실험과 연구를 거쳐 아무도 부정할 수 없는 객관적 사실을 통하여 정확한 판단과 해답을 얻고자 하는 학문적 태도를 말한다. 이는 『후한서(後漢書)』 「하간헌왕전(河間獻王傳)」에 나오는 '수학호고 실사구시(修學好古實事求是)'에서 비롯된 말로, 공리공담만을 일삼는 송명(宋明)의 송명이학(宋明理學)에 대항하여, 청(淸) 초 황종희(黃宗羲)· 고염무(顧炎武)·대진(戴震) 등의 고증학자들이 내세운 학문의 한 방법론이다. 그들은 육경(六經)을 근거로 한 실증적인 학문을 일으켜 많은 고증학자들을 배출시켰다. 또한 고전을 해석할 때 되도록 객관적인 증거를 구하고, 만약 증거가 없다면 믿지 않는다는 태도를 표방하여 고전의 진위해명(眞僞解明), 문자의 정확한 해석 등에 큰 업적을 남겼다.

한편 모택동은 '실사구시의 과학적 해석에 대해 '실사'는 객관적으로 존재하는 모든 사물이고, '시'는 객관적 사물의 내적관계, 즉 법칙성이며, '구'는 우리가 그것을 연구한다'[13]고 하였다. 여기서 '구'는 물질의 객관성을 전제로 삼을 뿐 아니라 세계의 가지성(可知性)을 전제로 삼으며, 이는 곧 가지론과 불가지론적 세계를 구분하는 것이다. 동시에 '구'는 실천을 기초로 삼고 반드시 실천 중에서 '시'를 구현하는바, 이는 곧 인식과정의 변증법을 승인하는 것이며, 변증유물주의와 직관유물주의의 경계를 구분하는 것이다.[14] '실사구시'에서 우선적으로 요구되는 문제는 바로 실제에서 모든 것이 출발하며, 또 사물 내부관계의 규칙성이 존중되어야 한다는 것이나. 그리고

---

13) 『毛澤東選集』(北京: 人民出版社, 1969), p.75.
14) 安起民, 「實事求是是毛澤東思想上的精髓」, 中央人民廣播電臺理論部 編, 『「鄧小平文選」 中的哲學思想』(北京: 廣播出版社, 1984), p.23.

'구'는 '실사'를 '시'로의 이행을 중개하며, '실사구시'의 목적은 세계, 보다 구체적으로 중국을 개조하는 데 있다고 보았다.[15]

현재 중국에서는 '실사구시'는 모택동사상의 정수(精髓)라고 평가하고 있으며[16] '실사구시'의 사상은 토지혁명[17] 초기인 1930년 5월에 모택동이 쓴 「본분주의를 반대한다(反對本分主義)」라는 글에서 처음 소개되었고, 보다 개념·과학화 된 것은 1941년 5월 연안간부회의에서 보고한 「우리의 학습을 개조하자(改造我們的學習)」라는 모의 논문이다.[18] 1920년대 제1차 국내혁명전쟁에 실패 후 모택동은 그때의 매우 어려운 상황을 마르크스-레닌주의의 기본원리에 입각하여 냉철히 중국사회의 역사적 조건을 분석하여, 농민군중이 주체적 혁명으로 무장하여 정강산(井岡山)에 들어가 중국공산당이 처음으로 농촌혁명의 근거지를 마련하여, 농촌이 도시를 포위하는 중국 특색의 신민주주의 혁명노선을 택하여 중국혁명을 성공시키는 데 기여했다는 것이다.[19] 이 당시 모택동은 당 내에는 중국의 실정을 무시한 채 마르크스-레닌주의 이론을 중국에 그대로 적용시키려는 당 일각의 교조·주관주의를 비판하면서, 주위환경을 객관적으로 연구해야한다며 '실사구시' 정신을 강조하였다.[20]

당시 중국은 식민지반봉건사회로, 혁명의 주요 대상은 제국주의와 봉건주의 및 관료주의였는데 많은 중국의 지도자들은 이러한 중국의 상황을 객관적으로 파악하지 못하고 '좌(左)' 또는 '우(右)' 경향으로

---

15) 徐源培, 「實事求是是毛澤東思想的精髓」, 『復旦學報』(社會科學版, 第6期, 1993), pp.4~5.
16) 陳基五, 「實事求是是毛澤東思想的精髓」, 『毛澤東思想論文集』(上海: 上海人民出版社, 1984), pp.10~14.
17) 1927~1937년에 있었던 '제2차국내혁명전쟁' 시기에 행해졌던 토지개혁을 말한다.
18) 何竹康 主編, 앞의 책, p.100.
19) 陳基五, 앞의 책, p.12.
20) 『毛澤東選集』, pp.754~759.

치우쳤다는 것이다. '우'의 착오 경향과 노선의 대표자는 진독수(陳獨秀)로, 그는 마르크스-레닌주의 과학적 입장과 관점 및 방법, 그리고 중국과 세계발전의 사회적 모순과 계급관계를 무시하고, 18세기 서구의 자산계급혁명의 이론과 책략을 기계적으로 적용하여, 투항주의노선으로 걸어 중국의 장렬한 대혁명을 참담한 실패의 길로 이끌었다는 것이다.

한편 '좌' 착오의 사조와 노선의 대표는 왕명(王明) 일파로, 그들은 기계적으로 마르크스-레닌주의의 '본본(本本: 책)'에 따라 국제공산주의의 결정과 소비에트 경험을 신성·교조화하고 중국의 구체적 상황을 무시하였으며, '좌' 경향 모험주의노선을 실천하여 결과적으로 중국혁명에 중대한 착오를 가져왔다고 평가하고 있다. '우'와 '좌'의 기회주의의 공통적 특성은 마르크스-레닌주의의 보편적 진리를 중국혁명에 구체적 현실과 결합시키지 못하였으며, 또 '실사구시' 정신을 중국혁명이 당면한 문제에 적절한 해결책을 제시하지 못하였을 뿐 아니라 주관과 객관, 인식과 실천이 상호 적절히 결합하지 못했다는 것이다.

반면에 모택동은 마르크스-레닌주의의 보편적 진리를 중국혁명에 구체적으로 적용·실천시키려는 자세를 견지하였을 뿐만 아니라 실사구시로 중국혁명이 당면한 문제에 해결책을 제시하였고, 나아가 중국혁명의 실천과 당 내 중대한 원칙문제에 있어서 사상적 분열을 이론적으로 결합시켰다고 보고 있다.[21]

모택동은 1949년 정권수립 이후에도 실사구시의 정신에 입각하여 짧은 시간 내에 오랜 전쟁으로 입은 상처를 치료하였고, 만신창이가 된 국민경제를 회복시켜 전면적인 사회경제관계를 수립하여 사회주의 건설에 있어 거대한 승리를 쟁취하게 하였다고 평가하고 있다.

21) 北京大學哲學系毛澤東哲學思想教研室 編, 『毛澤東哲學思想槪論』(北京: 北京大學出版社, 1983), p.66~677.

모택동이 비록 말년에 '문화대혁명'과 임표(林彪)나 강청(江靑) 등 반혁명분자에게 정권을 맡기는 등 과오가 있었지만 모택동사상의 정수는 실사구시라고 주장하고 있다.[22]

뿐만 아니라 등소평도 '실사구시' 정신은 현재 중국이 표방하고 있는 중국 특색적 사회주의 건설에도 그대로 적용되는 정신이라고 하였다.[23]

(2) 군중노선

모택동사상의 또 하나의 특징은 군중노선(群衆路線)에 있다. 모택동은 1948년 4월 2일 「진수일보 편집인들과의 담화(對晋綏日報編輯人員的談話)」에서 '우리 당은 20여 년 동안 줄곧 군중사업을 해왔으며 최근 10여 년 동안 군중노선에 대해 말해 왔다. 우리는 예전부터 혁명은 인민대중에 의지하고 혁명에 모든 사람이 동원될 것을 주장하였으며, 소수 사람들의 명령이나 지시에 의지하는 것을 반대해 왔다. 그러나 일부 동지들은 자기 사업에서 여전히 군중노선을 관철하지 못하고 있다'라고 언급하면서, 군중노선에 대한 교육을 강조하였다.[24]

요컨대, 군중노선이란 '모든 것은 군중을 위해, 군중에 의해, 군중에서 나와서 군중으로 돌아가야 하는 것'[25]을 의미한다. 여기서 '군중을 위한다'는 것은 당의 일체의 공작이 반드시 인민군중의 이익과 일치하여야 하고 최대한 군중의 이익에 부합해야 하며, 최대한 많은 군중을 보호하고, 인민군중에 대해 책임을 지는 것을 뜻한다. 또 '군중에 의한다'는 것은 인민군중의 창의력이 무궁무진하기 때문에 인

---

22) 위의 책, p.14.
23) 위의 책, pp.18~23.
24) 「對晋綏日報編輯人員的談話」, 『毛澤東選集』, pp.1213~1214.
25) 『毛澤東選集 第1卷』(北京: 人民出版社, 1969), p.854.

민 상호 간에 서로 믿고 의지해야 하며, 또 스스로 깨닫고 자원해야 함을 의미한다. 나아가 인민군중은 사회의 실천적 주체이기 때문에 군중의 지식, 경험은 가장 풍부하고 가장 실제적이기 때문에 인민군중에게 교육을 실시해야 한다는 것을 의미하기도 한다. 한편 '군중에게 나와서 군중으로 돌아가야 한다'는 것은 중국공산당이 갖고 있는 군중노선의 근본 지도방법과 공작으로, 1943년 6월 1일 발표한 모택동의 「지도방법에 관한 몇 가지 문제(關於領導方法的若干問題)」에서 처음 나온 말이다. 모택동은 이 논문에서 '우리 당의 모든 실제 사업에 있어서 올바른 지도는 반드시 대중 속으로부터 나와 대중 속으로 들어가는 것이다. 다시 말하면 대중의 의견을 집중하고 다시 대중 속에 들어가 선전·해설해 군중의 의견으로 생산해 대중으로 하여금 그것을 견지하고 행동에 옮기게 하며 또한 군중의 행동에서 이런 의견의 옳고 그름을 검증하는 것이다. 그렇게 한 다음에 다시 군중 속에서 집중하고 군중 속에 들어가 견지한다. 이렇게 무한히 순환하면 할수록 정확해지고 생동하며 풍부해진다. 이것이 곧 마르크스주의 인식론이다'[26]라고 군중노선이 지도방침을 밝혔다.

요컨대, 모택동의 '군중노선'은 어떤 목적을 달성하기 위해서 군중(대중)운동을 전개하는 경우, 모든 것은 군중을 위해서라는 명분에 입각해서 실시되어야 하고, 또한 모든 것은 군중을 대위하으로써 그들에 의거하고 있다는 형식을 취해야 한다. 따라서 모든 것은 군중의 발의에서 나오고 군중에 의해서 수용됨으로써 다시 군중 속으로 파고 들어가는 절차에 따라야 한다[27]는 것이다.

이러한 군중노선은 다음과 같은 특성을 가지고 있다. 첫째로 비합리적인 폭력마저도 대중의 이름으로 정당화할 수 있는 폭넓은 신축'성과

26) 「關於領導方法的若干問題」, 『毛澤東選集』, 앞의 책, p.854.
27) 堅持四項基本原則編纂組, 『堅持四項基本原則』(北京: 解放軍出版社, 1984), pp.281~282.

융통성을 갖고 있으며, 둘째로 대중의 자발적이고 능동적인 추진력을 이용할 수 있다. 셋째로 대중운동은 그것으로부터 소외된 자, 또는 그 운동의 대상이 되는 '적'을 심리적으로 고립시키고 그 저항력을 약화시키는 효과를 가지며, 넷째로 당기구와 행정조직은 물론 신문·라디오와 같은 대중매개수단 그리고 법적 수단으로는 동원하기 어려운 예술·문화·사회단체까지도 포함하는 광범위한 사회력을 지도자가 의도하는 특정목표의 달성을 위해서 결집시킬 수 있는 이점을 갖는다.28) 사실 모의 이와 같은 군중노선은 1949년 정권수립 후 시작한 '사상개조운동(思想改造運動)'이나, 1950년대 초에 있었던 '혼인법실천운동(婚姻法實踐運動)'과 '토지개혁운동(土地改革運動)' 그리고 1966년에 발생한 '문화대혁명(文化大革命)' 등에서 구체적으로 실천에 옮겨졌다.

(3) 자주독립 자력갱생

모택동사상 중 또 다른 하나는 자주독립 자력갱생(獨立自主自力更生)이다. '자주독립 자력갱생'의 원칙은 ① 자국의 실제에 근거하여 자기 혁명과 건설의 길을 가는 것과 ② 자국의 역량에 착안하여 자국 인민군중에 의거하여 혁명과 건설을 진행하는 것을 의미한다. 여기서 '자국의 실제에 근거하여 자기 혁명과 건설의 길을 간다'는 것은 한 국가의 혁명과 건설이 어떠한 길로 가야 하는가는 그 국가의 혁명과 건설의 성패와 밀접한 관계가 있으며, 또 그 국가의 정황과 특성에 적합한 혁명과 건설의 길은 자국인민으로부터 찾고 창조하고 결정해야지 다른 나라의 정당이나 지도자로 대체될 수 없다는 것을 의미한다. 왜냐하면 오로지 자국의 혁명정당과 인민군중만이 자국의 사회·역사적 상황을 가장 잘 이해하고 가장 좋은 경험과 실천을 가지고 있어 자국이 나아갈 가장 좋은 혁명과 건설의 길을 결

---

28) Maung Maung, Reflection on a Four of Communist China, *A Decade under Mao Tse-tung*(Hong Kong: The Green Pagoda Press, 1959), pp.7~25.

정할 수 있기 때문이라는 것이다.

또한 자국의 역량에 착안하여 자국 인민군중에 의거하여 혁명과 건설을 진행한다는 것은 혁명과 건설의 길이 자국인민의 선택에 의할 뿐 아니라 자국의 정당과 인민의 자기 역량에 따라 나아가야 한다는 것을 의미한다. 중국공산당은 서로 믿고, 군중에 의해 역사유물 역량으로부터 출발하여 자력갱생의 기초 위에 설 것을 일관되게 강조하여 왔고, 자국정당과 자국인민의 역량에 의지하여 혁명과 건설에 견지하였기 때문에 중국혁명을 승리로 이끌어 왔다는 것이다.[29]

여기서 '자주독립'이란 무산계급혁명의 기본원칙으로서, 무산계급혁명의 기본요구와 승리의 보증은 곧 마르크스-레닌주의의 보편적 원리와 중국의 실제 정황과 결합해야 하며, 또 자기 나라의 정세로부터 혁명의 규율성을 찾아야 하고, 또 그것에 기초하여 혁명의 노선, 방침과 책략 등을 제정해야 한다는 것이다. 이것은 본국의 무산계급과 공산당원의 실천과 탐색에 의거해야 하며 다른 외국의 기타 정당이나 조직에 의존해서는 안 된다는 것을 의미한다. 그래서 자주독립의 원칙은 우선 무산계급을 위한 중국 혁명 시의 독립성과 자주성을 표현한 것이다.

이러한 자주독립의 원칙에 힘입어 항일전쟁과 대국민당과의 전쟁에서 승리를 거두었고, 나아가 신국가 건설 후에도 패권주의에 반대하고 외세의 압력에 굴복하지 않고 중국의 독립과 주권을 지켰다고 평가하고 있다.[30]

모택동이 자주독립을 강조한 것은 중국민족이 다른 민족보다 우월하다는 자부심과 우월감을 말하며 이는 중국인의 내면세계에 오랫동안 뿌리 깊게 자리잡고 있는 중화민족주의사상과 밀접한 관계를 맺고 있다고 할 수 있다. 모택동도 젊은 시절 중국이 처한 상황을 회

---

29) 何竹康 主編, 앞의 책, p.105.
30) 위의 책, p.106.

고하면서 '조국의 장래를 암울하게 생각하게 되었고, 또 조국을 구
하는 데 기여하는 것이 모든 국민의 임무라는 점을 깨닫게 되었
다'31)고 말했다. 모택동의 이 같은 민족주의적 성격은 1917년 봄에
발표한 「체육(體育)의 연구(研究)」라는 논문에 잘 나타나 있다.32) 그
밖에도 1949년 6월 15일 신정치협상회의준비회(新政治協商會議準備
會)에서 한 연설이나, 중·일 전쟁 기간 동안 항일전에 총력을 집중
시키기 위하여 내란을 중지하고 국공합작(國共合作)을 이룰 만큼 모
택동은 철저한 민족주의자라 할 수 있다.33) 특히 그의 이와 같은 중
화민족 우월주의적 성향은 급기야 그가 따르고자 했던 소련과의 이
념분쟁을 초래하기도 하였다.

한편 '자력갱생'은 중국공산당혁명 건설과정에서 일관되게 견지해
온 방침이다. 모택동은 1935년 12월 27일에 발표한 「일본 제국주의
에 반대하는 책략을 논함」이라는 글에서 '우리 중화민족은 자신의
적과 혈전을 벌이는 기개가 있었으며, 자력갱생의 기초 위에서 광복
하려는 결심이 있었으며, 세계 민족 사이에서 자립할 능력이 있었
다'34)며 자력갱생을 강조하였다.

모택동은 또 1956년 「10대 관계를 논함(論十大關係)」에서도 서양
의 발달한 기술은 받아들여야 하지만 그들의 부패한 제도나 사상작
풍은 단호히 배격하고 비판하면서 자력갱생의 원칙을 강조하였고,
1958년에도 자력갱생을 주(主)로 하고, 외국원조를 얻는 것을 보(補)
로 하여야 한다고 주장하면서,35) 공업·농업·기술혁명과 문화혁명에
자주 독립을 하여 노예사상을 타도하고, 교조주의를 매장하며, 외국

31) Edgar Snow, 愼洪範 譯, 『中國의 붉은 별』(서울: 두레, 1985), p.133.
32) 崔明, 앞의 책, pp.330~331.
33) 李邦錫, 「中共의 對外關係史」, 『中共研究(第2輯)』(서울: 東西問題研究
    所, 1974), p.132.
34) 「論反對日本帝國主義的策略」, 『毛澤東選集』, p.147.
35) 『人民日報』(1976. 12. 2).

의 좋은 경험을 인정하고 외국의 경험들을 반드시 연구하는 것이 우리의 길이라고 하였다. 따라서 '자주독립 자력갱생'의 원칙을 고수한다고 해서 무조건 외국원조에 의지하거나 외국의 원조를 절대 거부하는 것은 잘못된 것이라는 것이다.[36]

또 자력갱생은 모택동이 '인간의 의지'가 다른 무엇보다도 우선한다는 주의주의(主意主義)와 밀접한 관계를 갖고 있다. 모택동은 인간의 의지는 산도 옮길 수 있고, 모든 장애도 극복할 수 있으며 또 역사의 진로를 형성할 수 있음을 강조하였다. 그는 또 인간이 기계, 무기, 전문가들보다 중요하다고 보았고, 인간의 의지야말로 진보의 열쇠이기에, 집합적으로 행동하는 대중에게 적절히 동기를 부여해 주고 고무시키면 기적을 창출할 수 있음을 거듭 강조하였다.[37]

모택동이 이와 같이 사회발전에 있어 인간의 의지력을 강조하는 것은 1949년 해방 이전 장개석이 이끄는 국민당 정부군과의 전투에서 물질적 측면의 여러 가지 어려움을 정신력으로 극복하여 중국내전을 승리로 이끌었다[38]는 자신감과 아울러 해방 이후 여러 가지 국제정세를 고려해 볼 때 중국을 지원할 만한 국가가 없었다는 상황인식에서 나온 것으로 보인다. 이러한 모의 사상은 현실정치에서 많이 나타나고 있다. 예를 들면 1958년에 전개된 소위 '삼면홍기운동(三面紅旗運動: 大躍進, 總路線, 人民公社)'이 그 대표적 사례가 될 수 있다.

모택동의 이와 같은 '인간의 의지'가 바로 사회변화의 근본적인 요인이라는 신념[39]으로 말미암아 현대화 된 농기구 대신에 인력을

---

36) 위의 신문.

37) 「愚公移山」, 『毛澤東選集』 pp.1001~1003.

38) 모택동이 이끄는 홍군(紅軍)과 장개석(蔣介石)의 국민정부군과의 자세한 전투 내용은 李基遠, 『軍事戰略論』(서울: 東洋文化社, 1982), pp.306~325 참조.

39) John B. Starr, *Ideology and Culture: An Introduction to the Dialectic of Contemporary Chinese Politics*(New York: Harpers & Row, 1973), p.29.

집중적으로 동원하였고, 합리적인 전문가(專) 대신에 혁명적인 숙련
공(紅)들을 이용하려 했다.40) 이 같은 지나친 주의설(主意說), 즉 정
신력의 강조는 전문기술에 바탕한 경제개발을 제약하여 중국을 낙후
된 후진국으로 남게 하였다.

2. 중화소비에트 시기의 가정문화정책과 가정윤리

정책이란 일반적으로 '정부·단체·집단·개인 등에 의해 선택된 여
러 가지 대안들 중에서 일정한 행동경로 또는 행동방법으로서 현재
와 미래의 세부결정을 정해 주는 지침' 또는 '당위성에 입각한 사회
가치체계의 변화를 통해서 형성되는 행동지향적인 기도(企圖)'로 정
의된다.41) 하지만 이를 '정부·단체·개인 등의 주체가 바라는 바람직
한 이상과 현실 간의 갭(gap)을 줄이고자 하는 의도적 노력'으로 정
의할 수도 있다. 이 같은 정의에 따르면 본 논문에서 사용하고 있는
가정문화정책이란 중국정부가 이상(理想)으로 삼고 있는 가정상(家庭
像)과 주어진 현실의 가정 간의 갭을 줄이고자 하는 의도적인 노력을
의미한다. 이때 중국정부가 이상으로 삼고 있는 가정상이란 다름 아
닌 사회주의 가정을 의미하며, 주어진 현실의 가정이란 비교적 유
가문화(儒家文化)에 기초를 두고 형성된 전통적 가정을 의미한다.
여기서 다루고자 하는 내용은 중국정부가 그들이 바라고 있는 가
정관, 즉 사회주의 가정관을 실현하기 위해서 현실을 어떻게 인식하

---

40) Lucian W. Pye, Op. Cit, pp.200~201.
41) 兪焄, 『政策學槪論』(서울: 法文社, 1981), p.39.

였으며 어떠한 정책과 운동으로 대처해 나갔는가를 고찰하는 것이다.

1) 사회주의 가정문화정책의 기저

어떠한 사회체제를 막론하고 가정과 조화를 이루지 않으면 체제가 불안정할 뿐 아니라 사회적 혼돈이 야기된다. 만약 사회와 가정이 그 원리와 이념에 있어서 기본적으로 상치(相馳)될 것 같으면 ㄱ 어 ㄴ 한쪽이 다른 한쪽에 영향을 미치거나 그렇지 않으면 권력에 의해 궁극적으로 파괴하고 말 것이기 때문이다.[42] 우리의 경우 조선시대의 기본 제도였던 왕제(王制) · 과거제도(科擧制度) · 반상제도(班常制度) · 가족제도는 유교적 문화를 기반으로 했으며, 유교의 이상과 규범을 구현하기 위해 설치되었고, 또 그러한 이상과 규범의 뒷받침이 있었기 때문에 오랫동안 존속할 수 있었다.[43] 이에 반해 일제시대는 일본제국주의 국가 통치이념과 가정에서 가르치는 가치교육과 상치되었기 때문에 체세 사체의 안성을 기하기 어려웠다.

따라서 가족제도를 이해하는 데 있어서는 그것이 놓여진 사회체제와 관련하여 파악하지 않으면 안 된다. 사회체제와 가정과의 관계는 과거 전동적 사회에서의 같이 사회식 문화(分化)가 질 이뤄지지 않았던 시대에는 가정이 사회기관으로서 중추적 역할을 담당하여 가정의 사회적 기능이 비교적 중시되었으나, 현대와 같이 사회적 분화가 이루어진 산업사회에서는 가정의 기능은 과거와 달리 약하되고 있다. 그래서 한때 서구사회에서는 가정이 개인의 욕구와 자아실현을 위한 사적(私的) 기관으로 이해되어 가정에 대한 국가의 관여를 배

---

42) 崔弘基, 「北韓의 家族制度」, 北韓硏究所 編, 『北韓社會論』(서울: 北韓硏究所, 1977), p.370.
43) 韓培浩 · 魚秀永, 『韓國政治文化』(서울: 法文社, 1984), p.15.

제한 적이 있었으나 1970년대 이후부터는 가정이 국가발전과 중요한
함수관계가 있다는 것을 재인식하게 되었다.[44] 특히 사회주의사회에
서는 사회주의 체제의 질서유지를 위해 가정에 대한 국가의 관여가
비교적 체계적으로 행해지고 있어 사회체제와 가정과의 관계가 다른
체제보다 중시되었다.

사회주의 체제가 이같이 가정에 대해 높은 관심을 갖지 않을 수
없는 것은 대부분의 사회주의 체제가 기존의 사회·문화 체제와 다
른 이념을 표방하고 있고, 나아가 그에 조응하는 사회주의 문화를
창출하기 위해서는 기존의 가정문화를 개조시키지 않을 수 없기 때
문이다. 이 때문에 대부분의 사회주의 체제는 정권을 장악하자마자
기존의 전통문화를 파괴하고 새로운 문화, 즉 사회주의 문화를 정착
시키기 위해 다양한 공산화 정책을 시행하게 된다.

1921년 공산당 창당 이후부터 현재까지 중국정부가 지향하고자
했던 가정관은 바로 사회주의 가정관임은 두말할 나위 없다. 그러면
사회주의 가정관이란 어떠한 가정관을 의미하는가? 사회주의 가정관
도 다른 사회주의 이론과 마찬가지로 역시 마르크스와 엥겔스의 이
론에 그 기초를 두고 있다. 마르크스와 엥겔스는 1847년에 쓴 『공산
주의 원리(Grundsätze des Kommunismus)』에서 공산주의의 가족질서
에 대해 다음과 같이 밝히고 있다.

남녀의 관계는 간섭이 필요 없는 당사자들 간의 관계, 즉 순전히
사적인 관계가 될 것이다. 이것은 사적 소유의 제거 및 자녀들의 공
동교육을 통해서 가능하다. 그 결과 사적 소유를 매개로 지금까지 결
혼의 토대가 되어 왔던 두 가지, 즉 남편에 대한 아내의 종속과 부모
에 대한 자녀의 종속이 없어진다. 이것이 공산주의적인 부인공유제(婦

---

44) 崔弘基, 「家族과 社會秩序」, 서울大現代思想硏究會 編, 『이데올로기와 社會
變動』(서울: 서울대학교출판부, 1986), pp.46~47.

人公有制)에 반대한다고 떠들어대는 고결한 속물들에 대한 대답이기도 하다 부인공유제는 전적으로 부르주아 사회에 속하는 관계로서 오늘날 매음이라는 형태로 유감없이 표현되고 있다. 그러나 매음은 사적 소유에 기초하고 있으므로, 사적 소유의 폐지와 더불어 없어질 것이다. 따라서 공산주의적 조직은 부인공유제를 도입하는 것이 아니라, 오히려 그것을 폐지할 것이다.[45]

요컨대 마르크스와 엥겔스는 사유재산제도를 기초로 하는 자본주의사회에서의 부부관계는 아내가 남편에게 일방적으로 종속되어 있으며, 또 자녀가 부모에게 종속되어 있는 불평등한 관계라고 규정짓고 있다. 이 같은 불평등한 관계는 사유재산제도가 폐지되는 공산주의 사회에서 부부 및 부자간의 관계가 평등한 관계가 될 것이며, 또한 자녀에 대한 공동교육이 실시되고 사적 소유에 기초한 매음도 없어질 것이라는 것이다. 뿐만 아니라 마르크스와 엥겔스는 『공산당선언(Manifesto of the Communist Party, 1848년)』에서 자본주의사회에서의 부부관계를 남편이 아내를 단순히 생산도구로밖에 생각하고 있지 않나고 비판하면서 여성의 사회적 지위에 관하여 언급하고 있다.

부르주아들은 자신들의 아내를 단순한 생산도구로밖에 생각하지 않는데 그래서 부르주아들은, 생산도구를 공동으로 사용하려 한다는 말을 듣고서는 여성들도 똑같은 처지에 빠질 것이라고 생각하게 되는 것이다. 그들은 한갓 생산도구에 지나지 않는 여성의 처지를 타파하는 것, 바로 그것이 문제라는 사실에 대해서는 전혀 생각조차 못하고 있다.[46]

---

45) K. 마르크스 F. 엥겔스, 김재기 편역, 『마르크스·엥겔스 저작선』(서울: 거름, 1988), p.28.
46) 위의 책, p.66.

엥겔스는 1884년 인류학자 모건(L. H. Morgan)의 연구를 바탕으로
『가족, 사유재산 그리고 국가의 기원(The Origin of the Family, Private
Property and the State)』이라는 마르크스주의의 가족에 관한 중요한 문
헌을 저술하였다. 그는 이 글에서 당시의 가족론을 언급했는데, 부르
주아 가족 및 가족법을 신랄하게 비판하면서 사회주의 가족제도를 제
창하였다. 특히 엥겔스는 전통적인 가족제도인 일부일처제를 경제적
조건, 다시 말해서 사적 재산소유에 따른 가족제도라고 보고 이러한
일부일처제는 가족 내에서의 남편의 지배와 자기의 재산을 상속하기
위한 목적에서 비롯되었다고 보고 있다.

> 일부일처제 가족은 남편의 지배에 따른 것으로서 아버지의 혈통이
> 확실한 아이를 낳자는 명확한 목적을 가지고 있다. 그리고 혈통이 확
> 실해야 할 필요성은 아이들이 후에 직계 상속인으로서 아버지의 재산
> 을 소유해야 했기 때문이다.[47]

그러나 그는 공산주의 사회가 되면 생산수단이 사회적 소유가 되
기 때문에 재산을 누구에게 상속할 것인가에 대해서 신경 쓸 필요가
없다고 주장한다. 또한 '일부일처제의 경제적 기초가 소멸되면 일부
일처제도 소멸하는가?'라고 반문하면서, 공산사회가 되면 생산수단이
사회적 소유로 됨과 더불어 임금노동도 프롤레타리아트도 소멸하기
때문에 개별가족은 사회의 경제적 단위가 되지 않아 보다 확고한 일
부일처제가 실현될 것이라고 주장하고 있다.[48] 나아가 '사사로운 집
안 살림은 사회적 산업으로 되고, 아이들을 돌보며 교육시키는 것은
공공사업으로 될 것이며, 사회는 적자(嫡者)나 사생아를 막론하고 모

---

47) F. 엥겔스, 김대웅 옮김, 『가족 사유재산 국가의 기원』(서울: 아침, 1991),
   p.83.
48) 위의 책, p.102.

든 아동들을 똑같이 돌보아 줄 것이다'[49]라고 주장한다.

엥겔스는 또 자본주의사회에서의 부부관계는 남편이 일방적으로 아내를 지배하는 불평등한 관계였기 때문에 이혼이 불가능했으나 공산주의 사회에서는 자기의 뜻에 따라 자유롭게 이혼할 수 있다고 주장하고 있다.

> 일부일처제가 소유관계에서 발생했기 때문에 그로 인한 그 모든 특징들은 완전히 사라지게 될 것인바, 그것은 첫째로 남자의 지배이며, 눌째로 이혼의 불가능성이다. 혼인에 있어서 남자의 지배적 지위는 그의 경제적 지배의 단순한 결과이며, 후자의 소멸과 함께 자연히 소멸한다. 이혼의 불가능성은 부분적으로는 이 경제적 조건과 일부일처제 사이의 연관이 아직 옳게 이해되지 못하고 종교적으로 위장되고 있던 시대의 전통이다. 이혼의 불가능성은 이미 오늘에도 몇 천 번이나 위반되었다. 만일 사랑에 기초한 혼인만이 도덕적이라면 그 사랑이 지속되는 동안은 도덕적 혼인이 된다. 그러나 개인적 성애(性愛)의 지속성은 사람마다 다르며, 남자의 경우에 특히 그러하다. 그리고 일단 애정이 아주 식어버리거나 또는 딴 사람과의 정열적 사랑으로 구축되고 말 때에, 이혼은 당사자 쌍방에 대해서나 사회에 대해서나 선한 행위로 변한다.[50]

이상에서 살펴본 마르크스와 엥겔스의 가족이론을 정리해 보면 사회수의 가정관의 특징은 다음과 같다.

> 첫째 혼인의 지유, 즉 혼인히는 당시지는 자신이 이닌 다른 사람의 간섭 없이 자유의지에 따라 결혼할 수 있으며, 둘째 가정에서 남편과 아내는 모든 면에서 절대평등을 보장하며, 셋째 이혼의 자유로 부부

---

49) 위의 책, p.103.
50) 위의 책, p.110.

간에 애정이 없을 경우 자유로운 이혼을 보장하고, 넷째 양친의 자식에 대한 전제(專制)의 폐지와 어린이에 대한 조기 공교육을 실시하며, 정당한 결혼관계에서 태어난 아이와 사생아와의 차별을 일소하며, 다섯째, 사유재산제도가 폐지됨에 따라 재산상속제도가 없어지게 된다는 것이다.

한편 중국정부의 가정정책의 사상적 기초는 다른 사회주의국가와 마찬가지로 마르크스와 엥겔스의 가족이론을 그 토대로 하여, 앞에서 언급한 혼인과 이혼의 자유, 정치·사회적 경제적인 면에서의 부부관계의 완전한 평등, 부부 및 부모와 자녀관계에 있어서 종속적 관계 폐지, 적서(嫡庶)차별의 폐지, 재산상속의 폐지, 그리고 중국사회 특유의 가장제(家長制) 폐지, 포판(包辦)혼인 금지,[51] 전족 폐지 등에 초점이 맞추어졌다.

이러한 사회주의 가정관을 중국에 정착시키기 위해 모택동을 비롯한 중국공산당은 1949년 공산화 이전부터 가정문제에 관심을 갖고 다양한 정책과 운동을 실시하였다.

메이저(Marinus J. Meijer)는 중국공산주의자들이 비교적 일찍부터 가정문제에 대해 관심을 갖게 된 것은 정치적 이유와 경제적인 이유 때문이라고 보았다.[52]

정치적 이유란 전통적 가정이 인간의 완전한 사회화(Socialization)의 장애물이었다는 것이다. 다시 말해서 공동생활의 전통을 가진 구가정이 개인적 의무감과 충성심을 가정이라는 작은 영역에 한정시켰다는 것이다. 이것은 바로 가정의 결속력과 전사회의 이익을 대변하

---

51) 包辦婚姻이란 전통 중국사회의 결혼방식으로 본인의 의사를 전적으로 무시하고 부모가 독단적으로 상대를 정해주는 혼인제도를 말한다.

52) Marinus J. Meijer, Marriage Law and Policy in the People's Republic of China, David C. Buxbaum(ed.), *Chinese Family Law and Social Change*(Hong Kong: Washington Univ. Press, 1978), p.440.

는 당의 요구 사이에 긴장관계를 야기했다[53])는 것을 의미한다.

한편 경제적 이유란 전통적 가정이 부녀자들을 반노예적 상태인 종속적 위치에 두고, 경제생활에 그들의 참여를 제한했기 때문에 경제발전에 장애물로 인식하였다는 것이다. 공산주의자들의 정책목표는 모든 여성을 신사회 건설에 요구되는 부족한 노동력에 동원하는 것이었기 때문에 여성을 가정에 속박시키고 있는 전통적 가정에 대해 부정적일 수밖에 없었다는 것이다.

중국 공산주의자들의 이러한 의식은 1949년 공산화 이전과 이후 구체적 현실로 나타나 구가정을 파괴하기 위한 정책이나 운동 등으로 나타났다.

2) 중화소비에트 시기의 가정문화정책

모택동의 가정정책은 시기적으로 크게 두 단계로 나누어 볼 수 있다. 제1단계는 1931년 중화소비에트공화국 수립부터 1949년 공산화 이전까지이고, 제2단계는 1949년 공산화 이후부터 1976년 모가 사망할 때까지이다.

제1단계에 실시한 가정정책은 1931년 11일 26일 중화소비에트공화국 임시중앙정부 수립 이후에 실시한 '중화소비에트공화국혼인조례(中華蘇維埃共和國婚姻條例)'와 '토지개혁' 그리고 1934년 4월 그간의 실천경험을 토대로 수정 보완한 '중화소비에트공화국혼인법'과 1946에 공포한 '토지문제에 관한 지시(일명 5·4지시)' 등이다. 이러한 정책들을 시대별로 나누어 살펴보면 다음과 같다.

---

53) Ibid.

(1) '중화소비에트혼인법조례'의 제정과 그 내용

전통 중국사회는 가정·사회·국가는 일체(一體)로 간주되었으며, 가정은 국가의 축소판이고 국가는 가정이 확대된 것이었다. 때문에 가사(家事)와 국사(國事)는 원래 동일한 것(家國同構)이었으며 이 양자 외에는 사회기관이라고 할만한 것이 없었다. 그래서 가정문제에 대해서도 국가가 많은 관심을 가지고 간섭하였다.[54] 모택동은 일찍부터 전통적 가족제도를 타파하지 않고서는 새로운 문화, 즉 사회주의 문화[55]를 정착시킬 수 없음을 깊이 인식하였다.[56] 모의 이러한 인식은 1927년에 발표한 「호남농민운동조사보고서(湖南農民運動考察報告)」에 잘 나타나 있다.

중국의 남자는 보통 세 가지 계통의 권력의 지배를 받는다. 첫째로 국가·성(省)·현(縣)의 정부로부터 향(鄕)에 이르는 국가계통인 정치적 권력(政權), 둘째로 종사(宗祠)·지사(支祠)에서부터 가장에 이르는 가족 계통의 족권(族權), 셋째는 염라대왕으로부터 성황(城隍), 잡신(雜神)에 이르는 각종의 신괴(神怪)가 포함된 신선계통(神仙系統)의 권력(神權)이 그것이다. 여자들은 이 같은 세 가지 계통의 지배 외에 남자의 지배, 남편의 지배[夫權]가 더해진다. 이러한 네 가지의 권력·정권·족권·신권·부권은 모두 봉건적 지배, 가부장제의 사상과 제도를 대표하는 것이며, 이것들은 중국인민, 특히 농민들을 속박하는 네 가지 사슬이 된다. ……빈농의 부녀들이 경제적 어려움 때문에 부유한 계급의 부녀들보다 많이 노동에 참가함으로써 가사문제에 있어 보다 큰

---

54) 范忠信·鄭定·詹學農·李仁哲 譯, 『中國法律文化探究』(서울: 一潮閣, 1996), p.309.

55) 사회주의 문화란 사회주의 교육·과학·철학·도덕·문학·예술 등 사회의식 형태의 총화(總和)와 그에 상응하는 제도와 조직기구를 말하며, 그것은 사회주의의 정치와 경제의 의식형태상의 반영을 뜻한다. 何竹康 主編, 앞의 책, p.1109.

56) Henry J. Lethbridge, 前田壽夫 譯, *Communism in China: A Handbook*, 『中國讀本』(東京: 時事通信社, 1967), pp.146~152.

발언권을 얻게 되었고, 강력한 가사결정권을 갖게 됨으로써 부권(夫
權)도 이미 점차로 약화되어 가고 있다. 근년에는 농촌경제가 더욱 파
산지경에 이르러서 남자의 여자지배를 가능케 하였던 근본조건, 즉
경제력이 이미 무너져가고 있다. 농민운동의 고조에 따라 부녀들은
향촌단위로 부녀연합회를 조직하여 그들의 권리를 찾으려고 노력하고
있다. 시간의 흐름에 따라 부권은 날로 동요되었다.[57)]

　모택동이 비판한 정권·족권·신권·부권은 바로 전통 사회를 지탱
하고 있던 네 가지 축이라고 할 수 있다. 정권이란 앞에서 언급한
바와 같이 국민 위에 군림해 왔던 정부에 대한 권위를 의미하며, 족
권은 주로 가문의 권위를 대표하는 족장의 권위를 뜻한다. 또 신권
이란 일반 백성들의 신앙적 권위를 상징하는 것이고, 부권이란 가정
에서 가장의 권위를 뜻한다. 모택동은 이러한 전통적 권위체제를 타
파하지 않고서는 그가 바라던 공산사회를 건설할 수 없음을 깊이 인
식하였던 것이다.

　모택동의 이러한 인식이 가정정책에 구체적으로 나타난 것이 1931
년 11월 26일 중화소비에트공화국 중앙집행위원회 제1차 회의에서
결정한 '중회소비에트공화국혼인조례'이며, 입법취지는 다음과 같다.

　　봉건통치하에서는 남녀의 혼인은 야만스럽고 비인간적인 것으로 녀
성이 받은 압박과 고통은 남성에 비해 훨씬 심하였다. 오로지 노동자·
농민 혁명의 승리에 의해서만이 남녀는 경제적으로 해방의 첫걸음을
내디딜 수 있고, 남녀의 혼인도 반드시 그에 따라 변화하여 자유롭게
될 수 있다. 현재의 남녀혼인은 이미 자유의 기초를 획득하였다. 따라
서 남녀의 혼인은 사유를 원칙으로 해야 하며, 또 일체의 봉건적 부
채·깅빅·매매에 의한 혼인세도는 폐시되어야 한다. 그러나 여성이 봉
건적 압박에서 해방되었다고는 하나 그들의 신체는 크게 상처(예를

---

57) 『毛澤東選集』, pp.31~32.

들면 전족)를 받고 있으며, 여전히 회복되지 못하고 있는 실정이다. 그들의 경제력도 아직 완전한 독립을 이룩하지 못하였다. 그래서 현재 이혼문제는 여성을 특별히 보호하여, 이혼에 의해 야기되는 의무와 책임은 대부분 남자가 부담해야 한다.58)

이상의 입법취지는 모두 7장으로 구성되어 있는 '혼인조례'에 보다 구체화되어 있다. 여기서 다루고 있는 주요 내용은 남녀혼인의 자유, 봉건적 부채, 포판(包辦), 강박 및 매매에 의한 혼인제도 금지, 민며느리 금지(제1조), 일부일처제 실행 및 일부다처제 금지(제2조), 결혼에 있어 반드시 쌍방의 동의가 있어야 하며, 또 임의의 일방 또는 제삼자에 의한 강압 금지(제4조), 또 남녀 5대 이내의 친족·혈통의 결혼 금지(제5조), 남녀결혼에 있어서 등기 및 결혼증 수령, 결혼지참금과 예불 및 가장(嫁粧: 시집갈 때 가지고 가는 세간) 금지(제8조), 이혼의 자유(제9조), 남녀이혼의 등기(제10조), 이혼 후 자녀 양육문제(제11~16조), 이혼 후 남녀 재산처리문제(제17~20조) 등으로 구성되어 있다. 또 중국공산당은 근거지가 점차 확보되어 감에 따라 그동안의 경험을 토대로 1934년 4월, 1931년에 발표한 '혼인조례'를 수정·보완하여 6장 21조로 된 '중화소비에트공화국혼인법'을 반포하였다. 이 '혼인법'은 공산당치하에 있는 모든 지역에 그대로 적용시켰는데, 그 주요 내용을 살펴보면 다음과 같다.59)

첫째, 남녀혼인의 자유원칙을 확고히 하며, 일체의 강압적 또는 매매 혼인제도를 폐지하고, 또 민며느리제(童養息)를 금지하며, 일부일처제를 실행하고, 일부다처제 내지 일처다부제를 금지한다.

둘째, 남녀결혼은 반드시 쌍방의 동의를 필요로 하며, 어느 일방

58) 張賢鈺 外 3人,『婚姻家庭法槪論』(浙江: 浙江人民出版社, 1986), p.258.
59) 위의 책, p.81.

또는 제삼자의 강압을 허락지 않는다. 결혼연령은 반드시 남자는 만 20세, 여자는 만 18세로 한다. 남녀가 5대(代) 이내의 친족, 혈족 그리고 화류병(花柳病)·마풍(麻風)·간질 등 위험성에 전염된 자, 정신병환자나 미친 사람 등은 모두 결혼을 금한다. 남녀결혼은 반드시 향(鄕) 및 성시(城市)의 소비에트에 가서 등기를 해야 하며 결혼증을 수령해야 한다. 결혼지참금이나 예물 및 가장은 폐지한다.

셋째, 이혼의 자유를 보장한다. 모든 남녀는 쌍방의 동의에 의해 즉각 이혼할 수 있으며, 남녀일방이 이혼을 강력히 요구하면 역시 이혼이 된다. 남녀이혼은 반드시 향 및 성시의 소비에트에 가서 등기를 해야 한다.

넷째, 혁명군인의 결혼은 보호된다. 홍군(紅軍) 전사의 처가 요구하는 이혼은 반드시 그 남편의 동의를 얻어야 한다. 단 통신이 편리한 지방에서는 2년이 지나도록 남편의 회신이 없으면, 그 처는 해당 정부에 이혼등기를 청구할 수 있다. 통신이 곤란한 지역에서는 4년이 경과하도록 그 남편의 회신이 없으면, 그 처는 해당 정부에 이혼등기를 청구할 수 있다.

다섯째, 부녀와 자녀의 합법적 권익은 보호된다. 이혼 후 여자가 재혼을 하지 않으면, 남자는 반드시 그 생활을 유지할 수 있도록 하든지 또는 대종전지(代種田地: 대신 농사를 지어 줌)해야 한다. 그러나 재혼을 하게 되면 중지된다. 이혼 전에 소생한 자녀는 남자에게 부양할 책임이 있다. 그러나 만약 남녀 모두가 부양을 원할 때는 여자가 부양한다. 젖먹이 어린아이는 여자가 부양한다. 일체의 사생아(私生子女)는 혼인법에 따라 합법적 자녀로서의 일체의 권리를 향유할 수 있으며, 학대를 하거나 버리는 것은 금한다.

이 혼인법에서 다루고 있는 주요 내용들이 대부분 전통적 혼인관계를 전면적으로 부정하고 있음을 알 수 있다. 남녀혼인의 자유란 혼인에 대한 부모의 관여를 배제시키려는 것으로, 이는 곧 자녀에 대한 부모의 권위, 특히 가장의 권위를 부정하는 것이라 하겠으며, 또 민며느리제도나 일부다처제 내지 일처다부제의 금지도 전통적 혼인제도의 관습을 부정하는 것이라 하겠다. 그리고 남녀결혼에 있어서 쌍방의 동의를 의무화한 것은 부모에 의한 강제결혼을 막으려는 것으로 이는 자녀에 대한 부모의 간섭을 배제하려는 의도에서 취해진 것이며, 또 결혼의 등기 및 결혼증 수령 등을 언급한 것은 개개인의 결혼행위에 국가가 직접 간여하겠다는 것을 의미한다.

한편 이혼의 자유를 보장한다는 것은 과거 전통 사회에서는 감히 생각할 수 없는 것으로 남녀이혼을 자유롭게 하여 여성들을 가정으로부터 해방시키려는 의도가 강하다. 또 혁명군인의 결혼을 보호한다는 것은 항일전쟁 및 국민당과의 내전에 참여하고 있는 군인들을 보호하기 위해 마련된 것으로 볼 수 있다. 일체의 사생아도 합법적으로 보호한다는 것은 엥겔스의 주장과 동일하다고 하겠다.

위에서 살펴본 '혼인조례'와 '혼인법'은 중국혼인가정입법상의 중요한 문헌이며, 중국혼인가정제도의 근본적 변혁의 시작으로, 이후 혼인가정제도의 계속적 변혁을 결정하는 중요한 기초가 되었다.

항일전쟁 및 해방전쟁(국민당과의 내전) 시기에 각 소비에트 지역 내에서는 '소비에트혼인가정입법'의 원칙에 입각하여 지역특성에 맞는 혼인가정 분야에 대한 정책과 법률을 제정·선포하였다. 이 시기의 혼인가정입법은 모두 지역성을 지난 조례로서, 예를 들면 '섬감영변구혼인조례(陝甘寧邊區婚姻條例)'(1939년 4월), '진기노예변구인잠행조례(晋冀魯豫邊區姻暫行條例)'와 해당 조례의 세부시행지침(1942년 1월), '섬감영변구항속이혼처리변법(陝甘寧邊區抗屬離婚處理辨法)'(1943년 2월), '진찰기변구혼인조례(晋察冀邊區婚姻條例)'(1943년 2월), '섬감영변구조정혼인잠행조례(陝甘寧邊區條正婚姻暫行條例)'(1944년 3월) 등이 있다.[60] 내전 시기에 이르러서는 각 지역의 정권들은 원래의 조례에 기초하여 조금씩 수정하거나, 새로운 이혼소송 및 혼인조례 등을 선포하기도 하였다. 그 대표적인 것이 '섬감영변구혼인조례(陝甘寧邊區婚姻條例)'(1946년 4월), '진기노예변구공작인원이혼정서(晋冀魯豫邊區工作人員離婚程序)'(1946년)와 '진찰기변구재외공작인원신청이혼정서(晋察冀邊區在外工作人員申請離婚程序)'(1946년 2월) 등인데, 이러한 법령·조례의 기본정신은 남녀가 사회·정치·경제적, 그리고 가정 지위상에 있어서 일률적 평등과 봉건주의 혼인가정제도의 폐지와 모택동이 말하는 신민주주의 혼인가정제도의 실천에 따른 것이라 하겠다.

항일전쟁 및 국민당과의 전쟁 기간 동안 실시된 혼인관계법의 특성을 살펴보면 다음과 같다.[61]

첫째, 소비에트구의 혼인법의 전통을 계승하여 자기의 뜻에 따른 평등한 결혼 확립, 일부일처제 확립, 강박이나 포판 및 매매에 의한 혼인 금지 등을 언급하고 있다.

둘째, 전쟁 시기와 국공합작과 통일전선의 역사적 조건을 고려하여 장개석이 이끈 중화민국 민법의 친속편의 입법정신을 수용하는 등 국민당과의 절충안을 가미하고 있으나 기본적 골격에는 큰 변화가 없다.

셋째, 이혼문제에 있어 부부쌍방이 자원하여 이혼하고자 하는 경우 사법기관이나 정부에 이혼등기를 신청하고 이혼증을 수령하도록 규정하고 있다. 그러나 부부의 어느 한쪽이 이혼을 요구할 경우, 이혼의 법정 이유를 명확히 명시하고 있다. 예를 들면 '진찰기변구혼인조례(晋察箕邊區婚姻條例)' 제15조 규정에 의하면 부부 중 일방이 다음과 같은 경우에 이혼을 청구할 수 있도록 되어 있다. ① 매국노

---

60) 각 지역별 혼인조례에 관해 보다 구체적인 내용은 劉淸波, 『中共的婚姻法』 (臺北: 臺灣商務印書館, 1983); 北京廣播電視大學 法律敎硏室 編, 『婚姻法資料選編』(北京: 中央廣播電視大學出版社, 1985), pp.82~97 참조.
61) 張賢鈺 外 3人, 앞의 책, pp.82~83.

(漢奸)에 해당하는 자 ② 중혼자(重婚者) ③ 타인과 간통한 자 ④ 배우자를 학대, 압박 혹은 악의로 버린(遺棄) 상태가 계속되고 있는 자 ⑤ 특수한 형사상의 죄로 3년 이상 도망 다니는 자 ⑥ 3년 이상 생사가 불확실한 자 등이다.

넷째, 항일군인의 혼약과 혼인에 대해서는 특별히 보호하고 있다. '진찰기변구혼인조례(晋察冀邊區婚姻條例)' 제7조에는 '전쟁에 참전하고 있는 군인에 대해 혼약 해제를 제출할 때에는 반드시 항전(抗戰)군인 본인의 동의를 얻어야 한다. 그러나 2년 이상 아무런 소식이 없을 경우 위 규정에서 제외된다'라고 되어 있어 군인의 결혼관계를 보호하고 있다.

다섯째, 모친과 태아 및 아동의 권익에 대해 특별히 규정하고 있다(제17조).

이 같은 혼인관계법의 특성은 1950년도에 제정·공포된 '중화인민공화국혼인법'의 기초가 된다.

(2) 중국토지법대강(中國土地法大綱)

역사적으로 토지와 정치는 밀접하면서도 상호 의존적인 관계를 유지해 왔다. 특정한 토지소유제 형태는 정치권력의 형식에 대해 중요한 결정인자를 형성했으며, 하나의 특수한 권력형태는 그에 따른 특별한 형식의 토지소유제를 영속시켰다. 이러한 상호 의존적인 토지소유제와 정치권력 형태 사이의 상관관계는 고대사회, 중세봉건사회, 그리고 가족농(家族農)에 입각한 농업사회에서도 명백히 나타났다.[62] 또 전근대사회에 있어서의 토지제도나 토지소유에 관한 문제는 가족제도는 물론 정치·경제·사회·문화·군사 등 모든 면에 걸친 중요한 문제로서 사회발전의 관건이 되었기 때문에 사회경제연구의 주관심

---

62) 李秉錫, 「土地改革과 政黨의 制度化」(서울: 高麗大學校 博士學位論文, 1987), p.5.

의 대상이 되어 왔다.[63]

전통 중국사회에서도 토지는 가족제도와 밀접한 관계를 맺고 있었다. 토지소유를 통하여 가장이나 씨족장이 권한을 행사하였기 때문이다. 결국 토지는 전통 중국사회의 정치·사회·문화를 유지하고 있는 중요한 기초였다.

토지가 갖는 이 같은 중요성을 깊이 인식한, 모택동을 비롯한 중국공산당은 1931년 11월 강서성(江西省) 서금(瑞金)에서 중화소비에트공화국 제1기 전국대표대회를 개최하였을 때 이미 헌법·노동법과 더불어 토지법을 채택하여 지주와 부농의 토지·재산을 몰수하여 빈농에게 재분배하였으며, 제2차 세계대전 후인 1946년 5월 4일에는 '토지문제에 관한 지시(5·4지시)'를 선포하여 구해방지구에 토지개혁을 단행하였다. 중국공산당은 '5·4지시'를 실시하기 훨씬 이전인 1937년 2월 항일전쟁기의 경제정책으로 지주들에게 감조감식(減租減息: 소작료 및 이자 인하)을 요구하는 한편 농민들에게는 부분적으로 소작료(租)와 이자를 지급하는 이중적 성격의 정책을 실시하였다. 이 정책으로 인해 봉건적 착취가 대폭 감소되고 농민들의 생활은 개선되었으며, 생산력의 발전을 가져와 근거지를 견고히 하여 항일전쟁에서의 승리를 쟁취하는 데 크게 기여한 것으로 평가하고 있다.[64]

중국공산당이 처음부터 지주들을 숙청하지 않은 것은 항일전쟁 기간 중 급격한 토지개혁은 통일전선을 구축하는 데 불리할 것으로 판단했기 때문이었고, 농민들에게 유리한 정책을 실시한 것은 그들이 추진하고 있는 공산혁명의 투쟁동력으로서 농민들을 끌어들일 필요가 있었기 때문이다.

그러나 1945년 일본의 항복과 전후 국민당정부 내의 부조리와 보

63) 朴秉濠, 『韓國法制史攷』(서울: 法文社, 1987), pp.329~330; 福島正夫 外, 원화봉 옮김, 『家族』(서울: 한울림, 1985), pp.89~90.
64) 馬起, 『中國革命與婚姻家庭』(遼寧: 遼寧人民出版社, 1955), pp.74~75.

순 등으로 말미암아 정세가 중국공산당에게 유리하게 전개되자,
1946년 5월 4일 중국공산당은 감조감식정책을 실시하여 지주의 토
지를 몰수하여 농민들에게 나누어 주었다. '5·4지시'로 불리는 이
정책으로 말미암아 1946년 말까지 각 해방구마다 3분의 2가량의 지
역에서 '경자유기전(耕者有其田: 경작하는 자가 땅을 소유한다)'의
원칙이 실행되어, 많은 농민들이 생산과 전쟁지원에 적극성을 띠었
다. 이러한 토지개혁 과정에서 많은 해방구 지역에서는 토지소유에
있어서 남녀평등의 방침이 적용되었고, 수많은 농촌여성들의 계급의
식도 높아져 여성들이 토지개혁에 적극적으로 참여하였다. 특히 운
동 초기의 군중동원 단계에서 행한 여성들의 역할은 매우 컸다.[65]
1947년 7월 17일에서 9월 13일까지 중국공산당은 '5·4지시' 이후의
토지개혁의 경험을 총괄하기 위해 하북성(河北省) 평산현(平山縣)
서백파(西柏破)에서 유소기(劉少奇)의 주관하에 전국토지회의를 소
집하여 '중국토지법대강'을 제정, 10월 10일 공포하였다. 토지법대강
에는 '봉건적 및 반봉건적 착취의 토지제도를 폐지하고 토지는 밭갈
이 하는 자에게라는 토지제도의 원칙하에 지주의 모든 토지와 재산
을 몰수하고 부농의 여유토지와 여유재산을 징수하여 인구에 따라
공평하게 분배한다'라고 규정하고 있다. 토지법대강은 또 여성의 토
지권을 명확히 함으로써 여성들이 번신(飜身),[66] 해방할 수 있는 경
제적 토대를 마련해 주었다.[67]

이와 같이 토지개혁은 남성(夫權)에 종속되어 한번도 자기 소유의
토지를 가져 보지 못했던 여성들에게는 획기적인 조처였다. 각 해방

---

65) 中華全國婦女聯合會 編, 『中國婦女運動史』, 박지훈·전동현·차경애 옮
   김, 『중국여성운동사(하)』(서울: 한국여성개발원, 1992), p.297.
66) 번신(飜身)은 원래 몸을 돌리는 의미였으나, 공산당이 점령한 이후 과
   거의 사고나 생활, 즉 봉건주의적 사고나 행동을 버리고 공산주의적 사
   상과 행동으로 변화되는 것을 의미한다.
67) 위의 책, p.299.

구의 여성들은 여기에 힘입어 기관이나 학교를 나와 농촌에 가서 '중국토지법대강'을 선전하고 토지개혁투쟁에 앞장서 참가하였다. 당시 중국 여성해방운동의 선구자적 역할을 한 등영초(鄧穎超)는 같은 해(1947년) 12월 9일 「토지개혁과 부녀자 공작의 새로운 임무(土地改革與婦女工作的新任務)」라는 글을 발표하여 특히 다음 몇 가지 사항을 천명하였다.[68]

① 토지개혁으로 중심을 삼으려면 여성공작과 토지개혁을 결합시킴으로써 여성운동과 농민운동을 결합시켜야 한다.

② 농촌여성들을 동원하고 조직할 때는 고용농·빈농여성을 핵심으로 삼아 중농여성을 단결시킴으로써 군중노선을 각 방면에 관철시켜야 한다. 농민과 여성군중을 향해서 더욱 광범위하게 토지법대강을 선전하고 해석해야 하며, 이 대강을 철저히 관철하여 진정으로 여자가 남자와 똑같이 토지를 분배받고 소유권을 보유할 수 있게 해야 한다. 재산을 분배할 경우에는 남녀 및 가정에 따라 필요한 것이 다를 수 있다는 데 주의를 기울여야 한다. 여성들의 재산에 대한 애착을 토지에 대한 관심으로 돌리고, 개인적 요구에서 계급 전체의 이익에 대한 인식으로 발전시킴으로써 압박받은 전체 농민과 함께 일치단결하여 공동의 적인 지주계급을 소멸시키는 길로 나아가게 해야 한다. 이렇게 해야만 토지의 평등분배운동에서 비로소 1,100만 여성군중들로 하여금 용감하게 봉건적 토지제도를 소멸시키고, 정치적으로 철저한 해방에 도달하게 할 수 있다.

③ 농촌에서는 노동자, 농민, 빈민여성들을 빈민단(貧民團)·농회(農會)·합작사(合作社) 호조조(互助組)·식자조(識字組)에 가입시켜야 한다. 농촌부녀연합회는 농회의 통일적 지도 아래 공작을 전개해

---

68) 위의 책, pp.300~301.

야 하며 농회에 부녀부(부녀연합회)를 둘 수도 있다. 농민대표회 및
그 위원회 안에는 반드시 적극적인 여성분자들을 흡수하도록 주의를
기울여야 한다.

④ 토지개혁이 완료된 지방에서는 노동여성들을 조직하여 생산운
동에 참가시키는 데 전력을 기울여야 한다. 각종 전방지원공작에서
도 더 많은 조직에 여성들이 참가해야 한다.

⑤ 인민군중들을 동원하여 민주운동을 진행할 때에는 여성군중들
이 적극적으로 참가하도록 더욱 광범위하게 민주정부, 군중단체 및
당의 각종 조직과 간부를 개선하고, 관료타락분자에 반대하는 투쟁
을 전개하여 민주운동이 더 심화·발전할 수 있게 해야 한다. 노동여
성들을 전체 대중의 토지개혁, 생산, 민주운동에 참가시키는 과정에
서 의식적으로 여성 자신의 각종 문제(예를 들어 포판혼인을 강제한
다든지 여성의 사회활동 참가의 자유를 제한하는 봉건학습)를 점진
적으로 해결하는 데 주의를 기울여야 하며 동시에 여성운동을 전체
대중운동으로부터 분리시켜서는 안 된다.

⑥ 농촌에 내려갈 수 있는 모든 여성간부들에게 모든 곤란을 극복
하고 노동자, 농민, 빈민여성에게 깊이 침투하여 공작을 견지해 나가
는 한편 학습하고 단련하도록 호소한다.

그녀가 주장하는 핵심적 내용은 토지소유권에 있어서 남녀평등,
토지의 평등분배운동을 통한 봉건적 토지제도 소멸, 각종 여성단체
에 여성참여 유도, 그리고 여성의 의식화와 학습화였다.

한편 1948년 12월에 중국공산당 중앙위원회가 발표한 「목전의 해
방구 농촌여성에 관한 중국공산당 중앙위원회의 결정(中國共産黨中
央委員會關於目前解放區農村婦女工作的決定)」에는 토지개혁과 여
성관계를 다루고 있는데, 이 내용을 요약하면 다음과 같다.[69]

① 항일전쟁과 인민해방전쟁에서 부녀공작의 역할이 대단하였으

며, 또 토지개혁운동을 전개함에 있어 많은 부녀들이 토지의 균등한
배분과 봉건제 소멸투쟁에 적극 참여하였다. 토지개혁을 완성한 지
역에서는 농촌계급관계의 근본적 변화가 일어나, 남녀노소가 동등하
게 토지를 배분받았다. 적지 않은 부녀들이 구(區)나 촌(村)의 대표
가 되었고 심지어 촌장이나 부촌장 이상의 간부로 당선된 사람도 있
었다. 부녀들의 각오 정도나 적극성이 대단히 높아, 정치·경제·가정
과 사회상에 있어서의 지위도 진일보하여 근본적 개각(改覺)을 일으
켜 부녀들에게 완전해방의 길을 열어 놓았다. 그러나 일부 지역에서
는 부녀공작의 주요 임무가 부녀의 특수이익 쟁취와 봉건적 잔재의
속박으로부터 해방임에도 불구하고 이를 전혀 이해하지 못하고, 부
녀들의 생산 활동이나 토지개혁, 그리고 전선지원 공작에 참여하지
못하고, 아직 봉건적 속박에 묶여 있는 것으로 만족하고 있다.

② 신민주주의 정권하에서는 과거 구사회의 부녀를 속박·학대하거
나, 부녀를 복종케 하거나 굴욕적 지위에 있도록 한 모든 법률은 이
미 존재하지 않으며, 신민주주의하에서는 남녀의 경제·정치·사회적
지위가 완전 평등하게 보장된다.

③ 사회에서는 남중여경(男重女輕)의 관념과 각양의 봉건적 관속
(官俗)의 속박이 남아 있었다. 특히 구사회에서 부녀는 경제적으로
남자에 의존해야 하며, 가족 노동에 종사케 한 것도 없지 못한 일이
었을 뿐 아니라, 심지어 노동의 약점을 경면하기도 하여 부녀들이
법률적으로 규정한 권리를 실현하는 것을 방해하기도 하였다. 이 때
문에 부녀의 권리를 관철하기 위해서는 반드시 필요한 공작을 추진
해야 한다. 우선 여기에 요구되는 것이 부녀와 남자들은 모두 평등
한 경제적 권리의 지위를 획득해야 하며, 농촌에서도 동일한 보시와
재산을 획득해야 한다. 그리고 더욱이 요구되는 것은 부녀는 노동의

69) 金捻子, 「中共의 婦女運動에 관한 硏究」(서울: 西江大學校 博士學位論
文, 1983), pp.176~181.

중요성을 충분히 인식하여 노동을 영광스러운 사업으로 간주해야만 한다는 것이다. 육체적인 일에 적극적으로 참여하여 각종 노동생산 공작을 승리로 이끄는 것이 가정과 사회의 재산 창조자가 되는 것이다. 오로지 부녀가 노동에 적극 참여함으로써 경제상의 독립을 얻을 수 있어 남에게 의존하지 않을 수 있다. 나아가 시부모(公婆)나 남편, 그리고 사회적으로 존경을 받을 수 있으며, 또 가정의 화목과 단결을 증진시킬 수 있다. 또 그렇게 될 때 부녀들의 사회·정치적 지위를 높이거나 견고히 하기 쉬우며, 나아가 남녀평등의 각항의 법률을 충분히 실현할 수 있는 견고한 기초를 마련할 수 있다. 정부는 조만간 부녀의 토지권을 보장하여 가정단위로 토지증을 발급할 때 반드시 토지증상 남녀가 모두 균등한 토지권을 명기하여 전 가족 구성원들이 민주적 재산처리권을 갖게 될 것이며, 필요에 따라서는 단독으로 별도의 토지증을 부녀에게 발급할 수 있다. 부녀의 정치·경제·문화 활동(특히 생산 활동의 참가)을 방해하는 것에 대해 봉건사상의 전통적 관속은 반드시 의식적으로 과감히 제거하여야 한다. 생산과정에 있어 각종 군중조직과 회의는 항상 전체 농민에 대해 남녀평등의 사상교육을 실시해야 하며, 또 봉건사상과 전통관속을 비평하여 부녀를 속박하고 있는 일체의 봉건적 습속은 모두 반드시 폐지하여야 한다. 전족(纏足), 익영(溺嬰), 매춘부, 민며느리 등은 정부에서 금지명령을 선포하는 동시에 군중들에게 관철할 것을 추진해야 한다.

그 밖의 사항들은 주로 부녀군중 조직형식(3)에 관한 문제와 부녀간부 배양문제(4), 각급 당위원회의 부녀공작에 대한 태도(5), 그리고 부녀단체에 대하여(6) 등으로 구성되어 있으나 대부분의 내용이 남녀평등의 법적 보장과 여성의 생산 활동에 적극적 참여 등을 유도하고 있는 내용들이다.

이와 같은 중국공산당이 실시한 일련의 토지개혁을 가정정책과 관련지어 볼 때 다음과 같은 의미를 지닌다고 하겠다.

첫째, 전통 사회에서 가장이나 씨족장에게만 부여되었던 토지소유권을 남녀노소의 구분 없이 균등하게 배분함에 따라서 가장 및 씨족장의 권위를 실추시키는 역할을 하였고, 둘째, 남녀 구분 없이 토지를 배분함에 따라 아내에 비해 절대적 우위에 있던 부권(夫權)이 실추되었다는 점이다. 특히 역사상 한번도 토지소유권을 가지지 못했던 여성들에게 토지소유권이 주어졌다는 사실은 여성들의 의식을 변화시키는 중요한 계기가 되었을 것이다. 셋째, 전통 사회에서는 여성은 주로 가사노동에 국한하였을 뿐 사회노동에 참여한다는 것은 있을 수 없는 일이었다. 그러나 공산주의자들은 여성해방이란 이름하에 여성들을 집 밖으로 끌어내어 사회노동에 참여시켰다. 이는 전통적 윤리규범이었던 '부주외 부주내(夫主外婦主內)'의 정신과는 본질적으로 차이가 있는 것이었다.

결과적으로 중국공산당이 취했던 토지개혁운동은 기존의 사회형태, 특히 전통적 가정문화를 거부하면서 사회주의 가정관의 확립을 강제하였던 점이 그 특징을 이루었다.

3) 중화소비에트 시기의 가정윤리의 실제

앞에서 살펴본 바와 같이 중국공산당은 중국전역이 공산화되기 이전에 이미 공산당의 영향이 미치는 지역을 소비에트 지역(해방구)이라 하여 임시정부를 수립하여 혼인법, 토지개혁 등 가정문화정책을 실시하였다. 여기서는 이러한 가정문화정책이 실제 가정윤리에 어떠한 영향을 미쳤는가를 살펴보고자 한다.

(1) 부부간의 윤리

전통 중국사회에서의 부부관계의 윤리규범이라 할 수 있는 '부고어처', '부창부수', '삼종사덕', '부주외 처주내' 등 부부간의 불평등한 관계는 5·4운동 이후 다소간의 변화는 있었지만 공산화 이전까지 대체적으로 그대로 남아 있었다.[70] 여기서는 이러한 전통적 부부간의 윤리관계가 1931년 11월 26일 중화소비에트공화국 중앙집행위원회 제1차 회의에서 결정한 '중화소비에트혼인조례'와 1934년 4월에 발표한 '중화소비에트공화국혼인법', 그 밖에 각 지역별 혼인조례(섬감영변구혼인조례(1939. 4) 등), 1947년에 제정한 토지개혁(토지법대강) 등을 통하여 어떻게 변하여 갔는가를 항목별로 나누어 살펴보고자 한다.

가. 부권제(夫權制: 부창부수(夫唱婦隨))

전통 중국사회에서 부인은 남편의 뜻에 순종하는 것이 하나의 윤리·도덕이었다. 이러한 전통적 부부관계는 20세기 초 신문화운동(新文化運動) 당시에 많이 거론된 문제 중의 하나였으며 중화소비에트 정권이 수립되기 전까지는 중국사회 곳곳에서 흔히 볼 수 있었던 일반적 현상이었다. 다음의 내용은 신문화운동 당시 한 젊은 여학생의 자서전에 나오는 이야기로써 신교육을 받은 딸이 자기가 사랑하는 사람과 결혼하려고 하자 이를 만류하는 그녀의 부모가 딸에게 아내가 지켜야 할 부덕(婦德), 즉 여자는 남편의 뜻에 따라야 함을 설명하고 있는 부분이다.

아버지: 네가 '샤오' 집안사람과 결혼하는 것은 혁명적인 사건이 아니라 다만 여자로서의 의무를 다하는 것일 뿐이다. 네가 할 수 있는

---

70) 張敏杰, 「二十世紀中國家庭的變遷」, 『浙江學刊』(第6期, 總第59期, 1989), pp.80~81.

최선의 일은 남편의 말을 아내가 순종[夫唱婦隨]하는 가정을 이룰 수 있도록 우리 옛 선현의 가르침을 따르는 일이다. 이것이 혁명적 사건이 아닐진대 네가 사상을 고려할 필요가 어디 있겠느냐?

딸: 아버님, 결혼 후에야 사랑을 할 수 있다는 것은 아버님의 애정관입니다. 그것은 뒤떨어진 사회의 특성이며, '죽은 것'입니다. 이제 행복한 결합을 위해서는 남녀가 서로 알아야 하며 무엇보다도 서로에 대해 동질감을 느껴야 합니다.

어머니: (아버지에게 소리치며)이 짐승은 사람도 아니에요. 그 애는 부모가 하늘보다 더 어렵다는 것을 알지 못하잖아요? 어떻게 감히 우리의 뜻을 거역한답디가? 나는 네가 예의범절과 정숙함과 침착함, 그리고 순결을 배우도록 학교에 보냈다. 그런데 교육이 부모조차 존경할 줄 모르는 짐승으로 바꿔 놓을 줄 누가 생각이나 했겠니?[71]

그리고 다음 내용은 파금(巴金)의 『가(家)』에 나오는 한 장면으로 주인공 각신이 조부의 가묘(假墓) 때문에 분만일이 가까운 부인 서각을 집 밖으로 내보내는 장면을 묘사한 것으로써, 여러 가지 어려움에도 불구하고 부인이 남편의 뜻에 그대로 순종함을 보여 주고 있다.

'당신을 원망하진 않아요. 불운한 내 자신이 원망스러울 뿐이에요.' 서각은 흐느껴 울었다.

'당신이 불효자라는 말을 듣게 할 순 없어요. 나 때문에 그런 악명을 감수하겠다고 나서더라도 난 한사코 말리겠어요.'

'여보, 날 용서해. 내가 너무 나약해서 당신까지 고생시키는구려, 하지만 우리가 몇 년 동안 같이 사는 사이에 당신은 내 고충을 짐작했으리라고 믿소.'

'그런 말씀은 하지 말아요.'

---

71) Hsieh Ping-Ying(Xie Bingying), *Autobiography of a Chinese Girl* (London, 1943), pp.140~142; Elisabeth Croll, *Feminism and Socialism in China*, 김미경·이연주 옮김, 『中國女性解放運動』(서울: 사계절, 1985), p.125 재인용.

서각은 손수건으로 눈물을 닦으면서 말했다.[72]

뿐만 아니라 전통 중국사회에서는 자기 아내를 구타하는 경우가
많았다. 남편들은 자기 아내를 구타할 권리가 있다고 여겼고, 중국인
스스로 약 6, 70퍼센트의 남편들이 자기 아내를 정기적으로 때렸고,
심지어 자기 아내를 남에게 파는 경우도 종종 있었다.[73] 이와 같은
관념을 갖게 된 것은 전통사회에서의 부부관계는 주인과 종의 관계
로 여겼고 또 국가에서도 공식적으로 이러한 부권(夫權)을 지지하기
도 하였기 때문이다.[74]

다음 내용은 자기 아내를 팔려고 하자 장모가 이를 반대하는 것을
옮긴 것이다.

사위는 힘이 세어서 우리 남편으로선 당해낼 수가 없었다. 벌써 안
으로 들어와 버렸다. 정월 초사흘이 되기 전에 사위가 장모를 보러
오는 것은 있을 수 없는 일이었다. 그래서 쏘아 준 것이다.
'왜 오늘 왔는가? 사흘 날 오라고 하지 않았나?'
'내 마누라를 찾으러 왔소. 데려가려고.'
'그래 어디로 데려갈 텐가? 여태까지 먹을 것 한번 대 준적도 없는
주제에.'
'저 여자가 내 마누라요, 아니요?'
내 딸을 내다 팔겠다는 뜻이었다. 나는 울화가 치밀어 펄펄 뛰었다.
사위는 웃옷을 벗어부치고 변발을 머리에 빙 둘러 감더니 팔을 들썩
하면서 싸울 자세를 취했다. 딸이 내 허리를 끌어안으며 울먹였다.
'엄마, 엄마, 난 안 갈래요.'[75]

72) 巴金, 최보섭 옮김, 『家』(서울: 청람, 1985), p.321.
73) J. McGowan, *Sidelights on Chinese Life*(London: 1917), p.32; Elisabeth
Croll, Op. Cit., p.40 재인용.
74) Marinus J. Meijer, Op. Cit., p.438.
75) Ida Pruitt, *A Daughter of Han*, 薛順鳳 譯, 『중국의 딸』(서울: 靑年社,

다음에 언급되는 내용은 북부 산서의 류링마을에 사는 지아 잉란 이란 여인이 팔려 간 이야기이다.

　내 나이 스물두 살 때 팔려 갔다. 그(내 남편)는 어느 날 갑자기 와 서 나와 내 딸을 노예로 팔기 위해 양이라는 사람에게 데리고 갔다. ……내가 노예상인 양과 함께 지낸 지 이틀 후에 그는 나를 팔았다. 그는 나와 내 딸을 혜난강이라고 불리는 한 농부에게 220달러를 받고 팔아 넘겼다.

　그녀는 매우 불행히였다. 그 남지는 늙은이었으니 그녀는 그가 자 기를 학대하지 않는 데 대해 감사했고 게다가 그의 아들까지 낳는 행 운을 얻었다. 그러나 이 행운도 순간, 그녀의 남편이 죽었고 그녀는 다시 팔렸다.

　물론 나는 과부였고 마을에 짐이 되었다. 지주가 나하고 결혼하기 를 원했다. 남편의 친지, 즉 혜씨의 친지들도 내 남편의 집과 아이들 을 차지하기 위해 나와 결혼하자고 했다.[76]

아내에 대한 남편의 일방적인 가정 내에서의 지위를 두고 모택동 은 이를 부권(夫權)이라 표현하면서 타도의 대상으로 삼았다. 남편의 아내에 대한 이러한 우월적 자세는 중국공산당이 섬령했던 강서소비 에트 시역과 연안변구(延安邊區) 내에서 실시한 가정정책으로 많은 변화를 겪게 된다.

힌턴(W. Hinton)이 쓴 『번신(飜身, Fanshen: A documentary of Revolution in a Chinese village)』은 이러한 변화 과정에 대해 자세히 언급하고 있다.

1980), p.208.
76) J. Myral, *Report from a Chinese Village*(London, 1963), p.268 Elisabeth Croll, Op. Cit., pp.188~189.

다음은 1931년 중화소비에트공화국이 제정한 '중화소비에트공화국 혼인조례'와 이를 수정한 1934년의 '혼인조례' 이후 남편이 구타한 사건으로 대중들 앞에서 이혼을 제기하고 있는 내용이다.

이혼을 승인할 수 있으려면 훨씬 더 광범위한 계층의 여성주민들이 동원되어야 했다. 그래서 마을 전체의 부녀들이 소집된 것이었다.

신선아가 말을 마치자 호설진이 여자들한테 질문을 던졌다.

'우리는 이 커다란 문제를 어떻게 풀어야 할까요? 그녀가 당한 억압은 우리 모두가 당하는 억압이나 마찬가지입니다.'

여자들은 소모임으로 나누어 이 문제를 토론했다. 그녀들 대부분은 이혼에 찬성이었다.

'그녀는 이혼을 원합니다. 지금 두세 그룹은 여기 동의했어요. 나머지 분들의 의견은 어떻습니까?'

여자들은 입을 모아 큰소리로 동의를 외쳤다. 명백히 열세에 몰린 풍라 부인은 더 이상 발언하지 않았다.[77]

'당신은 즉각 이혼에 동의할 겁니까?'

'내 인생 최후의 날까지 그건 동의 못해.'

왕문택이 말했다. 이렇게 말하면서 그는 일종의 광란 상태에 빠진 것 같았다. 그는 바닥에 몸을 던지더니 머리를 어찌나 심하게 찧어대는지 그의 두개골이 벽돌에 부딪히는 소리가 본당 전체에 들릴 정도였다.

'못해!'

한번씩 찧을 때마다 그는 소리 질렀다.

'못해, 못해!'

'왜 못해요? 왜 못하는지 이유를 말해 봐요.'

신선아가 요구했다.

'전에 당신을 때렸더라도, 그건 고칠 수 있어. 다신 그러지 않겠어.

---

77) William Hinton, *Fanshen: A Documentary of Revolution in a Chinese Village*(New York: Vintage Books, 1966), pp.457~458.

고칠 수 있어.'

바닥에 웅크린 채 왕문택이 말했다. 머리 부딪히는 것은 그쳤으나, 그는 일어나지 않았다.

'당신을 어떻게 믿습니까?'

신선아가 물었다.

'날 때려죽이면 어쩌라구요.'

'만약 그런다면 나는 사형을 벌로 받겠어.'

왕문택이 대답했다.

'자네 목숨으로 그녀 목숨 값을 치르더라도 그녀가 손해 보는 장사일 거야.'

왕 노파가 말했다.

'왜 그녀가 이혼을 원하는지 말하게 합시다.'

곽원용이 요구했다.

'아니야, 왜 왕문택이 그녀를 잡아 두려는지 들어 봐요.'

태산네 어머니가 말했다.

그러나 왕문택은 이유를 대지 못했다. 그는 다만 이런 말만 했다.

'사람들 앞에 맹세하겠어. 당신이 집에 돌아오면 절대 안 때릴 거야.'

'그만 됐습니다.'

곽진관이 말했다. 그는 임시농민조합 의장으로서 전체 집회를 주재하고 있었다.

'우리는 이 사람을 어떻게 할지 결정해야 할 걸로 생각됩니다. 이 사람은 나이도 안 된 소녀를 강제로 자신과 결혼시켰습니다. 사소한 이유로 많은 사람들을 억압하고 구타했습니다. 많은 사람들을 허위로 반동첩자로 몰았습니다. 본인은 이 사람을 인민법원에 회부해야 한다고 생각합니다. 옳습니까, 어떻습니까?'

'옳소, 옳소.'

군중들이 외쳤다.

'그게 제일이요.'[78)]

'나는 이제 끝장입니다.'

---

78) Ibid., pp.467~468.

왕택문이 훌쩍거렸다.

'인민법원에 가면 총살당할 거예요. 그리고 당에서도 추방당했는데, 그건 총살이나 마찬가집니다. 잘못을 인정하든 어떻든 이제 벗어날 길이라곤 없는 거예요. 차라리 가만히 앉아서 운명을 기다리는 편이 낫겠습니다.'

부드럽게, 그러나 단호하게 류 서기는 그 말에 반대했다.

'당신은 아직도 당신 운명을 결정할 수 있습니다.'

그가 말했다.

'그건 당신한테 달렸어요.'

'당신 결혼문제는, 그 여자가 헤어질 것을 고집하는 한 그녀한테 그럴 권리가 있습니다. 우리가 어쩔 수 없는 일이지요. 그러나 당신이 자신을 개조한다면 분명 1, 2년 안에 다른 부인을 얻을 수 있을 겁니다.'

류가 말했다.

이야기를 듣는 동안 왕문택의 뺨에 얼룩진 눈물이 점차 말라 갔다.[79]

과거 전통 중국사회에서 남편이 자기 아내를 구타한다고 해서 이혼을 제기한다는 것은 있을 수 없는 일이었다. 그러나 '중화소비에트공화국혼인조례' 제9조는 이혼의 자유를 보장하고 있어, 공산당이 점령한 지역 내에서는 위에서 인용한 바와 같이 인민재판과 같은 방법을 통하여 남편을 비판하는 행동을 취하면서 이혼을 제기하였다.

다음에 소개되는 내용은 대중들 앞에서 자기 아내를 판 것을 회개하는 것이다.

'남은 게 아무것도 없었을 때 마누라를 태원(太原)에 데려갔어요. 둘 다 거의 굶어 죽을 지경이었는데 마침 마누라를 사겠다는 사람이 나타났지요. 기장 여섯 포대를 받았습니다. 그걸로 거래는 끝이었어요.'

왕도원조차도 이 이야기는 좀 야만적이라고 느껴졌는지, 그는 이야

---

79) Ibid., pp.469~470.

기를 살짝 돌려서 모든 것을 자기 부인의 탓으로 보이게 했다.

'일을 찾아다니느라고 나는 마누라를 객점에 혼자 남겨 둬야 했습니다. 그런데 마누라가 딴 남자와 동침을 한 거예요. 객점 주인이 내게 귀띔을 해주면서 그녀를 팔아 버리라고 하더군요. 그가 살 사람까지 주선해 줬어요.'

'마누라를 팔 때 기분이 어땠어?'

여자들 몇 명이 물었다.

'흥, 마누라를 팔고서 이제 눈물이 나는가 보네!'

'아니야.'

왕이 말했다.

'팔아 치운 마누라 때문이 아니야. 죽은 나귀 때문에 우는 거야.'

그를 벌주기 위해 사람들은 그를 중농으로 분류했다. 그러나 여자들은 그 정도로 만족하지 못했다.

'그놈은 지주의 주구(走狗)로 분류해야 돼.'

몇 명이 말했다.[80]

자기 아내를 남에게 파는 일과 아내를 구타하는 일은 전통 중국사회에서 종종 볼 수 있는 일이었고, 이러한 것은 일종의 부권(夫權)의 남용이라 할 수 있다. 이와 같이 전통 중국가정에서 남편의 권위는 절대적이었고, 여성은 인간다운 대접을 받기 어려웠다. 남존여비 사상에 기초한 불평등한 부부관계가 '혼인법'이 제정된 이후 시시히 변화되고 있음을 알 수 있다.

니. 남주외 처주내(男主外妻主內)

우리 사회아 마찬가지로 전통 중국사회도 바깥일은 남편에게 맡기고, 처는 주로 집안일을 보는 것이 하나이 이상적 부부간의 역할 분담이었다. 그래서 남편을 '바깥사람', 아내를 '안사람'이라 하였고,

---

80) Ibid., pp.284~285.

부인이든 처녀든지 간에 여자들은 집에 많이 남아 있어야 했다. 때문에 마을길에서 너무 자주 보이는 여자들은 행실이 좋지 못한 것으로 간주되었다. 오직 이웃들에게조차도 낯선 소녀만이 미덕의 정형으로 간주되었다.[81) 이러한 의식은 1934년에 있었던 신생활운동[82) 추진자들 사이에서도 '남자들은 자기 가족을 부양하고 있으므로 자기 집안이 아내들에 의해 잘 꾸려져 나가기를 바랄 권리가 있다'고 생각되었다.[83) 그러나 이 같은 사고도 혼인법 제정 이후 많은 변화가 일어나고 있다.

다음에 소개되는 내용은 중국공산당 점령 지역 내에서 아내가 집에 있지 않고 집회에 나가자 남편이 아내를 구타하였으나 도리어 그가 마을 사람들로부터 구타당하고 자기의 잘못을 비는 내용이다.

여성들은 스스로 조직을 만들고, 회의에 참석하고, 공공활동에 뛰어들면서 남성들, 특히 집안의 남성들로부터 점점 더 반대가 거세어지는 것을 느꼈다. 남성들 대부분은 부인이나 며느리가 집 밖에서 활동하는 것을 '행실을 그르치는 첩경'으로 간주했다. 가장들은 부인을 얻을 때 상당한 곡식을 들였기 때문에 그녀들을 마치 사유재산처럼 여기고, 열심히 일하고 애나 낳고, 시부모와 남편을 봉양하고 말을 걸 때만 말할 것을 그녀들에게 바랐다. 이런 분위기 속에서 부녀협회의

---

81) Margery Wolf, *The Revolution Postponed: Women in Contemporary China*, 문옥표 옮김, 『지연된 혁명』(서울: 한울, 1988), p.17.

82) '신생활운동'은 1934년 장개석이 제창하고 국민정부가 추진한 정신운동으로 장은 1934년 공산당 토벌의 기지였던 남창(南昌)에서 '신생활운동요의(新生活運動要儀)'라는 강연을 통하여 만주사변 이래의 실패의 원인은 무력에 있지 않고 도덕의 저하에 있다고 지적, 따라서 일상생활을 정(整)·결(潔)·간(簡)하게 하여 중국 고래의 도덕인 예의·염치에 합치해야 한다고 역설하였다. 이리하여 남창에 신생활운동촉진회가 결성되고 전국 각지의 주요 도시에도 확산되었다. 그러나 이 운동은 유교부흥의 색채가 농후하고 필요한 개혁이 따르지 못한데다가 국민생활에 직접 파고들지 못하여 소기의 성과를 거두지 못하였다.

83) Elisabeth Croll, Op. Cit., pp.180~181.

활동은 많은 가족들한테 가정적 위기를 초래했다. 남편들만이 자신들 부인이 나가는 데 반대한 것이 아니라, 시부모들은 한층 더 완강하게 반대했다. 그럼에도 불구하고 집회에 나갈 것을 고집한 많은 젊은 부인네들은 집에 돌아가서 몹시 얻어맞았다.

빈농 만창(滿倉)의 부인도 얻어맞은 여자 가운데 하나였다. 부녀협회 집회에 나갔다가 집에 오니까, 그녀의 남편은 당연한 듯이 그녀를 두들겨 패면서 소리 질렀다.

'집에 있도록 가르쳐 주마. 그놈의 몹쓸 버릇을 고쳐 주마.'

그러나 만창의 부인은 그녀의 지배군주를 놀라게 했다. 맞은 후 그녀는 충실한 소유물처럼 집에 남기는커녕 바로 다음날 부녀협회 서기인 민병대원 대홍의 부인에게 가서 자기 남편에 대한 탄원을 제기했다. 집행위원회 위원들과의 토론을 거쳐 서기는 전체 부락 여성회의를 소집했다.

최소한 전체의 3분의 1 내지 절반가량이 그 자리에 참석했다. 결의에 찬 여성들의 사상 유례없는 이 같은 집회에서 만창이 그들 앞에 나와 자기 행동을 해명해야 한다는 요구가 제기되었다. 오만하고 머리 숙일 줄 모르는 만창은 이에 동의했다. 그는 자기 부인이 집회에 나갔기 때문에 때렸다고 하면서 '여자들이 집회에 가는 이유는 단 하나, 마음 놓고 바람을 피우기 위해서'라고 말했다.

이 발언은 그의 앞에 모인 여성들로부터 분노에 찬 항의를 불러일으켰다. 말은 곧 행동으로 이어졌다. 그녀들은 사방에서 달려들어 그를 때려눕히고, 발로 차고, 옷을 찢고, 얼굴을 할퀴고, 머리카락을 잡아당기는 등 숨이 막힐 정도로 두들겨 팼다.

'또 때려라, 응? 또 때려, 우릴 모두 욕하고, 응? 이런 제밀헐 놈, 맛을 보여 주겠다.'

'그만! 다시는 안 때리겠소.'

얻어맞고 정신을 잃을 지경이 되어 공포에 질린 남편이 헛떠거리며 말했다.

그날 이후 만창은 감히 다시는 자기 부인을 때리지 못했다. 또 그날 이후 그의 부인은 고래의 관습인 누구 부인이라는 칭호 대신 정애

련(程愛蓮)이라는 본명으로 마을 전체에 알려졌다.

비슷한 사건이 몇 차례 더 계속되자-그중 한 경우는 잘못한 남편이 이틀 동안 마을 감옥에 갇히는 결과로 끝났다-빈농 남자들이 여성의 공공생활을 보는 눈은 전과 다르지 않다 하더라도 자신들 부인을 대하는 데 있어서 앞으로는 좀더 조심해야겠다는 교훈을 얻게 되었다.84)

특히 과거 부부간의 이 같은 불평등한 관계는 유가윤리와 밀접한 관계를 맺고 있지만 사회·경제적인 측면에서는 여성(아내) 스스로 사회·경제적으로 자립할 수 있는 능력이 결여된 것과 무관하지 않다. 다시 말해서 여성이 전통사회의 부의 상징이라 할 수 있는 토지를 소유할 수 없었기 때문에 남편에게 종속될 수밖에 없었다.

중국공산당은 이러한 점에 착안하여 1931년 11월 강서성 서금(瑞金)에서 이미 헌법과 토지법을 채택하여 지주와 부농의 토지와 재산을 몰수하여 빈농에게 재분배하였고, 1946년 '토지문제에 관한 지시 (5·4지시)'를 선포한 바 있고, 이들을 기초로 하여 1947년에는 '토지개혁(中國土地法大綱)'을 단행한 바 있다. 이 과정에서 그들은 여성들에게도 남성과 동일한 토지를 배분하였다. 중국역사상 처음으로 자기의 토지를 갖게 된 여성(부인)들은 토지의 소유가 곧 남편으로부터의 해방을 의미하는 것으로 해석하기도 하였다.

다음 내용은 '토지법대강' 소식을 듣고 여성들이 자기들의 소감을 밝히고 있는 것이다.

모든 간부들의 한결같은 보고에 따르면 자기 명의의 토지와 재산소유권은 여성해방의 관건이었다. 다른 여러 문제에 관해 여성들끼리도 의견이 갈라졌다. 젊은 축의 여성들이 자유선택 결혼에 관심이 무척

---

84) William Hinton, Op. Cit., pp.157~159.

많은 반면, 나이든 여성들은 그것을 딸과 며느리에 대한 지배권을 위협한다고 보았다. 젊은 여성들이 집안의 모든 구타행위에 반대하는 반면, 나이 든 여성들은 시어머니의 권한으로서 구타를 옹호하는 경향이 있었다. 한 가지 문제에 관해서는 그들 모두가 동의했다. 여성도 토지를 한몫 분배받고 보유할 수 있어야 한다는 것이다.

조진촌(趙秦村)에서는 많은 여자들이 이렇게 말했다.

'내가 내 몫을 받으면 남편하고 따로 살겠어요. 그러면 더 이상 날 억압하지 못하겠지요.'

한 진촌(秦村)에서는 한 여자의 남편이 그녀가 못생겼다고 이혼을 원한 일이 있었다. 그녀는 매우 낙심해 있다가 '토지법대강'에 의하면 자신도 자기 몫의 토지를 소유할 수 있다는 사실을 알게 되었다. 그러자 그녀는 금방 명랑해졌다.

'남편과 이혼하더라도 걱정 없어요.'

그녀는 말했다.

'나는 내 몫을 받고, 아이들도 자기 몫을 받을 테니까요. 남편 없이도 잘 살수 있어요.'

같은 마을의 또 다른 여자는 이미 한 번 버림받은 적이 있었다. 그녀의 두 번째 남편은 지방 간부였는데, 그녀를 억압했다 대원 하나가 방문했을 때 그녀는 눈물을 흘렸다.

'모주석은 잘 알지만, 여자는 여전히 고생이에요.'

그녀가 말했다.

'우리는 평등권이 없어요. 목숨이 남편한테 달려 있기 때문에 남편을 따라야 해요.'

새로운 법률에 관한 설명을 들려주자, 그녀는 이렇게 말했다.

'정말 훌륭하군요. 이제 나도 내 몫을 가질 수 있어요.'

황년에서는 많은 여자들이 자신들의 능력을 믿지 못했다. 그들은 말했다.

'남편들은 우릴 무슨 집 지키는 개쯤으로 알아요. 우리 스스로가 우릴 경멸할 정도니까요. 그러나 그건 수천 년간 그래 왔기 때문이에요. 남자는 현(縣)에 나가고 여자는 뜰(庭)에 나간다잖아요. 우리는 문 밖

에 나가기만 해도 비난받았는걸요. 우리 몫을 받게 되면 우리 운명은
우리가 다스릴 텐데요.'

어떤 여자들은 자신들이 필요한 밭일을 하지 못 할까봐 우려했다.
그러나 다른 여자들은 이렇게 말했다.

'그게 무슨 상관이람. 여자는 남자한테 의지하지만, 남자도 여자한
테 의지하는 거예요. 여자가 집에서 하는 일도 노동이라구요. 그러니
까 그것하고 밭일하고 교환하면 되지요.'

한 여자는 이렇게 말했다.

'전에 우리가 다툴 때는 남편이 내 집에서 나가라고 말했어요. 이제
는 당신이 내 집에서 나가라고 말할 거예요.'

억압이 심할수록 여자들은 더욱 절박하게 자기 몫을 요구했다. 극
시(克市)부락의 여자들은 말했다.

'동처(童妻)는 있지만 동부(童夫)는 없습니다.'

'다른 남자한테 말만 해도 의심받아요.'

일곱 살에 팔려 온 한 어린 부인(童妻)은 자기가 시어머니한테 얼
마나 고통을 받았는지 이야기하면서 이렇게 결론지었다.

'내 몫을 받으면 다시는 남편을 찾지 않을 거예요. 남편이란 끔찍한
물건이에요.'[85]

토지개혁은 이와 같이 여성(부인)들에게도 재산권을 부여함으로써
가족제도의 가부장적 엄격성을 타파하는 데 크게 공헌하였다. 이것
은 곧 여성(부인)이 자기 소유의 재산을 소유함으로써 남녀평등권을
확보하기 위한 투쟁의 활력소이기도 했다. 그러나 수천 년을 두고
형성된 부부(남녀)간의 불평등한 관계는 여성들이 누리고 있는 현실
적 수준과 기대 가능한 수준과는 아직도 상당한 간격이 있을 수밖에
없었다. 그렇다고 할지라도 과거 집에서 주로 바느질을 하거나 자녀
와 시부모를 돌보는 것을 미덕으로 삼고 있었던 전통적 가치관에 비

---

85) Ibid., pp.396~397.

추어 보면, 위에 인용된 내용은 충격적일 정도로 부녀자들의 의식이 변하고 있음을 알 수 있다. 이는 중국공산당이 가정정책 등을 통하여 남편의 억압과 가사활동의 속박으로부터 여성을 해방시킨다는 목적이 어느 정도 달성되고 있음을 보여 주는 것이라 하겠다.

다. 여성의 정조와 전족(纏足)

전통 유가사상에 기초를 둔 중국사회에서는 형식상으로는 일부일처제였으나 실제 이러한 제도는 여성에게만 적용되는 규범이었다. 남성들은 합법적으로 첩을 둘 수 있었다. 특히 칠거지악(七去之惡)을 기화로 첩을 두는 것을 정당화할 뿐 아니라 첩을 두는 것이 남자의 능력을 측정하는 기준이 되기도 하였다.

그리고 여성들에게는 결혼 전까지 순결(童貞)을 지킬 것을 요구하였다. 만약 신부가 첫날밤에 처녀가 아닌 것으로 판명될 경우, 쫓겨나든지 그렇지 않으면 종신토록 학대받아야 했다.[86] 이러한 여성의 정조문제는 결혼 후에도 그대로 지속될 뿐 아니라 남편이 죽은 후에도 재혼하지 않고 수절하는 것을 높이 평가하였다. 그러나 실제 3, 40년대 대부분의 미망인들이 그렇지 못했다.[87] 다음의 내용은 그 당시 중국 한 농촌(산서성 노성현)의 상황을 묘사하고 있다.

> 전통적으로 미망인은 죽을 때까지 자신의 죽은 남편에 대해 정조를 지켜야 했다. 대부분의 미망인들이 그러지 못한다는 사실도 아무런 문제가 되지 않았다. 재가한 과부는 전남편의 가문에 먹칠하는 것으로 간주되있고, 그 대가로 자식에 대한 모든 권리를 싱실했다. 자식은 모두가 부친 쪽이 후손으로 간주되었다. 그들에게는 선영(先塋)을 돌

---

86) 邵伏先, 『中國的婚姻與家庭』(北京: 人民出版社, 1989), pp.112~113; C. K. Yang, *Chinese Communist Society: The Family and The Village*(Cambridge: The M. I. T. Press, 1959), p.55.

87) 邵伏先, 위의 책, pp.112~114.

보고 가계를 이어나갈 의무가 주어졌다. 그들의 모친은 단지 편리품
이고 소유품이며 남자의 후사를 잇기 위해 데려온 종에 불과했다. 시
집을 떠나려면 혼자서, 불명예스럽게 떠나야 했다. 그렇기 때문에 장
궁(長弓, Long Bow)촌의 과부와 독신남자들은 재혼을 하지 않고 부
정한 관계를 맺는 일이 빈번했다.[88]

힌턴은 중국 농촌 지방에 이같이 부정한 성관계가 만연하게 된 요
인을 매매결혼, 이혼의 금지, 과부의 재가에 대한 제한 등 과거의 조
건들 때문이라고 지적하고 있다.

또 전통 중국사회에서는 여성을 남성의 성적 도구로 간주하는 경향
이 많았는데, 그 대표적인 것이 전족(纏足)이다. 전족은 봉건사회의 유
습으로 표현되었고, 공산당치하의 중국에서는 연극을 통하여 전족에
서 벗어나 해방되는 장면을 공연하여 인기를 모으기도 했다.[89]

이와 같이 부부간, 더 나아가 남녀간의 성차별에 관해서는 1931년
'중화소비에트공화국혼인조례' 결의문에 잘 나타나 있다. 특히 중국
공산당은 그들이 점령한 지역 내에서 각종 연극(당시 중국인의 대부
분이 문맹이었기 때문에 연극이란 매체를 이용했다)을 통하여 여성
과 빈농에게 계급의식을 고취시켰다.[90]

위에서 살펴본 바와 같이 공산화 이전 중국소비에트 지역 내에서
는 '혼인법제정'과 '토지개혁' 등의 영향으로 전통적인 부부관계에
서서히 변화가 일어나고 있음을 알 수 있다.

(2) 부모와 자녀 간의 윤리

남녀가 결혼으로 인하여 생기는 최초의 가정 관계가 부모와 자녀

---

88) William Hinton, Op. Cit., p.307.
89) Eisabeth Croll, Op. Cit., pp.235~236.
90) William Hinton, Op. Cit., pp.312~316.

및 형제자매 간의 관계이다. 부모와 자녀 간의 관계는 가장 가까운 직계혈친(直系血親)으로 통상 친자관계라고 한다. 전통 중국사회에서 친자관계에서 지켜야 할 도리로 일반적으로 '부자자효(父慈子孝)', 즉 부모는 자녀에게 자비로움으로 대해야 하고 자녀는 부모에게 효도해야 하는 것을 의미했다. 이는 부모는 자녀를 자비롭게 다스려야 하며 또 자녀는 부모를 효도해야 한다는 부모와 자녀 쌍방간의 의무를 규정하고 있는 것이라 하겠다.

여기서는 이러한 윤리규범이 실제 어떻게 이루어지고 있었으며 특히 중화소비에트 지역 내에서 어떻게 변하여 갔는가를 고찰해 보고자 한다.

가. 가부장적 권위

가부장제란 부계(父系) 가족제도에서 가장이 그의 가족 전원에 대하여 지배권을 행사하는 가족형태를 말하는 것으로써 주로 노예제 사회나 봉건사회에서 흔히 볼 수 있는 가족제도를 말한다. 전통 중국사회에서 가장은 절대적 권위를 가지고 가족성원들을 통제해 왔는데, 이러한 권위는 '효도(孝道)'라는 윤리적 규범에 의해 정당화되었다.[91] '부위자강(父爲子綱)'이라는 규범으로 인하여 자녀는 아버지의 명령에 절대적으로 복종해야만 했다. 부모에게 '불효(不孝)'하는 자는 법으로 엄히 다스렸다. 특히 송대(宋代) 법률은 부모에게 불효하는 자식은 거리에서 사형을 집행하고 그 시체를 그대로 내버려두도록 하였는데, 이를 엽시(葉市)라 하였다.[92] 사마광(司馬光)은 '무릇 세대가 낮고 연소한 자는 크고 작은 일을 막론하고 반드시 가장에게 여쭙고 상의해야 한다'고 했다. 이는 가강, 즉 아버지가 집안을 다스리는 최고결정권을 갖는다는 말이다. 또 아버지에게는 자녀를 재산

---

91) 藩允康 主編, 『中國城市婚姻與家庭』(山東: 山東人民出版社, 1987), p.20.
92) 張賢鈺 外, 앞의 책, p.220.

으로 간주하여 팔아 버릴 수 있는 권리가 있었다. 이 밖에 아버지에게는 주혼권(主婚權), 즉 자녀의 결혼을 순전히 자기 마음대로 결정할 수 있는 권한도 있었다.[93]

가정의 이러한 권한들은 일반적으로 자식에 대한 부모의 의무보다도 부모에 대한 자식의 의무, 즉 효성이 일방적으로 강조되어 왔다. 실질적으로 자식에게는 의무만 있을 뿐 권한은 전혀 부여되지 않았다.[94] 그리고 가장의 권위는 사회적 결속력과 정치적 복종의 심리적 기초가 되었고, 가장의 절대적 권위는 학교나 관청 그리고 황제에 의해 되풀이되어, 전 사회가 가정의 연장이었다.[95]

다음에 소개되는 내용은 아버지가 없는 가정의 할아버지에 대한 손자들의 순종적 태도를 묘사하고 있는 장면이다.

> 할아버지를 성나게 하면 곤란하니까 말이다. 너는 어리고 성질이 너무 급해. 사실 할아버지가 네게 뭔가 꾸중을 하시더라도 너는 아무 소리도 않고 할아버지가 실컷 말씀하시게 놔뒀다가 말씀을 다 하시고 성이 풀리고 나면, 넌 그저 '알겠습니다'라고만 몇 번 대답하고 나와서 아무 말씀도 듣지 않았던 것처럼 모든 것을 하늘 밖으로 날려 보내 버리면 그만이 아니냐. 그것이 가장 좋은 방법이 아니겠느냐? 할아버지와 말다툼 해 봐야 아무런 소득도 없을 게다.[96]

> 주씨는 계속 머리를 가로 저으면서도 슬픈 목소리로 대답했다.
> '이젠 어떻게 할 방도가 없다. 내가 널 붙들고 싶어도 다 틀렸어. 할아버지의 말씀은 나도 거역할 수 없다고 말하지 않았느냐? 자아,

---

93) 范忠信·鄭定·詹學農, 앞의 책, p.284.
94) Marinus J. Meijer, Op. Cit., p.439.
95) Jack Gray, China: Communism and Confucianism, Archie Brown and Jack Gray(ed.), *Political Culture and Political Change in Communist States*(New York: Holmes & Meier Publishers, Inc., 1979), p.200.
96) 巴金, 앞의 책, p.70.

일어나렴. 가서 잠이나 푹 자거라.'

　그녀는 손을 내밀어 봉명을 재촉했다. 봉명은 조금도 반항하지 않고 주씨가 끄는 대로 그녀를 따라 일어섰다.[97]

　다음은 자녀에게 효도할 것을 가르치는 내용과 자식이 어머니를 위해 일생을 희생할 것을 다짐하고 있는 내용이다.

　'사람의 자식 된 도리를 지키려면 평상시에도 아랫목을 자지하지 않으며, 좌석의 한가운데에 앉지 않으며, 길 한가운데로 다니지 않으며, 문 한가운데에 서지도 않느니라……'

　그것은 각영의 목소리였다.

　'다섯 가지 형벌의 죄목이 삼천 가지나 되지만 불효보다 더 큰 죄는 없느니라. 임금을 범하는 자는 윗사람을 업신여기는 것이고, 성인을 비방하는 자는 법을 업신여기는 것이고, 효를 비방하는 자는 어버이를 업신여기는 것이 되느니라……'

　그것은 각군의 목소리였다.[98]

　어머니는 쇠약할 대로 쇠약해지셨다. 결국 어머닌 우리 집안으로 시집와서 죽을 때까지 행복이란 건 거의 누려 보지도 못하셨다. 또 어머닌 그처럼 나를 사랑했고 나에게 기대를 걸었는데 난 결국 무엇으로도 어머니께 보답을 못했다. ……어머니를 위해서라면 일생을 희생해도, 내 앞날이 완전히 희생되더라도 감수하겠다. 너희 동생과 누이들이 커서 훌륭한 사람만 되어 준다면, 지하에 계신 부모님을 안심시켜 드릴 수만 있다면 내 일생의 소원은 이뤄지는 셈이다. 내 마음을 이해할 것 같느냐? 각신은 서까지 밀고 호주머니에서 손수건을 꺼내 얼굴의 눈물을 훔쳤다.[99]

---

97) 위의 책, p.214.
98) 위의 책, p.241,
99) 위의 책, p.97.

부모와 자녀 간의 이 같은 전통적 관계가 공산당의 혼인법 제정과
토지개혁으로 인해 의식이 변해 감을 볼 수 있다.

다음 내용은 며느리한테 시어머니께 도전할 권리를 주자 시어머니
가 이러한 변화를 두려워하는 장면, 그리고 남편과 시아버지를 대중
들 앞에 규탄하고 있는 내용이다.

> 며느리한테 시어머니에게 도전할 권리를 준 새로운 평등 속에서 그
> 녀들은 자신들이 일찍이 누려 온 유일한 안정……아들의 효도와 며느
> 리에 대한 절대적 권위에 대한 위협을 보았다. 항상 매매당하고 구타
> 당하고 억압당해 왔기 때문에 그녀들로서는 권세 부리고, 보복하고,
> 위신을 차릴 기회가 전통적으로 단 한번 장성한 아들의 어머니로서,
> 며느리의 윗사람으로서의 기회뿐이었다. 이제 그 유일한 기회마저 위
> 협받는 지경에 이르렀다. 젊은 여편네들은 더 이상 순종하지 않았다.
> 아들들은 며느리 편을 들었다.[100]

> 교회 마당 안에서는 호설진이 작은 되각건물의 돌계단 위에 서서
> 모인 여자들을 환영하고 그들을 소집한 이유를 설명했다.
> '신선아가 자기 남편과 시아버지를 「문」에서 규탄하는 데 동의했습
> 니다.'
> 그 부녀협회 지도자가 말했다.
> '그러나 그녀는 그들 집에 돌아가서 살기가 겁난답니다. 그녀는 이혼을
> 인정받는다면 발언할 것입니다. 이 때문에 그녀는 우리의 지원을 필요로
> 합니다.'[101]

전통적으로 중요시해 왔던 가장에 대한 권위를 부정하고 자기의
시어머니와 시아버지를 대중들 앞에서 공개적으로 규탄한다는 것은
과거 사회에서는 도저히 상상조차 할 수 없었던 일이다. 수천 년 동

---

100) William Hinton, Op. Cit., pp.353~354.
101) Ibid., p.455.

안 굴욕적인 삶을 살아왔던 이들이 이렇게 의식이 변하게 된 것은 공산당의 사상정치교육이 주효했음을 알 수 있다.

나. 부권제(父權制: 자녀의 매매 및 포판혼인(包辦婚姻))

공산화 이전의 중국사회에서는 부권제라 하여 부모가 자녀에 대한 모든 권한을 행사할 수 있었다. 그래서 자기의 자녀, 특히 딸들을 남에게 매매하는 경우가 종종 있었으며, 이러한 현상은 흉년이 들어 끼니를 연명할 수 없을 경우 더욱 심하였다. 다음의 내용은 자기 딸을 3,500냥에 팔았다는 이야기이다.

> 엄마의 허락 없이는 애를 팔 수 없다는 점을 강조하면서, 그 집 사람들은 우리 남편이 내가 동의를 잘 안 한다고 해서 몸값을 500냥이나 더 냈다고 떠들어댔다. 처음에 그들은 3,000냥을 주었다가 500냥을 얹어 주었다는 것이다. 남편은 딸을 고작 3,500냥에 팔아먹은 것이다.
> 그 집 사람들은 나를 겁주려고 들었다. 나하고 딸을 싸잡아 팔아서 돈을 되찾겠다고 협박했다. 나는 그때만 해도 젊어서 상품가치가 있었다.[102]

중국공산당은 이러한 악습을 봉건주의의 잔재로 규정하고 제거하기 위하여 사상정치교육을 실시하였다.

다음은 흉년이 들어 부모가 자기를 곡식 몇 말에 팔아넘긴 사실을 회상하면서, 이러한 일들은 봉건적 토지제도와 강제지대(强制地代) 때문이라며 지주에 대항하여 싸울 것을 주장하고 있는 내용이다.

> 이어서 빈농 내흥(人洪)의 부인이 말을 꺼냈다.
> '당신은 집을 팔아야 했지만, 우리 부모는 나를 팔아야 했답니다.

---

102) Ida Pruitt, Op. Cit., p.98.

우리는 비옥한 골짜기에 살았지만 땅이 없었거든요. 흉년이 닥쳐 굶어 죽게 되니까 부모님은 나를 곡식 몇 말에 팔아 넘겼어요. 땅이 조금만 있었더라도 남편을 맞아 정식으로 시집갔을 텐데요. 거꾸로 소, 돼지같이 팔려갔던 거지요.'

그 원인이 무엇인가? 우리는 전부 왜 그토록 고생했는가? 우리 운명을 정하는 것은 '팔자'인가, 아니면 토지제도와 강제지대인가? 이제 우리가 나서서 지주들을 붙들고 과거의 잘못을 바로잡지 못할 까닭이 어디 있는가?

장천명이 최후로 그들한테 행동을 촉구했다.

'자, 이제 남은 문제는 우리가 과감하게 시작하느냐 마느냐 뿐입니다. 팔로군과 해방구 정부가 우리 뒤에 있습니다. 이미 여러 지역에서 지주들을 타도했습니다.'[103]

부모와 자녀 간의 관계를 나타내는 또 다른 특징 중의 하나는 포판혼인(包辦婚姻)인데 이는 부모가 자식의 뜻과는 상관없이 자녀를 강제로 결혼시키는 것으로 전통사회에서 흔히 볼 수 있는 현상이었다. 다음에 소개되는 내용은 본인의 의사와 상관없이 부모가 강제 결혼시키려는 장면과 또 이것을 운명적으로 받아들이고 있는 장면이다.

'넌 이제 중학을 졸업했다. 난 이미 너의 혼사를 결정해 두었다. 네 할아버지도 빨리 증손의 얼굴을 보고 싶다고 말씀하신다. 나도 얼른 손자를 안아 보고 싶다. 너도 이젠 집안을 이끌어 갈 나이가 되었으니, 빨리 안사람을 맞아들여야 한다. 그래야 나도 안심이 되겠다. 이씨 집안과의 혼사도 벌써 다 준비되어 있다. 새달 열사흘이 길일이므로 그날 납폐를 하고 올해 안으로 혼례를 올려야 한다.'

너무나 갑작스러운 얘기였다. 그는 묵묵히 듣고 있었으나 뒤통수를 망치로 얻어맞은 것 같았다. 그는 말없이 고개를 끄덕거릴 뿐, 여느 때처럼 변함없는 아버지의 온화한 눈빛을 감히 쳐다보지도 못했다.

---

103) William Hinton, Op. Cit., pp.132~133.

그는 반항하지 못했고 또 반항하려고도 생각하지 않았다.[104]

또 다음 내용은 신문화운동 이후 신식학교를 나온 딸이 부모가 정해 놓은 혼사에 대해 반대의사를 표시하자, 이에 대해 어머니가 딸을 꾸짖는 장면이다.

> 어머니: (아버지에게 소리치며) 그 애와 그만 다투세요, 이 짐승은 사람도 아니에요. 그 애는 부모가 하늘보다 더 어려운 분이라는 것을 알지 못하잖아요? 어떻게 감히 우리들의 뜻을 거역한답디까? 나는 내가 예의범절과 정숙함과 침착함, 그리고 순결을 배우도록 학교에 보냈다. 그런데 교육이 너를 부모조차 존경할 줄 모르는 짐승으로 바꿔 놓을 줄 누가 생각이나 했겠니?……학교는 지옥보다 나을 것 없다. 한 번 학교에 갔다 온 사람은 누구나 꼭 악마처럼 행동할 테니. 집에 오면 무슨 일이 일어나도 그 애들은 자기 부모가 신중하게 선택한 혼약을 깨고 말 것 아니냐.'[105]

중국공산당은 1931년 '중화소비에트혼인법조례' 결의문에서 물론 '혼인조례' 제1장 원칙(原則) 제1조에 강제결혼(包辦婚)을 강력히 금하고 있으며, 또 자녀를 새로운 사회주의의 주인으로 규정하면서 자녀들을 보호할 것을 강조하고 있다. 혼인법규에 이러한 규정을 둔다는 것은 그러한 것이 사회의 심각한 문제가 되고 있음을 보여 주고 있는 것이라 하겠다.

(3) 형제자매간의 윤리

전통사회에서 형제나 자매간에 지켜야 할 덕목은 형우제공(兄友弟恭)이었다. 이때 우(友)는 곧 사랑하고 보호함을 의미하며, 공(恭)은

---

104) 巴金, 앞의 책, pp.37~39.
105) Elisabeth Croll, Op. Cit., p.125.

존경을 뜻하는 것이다. 이 말은 형(언니)은 동생을 사랑하고 보호해야 하며, 동생은 형(언니)에게 경의를 품고 존경해야 한다는 것을 의미한다. 이는 결국 형제간에는 서로 우애(友愛) 있게 지내야 함을 의미한다.

이러한 덕목은 공산화되기 전까지 별다른 변화가 없는 것으로 보여 진다. 다음은 형제(자매)간의 우애를 나타내는 내용이다.

'너의 고뇌가 바로 나의 고뇌야……, 우리 형제는 영원히 함께야. 우리는 그러한 모든 것과 싸워야 해.'

그가 그렇게 말한 것은 각혜의 뇌리에 다른 한 소녀의 얼굴이 떠올라 있다는 사실을 몰랐기 때문이었다. 각혜는 형의 그러한 태도를 보자 분노가 금방 사라졌다. 그는 형의 말에 감동해서 말없이 고개만 끄덕였다.

지금도 일어나서 두 사람 곁에 오자 떨리는 목소리로 말했다.

'미안해. 각혜야. 나도 웃는 것이 아닌데……, 잘못했어. 나도 너희들과 영원히 함께 일할 거야. 난 더욱 분발하지 않으면 안 돼. 내 경우는 너희들보다 훨씬 험난하니까.'106)

각민은 그의 친형제가 아닌가. 그는 각민을 사랑하고 있다. 아버지가 임종 때 동생들을 자기에게 맡기지 않았던가. 지금 각민의 신변에 일어난 중대한 일을 해결 못한다면 어떻게 아버지에게 면목이 선단 말인가? 각신은 그런 생각이 들자 견딜 수 없게 슬퍼졌다.107)

형제자매간의 관계에 관하여 특별히 혼인법에 규정한 바는 없으나 형제자매간의 관계는 큰 변화가 없었음을 알 수 있다. 왜냐하면 형제나 자매간에는 별다른 이해관계가 발생할 소지가 없기 때문이다. 그러나 종전과 다른 점이 있다면 형제간이라 할지라도 계급분석(중

---

106) 巴金, 앞의 책, p.24.
107) 위의 책, pp.277~278.

농이냐 빈농이냐) 문제에 들어가게 되면 서로의 이익을 위해 상대방을 비판하는 경우도 없지 않았다.[108]

(4) 조상 및 친족 간의 윤리

중국 가족주의의 특질 중의 하나는 조상숭배와 친족 간의 유대의식이 대부분의 중국인들의 의식 속에 깊게 뿌리내리고 있다.[109] 그래서 조상에 대한 제사는 다른 어떤 종교의식보다 중요시 여겼고 또 이러한 제사의식을 통하여 씨족(친족)간의 유대관계를 더욱 돈독히 하였다. 조상에 대한 제사의식은 대가족제도를 형성하게 되었고 이는 또 씨족(친족)제도를 육성하게 되었다. 대가족제도가 씨족제도와 밀접한 관계를 갖게 된 배경에는 유가이념(儒家理念)을 바탕으로 한 인간·사회관계의 권위형태를 토대로 하였기 때문이다. 유가이념을 바탕으로 하는 전통적인 인간·사회관계의 기본은 ① 부자관계 ② 군신관계 ③ 부부관계 ④ 장유(長幼)관계 ⑤ 붕우(朋友)관계의 오륜이었다.[110]

전통 중국사회가 이와 같이 가족제도와 씨족조직을 형성하게 된 또 다른 배경에는 사회·경제적인 이유도 있지만 정치적으로는 국가가 이들의 관계를 적극 보호·권장하였다는 측면도 있다. 다시 말해서 국가는 씨족조직을 육성함으로써 가족제도가 계급과 같은 바람직하지 않은 사회적 결합체로 분해되는 것을 방지하여, 가족제도의 우월성과 집단성을 유지하는 것이 사회를 안정·유지시키는 데 크게 도움이 되었기 때문이다.[111] 이는 곧 군주가 수평적인 사회적 분열을 견제하기 위하여 씨족제도를 통한 수직적 결속의 장점을 이용하

---

108) William Hinton, Op. Cit., pp.298~299.
109) Ibid., p.165.
110) 『孟子』(離婁章句上 二七章) 참조.
111) 金永俊, 『毛澤東思想과鄧小平의社會主義』(서울: 亞細亞文化社, 1985), pp.167~168.

여 계급의식의 성장을 방지하고자 했음을 의미한다.

부계(父系), 부권(父權), 부치(父治)의 수직적 사회관계를 토대로
한 종법사회제도는 가정과 사회, 그리고 국가를 동일 공동체로 인식
케 하고 나아가 사회를 안정시키는 기능을 하였다. 조상숭배의 제사
의식은 이 같은 종법제도를 더욱 공고히 하는 기능을 하였다.

여기서는 조상숭배 및 친족 간의 유대의식이 현실적으로 어떻게
나타나고 있는가를 살펴보고자 한다. 다음은 조상숭배의식을 엿볼
수 있는 한 예로써, 결혼하기 전에 조상의 신주(神主) 앞에 가서 축
수드리는 장면과 연초에 조상에게 제사드리는 장면이다.

그리고 종이조각을 각각 둥글게 말아서 손에 들고 조상의 신주 앞
에 가서 정성껏 축수를 드렸다. 마침내 그것을 집어던지고 나서 마음
내키는 대로 하나를 골랐다. 이씨 집안과의 혼인은 이렇게 해서 결정
되었던 것이다. 그 제비 뽑은 결과를 그는 그때 처음 알았다.[112]

제주(祭主)는 셋째 숙부 극명이었다. 할아버지는 자기가 이젠 나이
가 많다는 이유로 이들에게 제주의 일을 떠맡겼다. 그리고 그는 모든
준비가 갖춰진 뒤에 나와서 선조의 신위(神位)에 절을 했다. 그런 뒤
에 자손들로부터 가례(賀禮)를 받아 왔다.[113]

정월 중으로 조상의 상(像) 앞에 제사를 지내는데, 차려 놓은 물건도
아주 많았고 제기(祭器)도 유난히 좋은 것을 썼으며 절하는 사람도 매
우 많았는데, 제기를 도둑맞지 않기 위해서 정신을 차려야 했다.[114]

다음은 유가의 윤리관에 따라 입신양명(立身揚名)하여 신사(紳士)

112) 巴金, 앞의 책, p.38.
113) 위의 책, p,117.
114) 魯迅, 金光洲 譯, 『阿Q正傳 外』(서울: 同和出版公社, 1972), p.89.

가문의 명예를 높여야 한다는 장면이다.

> '잊지 말아라, 꼭 입신양명해서 집안을 빛내야 한다. 난 조상께 누만 끼쳤구나. 난 비록 그랬을망정 너흰 그러면 안 된다.'
> 할아버지의 목소리는 점차 낮아졌고 머리도 천천히 가슴께로 수그러지면서 마침내 입을 아주 다물었다.[115]

> '우리 할아버지도 신사였고 우리 아버지도 신사였지. 그렇기 때문에 우리도 마땅히 신사가 되어야 한단 말이지?'
> ㄱ는 입을 꽉 다물ㄱ 형의 대답을 기다리는 태세였다.[116]

한편 조상에 대한 제사나 가문의식은 무엇보다 대를 잇는 것이 가장 중요한 일 중의 하나였기 때문에 전통 중국사회에서는 장자에게 많은 권한을 부여하였고, 또 대를 이을 지식이 없는 것이 가장 큰 불효였다. 다음은 대가정을 이어가야 하는 장자의 고민을 이야기해 주고 있다.

> 그는 고씨 집안의 맏이인 아버지의 장남이었고 그래서 그 대가정 안에서는 장손이 되었다. 그 때문에 그가 태어났을 때 이미 그의 운명은 결정되어 버렸던 것이다.[117]

다음 내용은 대를 이어야 한다는 것을 잘 말해 주고 있는 것으로서, 이는 곧 남아선호사상과 그 맥을 같이 한다. 왜냐하면 유가의 이론에 의하면 여자는 출가외인으로서 조상의 대를 잇는 것이 불가능하기 때뮤이다. 또 남아를 선호하는 동기 숭의 하나는 노후에 자식

---

115) 巴金, 앞의 책, p.316.
116) 위의 책, p.23.
117) 위의 책, p.37.

이 자기들을 보호해 준다는 것 때문이다.

> 이젠 나도 애가 필요하다는 것을 느꼈다. 딸은 곧 결혼해서 떠나 버
> 릴 것이다. 한번 쏟은 물은 다시 돌아오지 않는다는 걸 나는 알고 있
> 었다. 나에게는 아들이 없었다. 노후에 어쩔 것인가도 문제였지만 남편
> 과 내가 떠난 후 생명의 줄기를 이을 사람이 없다는 것도 문제였다.[118]

위에서 살펴본 바와 같이 중국사회는 조상숭배의식과 가문의식이
강함을 알 수 있다. 조상숭배와 가문의식은 그 맥을 같이 하는 것으
로 조상숭배는 종적관계인 반면에 가문의식은 횡적관계를 뜻한다.
이 두 가지 의식은 과거 중국사회를 지탱해 온 커다란 축이었다. 따
라서 중국공산당은 이 같은 사회의 축을 제거하지 않고서는 마르크
스주의가 정착할 수 없음을 깊이 인식하고 이를 없애기 위하여 많은
노력을 시도하였다. 그 구체적인 노력이 1947년에 선포한 '토지법대
강'이다.

'토지법대강' 제3조는 '모든 씨족사당과 사원, 승원, 향교, 기관 및
단체의 토지소유권은 폐지한다.'라고 규정하고 있는데, 이 규정은 많
은 토지를 기반으로 조상에 대한 제사와 가문의식을 주도하였던 신
사계급의 몰락을 의미하는 것이었다. 신사들은 대체로 가문을 대표
하는 지주계급으로서, 그들은 전통 유가문화를 지탱·유지하는 역할
을 하기도 하였다. 이들이 사회적 활동을 할 수 있었던 사회·경제적
토대는 바로 토지였다. 그들에게서 토지의 몰수는 곧 그들 자신과
가문의 몰락을 의미하는 것이었다.

토지몰수로 인하여 그들은 가문에서나 가정 내에서의 지위도 급격
히 몰락하고 말았다. 이들의 몰락을 재촉한 또 한 가지 이유는 중국
공산당이 토지를 남녀노소 구분하지 않고 균등하게 배분하였기 때문

---

118) Ida Pruitt, Op. Cit., p.192.

이다. '토지법대강' 제6조에는 '촌락 내 지주의 모든 토지와 모든 공공토지는 촌농민조합에 의해 인수될 것이며, 다른 모든 촌락 내 토지와 함께 촌락의 전체 인구 숫자에 따라 남녀노소를 불문하고 똑같이 균등하게 분배될 것이다'라고 규정되어 있었다.[119] 또한 모택동도 1927년에 발표한 「호남농민운동조사보고서(湖南農民運動考察報告)에서 이미 조상을 모신 사당과 가부장적 권위 및 각종 미신(조상묘 등에 따라 빈부가 결정된다. 등)의 타파를 강력히 주장한 바 있다.[120]

다음은 전통적으로 내려오던 일종의 종교의식이라 할 수 있는 조상신을 모신 사당, 처지신, 풍수설 등을 미신이라 하여 타파해 나가는 내용이다. 그러나 전통적인 의식들은 대체로 지주계급들이 주축으로 이루어진 것이었으며, 또 그러한 의식은 씨족 및 가문의 단결 의식을 높이는 역할도 담당하였다.

　미신이 지주계급 수중에서 강력한 무기가 되고 있음을 알고, 공산당은 구 전체에 걸쳐 특별 캠페인을 실시하여 풍수설과 점령술, 심령대화(Spirit Talking), 토우(土偶) 따위의 굴레로부터 사람들의 의식을 해방하고, 사람들 스스로가 자신의 욕망에 따라 세계를 개조할 수 있음을 납득시키고자 했다. 사구촌의 당원들은 천지신과 지천신을 지주들과 마찬가지로 취급, 공격하기로 결정했다. 그들이 그의 기분을 맞추기 위해 수년간 얼마나 많은 돈을 소비했는가 제산해 보니 그것은 흉년 때 많은 목숨을 구할 수 있었을 만한 액수에 달했다. 이러한 계산을 농민조합에서 발표했을 때 많은 청년남녀들이 분노했다. 그들은 사당으로 몰려가 불단(佛壇)에서 신상을 끄집어내려 촌 사무소로 운반해 갔다. 대중 집회를 열고서 그들은 천지신이 자신들의 부를 낭비하기만 하고 그 대가로 아무런 보호도 내려 주지 않았다는 것을 증명하고 천지신에 대한 '정산'을 했다. 그러고 나서 그들은 짐토(粘土)로

119) William Hinton, Op. Cit., p.616.
120) 『毛澤東選集』, 앞의 책, pp.31~34.

만든 신상을 돌과 몽둥이로 때려 부쉈다.

오래지 않아 모든 사람들은 불신 받는 신의 '진흙물 치료법'을 비웃었다. 민병대원 하나가 진흙 신상의 머리를 때려 부쉈을 때 단지 극소수의 노인들만이 기겁을 했다. 이러한 방법으로 특정한 미신의 굴레는 타파되었다.

청산운동의 성공은 이러한 집중적인 노력을 일방적으로 보강시켜 주는 효과가 있었다. 일단 향신들이 타도되고 나자, 아무리 멍청한 사람들도 태어날 때의 '팔자' 소관이나 조상의 묘 자리에 따라 사람의 운명이 결정되지 않는다는 것을 분명히 느꼈다.

미신적 신앙이 쇠퇴하면서 농민조합과 팔로군과 공산당에 대한 그들의 신뢰는 더욱 커졌다.[121]

이와 같이 전통적으로 지주계급이나 씨족장들에 의해 이루어져 오던 조상숭배의식과 친족 간의 유대관계는 그 경제적 토대가 되었던 토지가 몰수됨으로 인해 점차 약화되었다.

3. 공산화 이후의 가정문화정책과 가정윤리

중국공산당은 여러 가지 어려운 상황을 극복하고 1949년 중국전역을 공산화하고 새로운 공화국 정부를 수립하였다. 여기서는 1949년 중국정부 수립 후 모택동이 사망할 때까지 실시한 가정문화정책과 그에 따른 가정 및 가정윤리의 변화를 살펴보고자 한다.

---

121) William Hinton, Op. Cit., pp.189~190.

1) 공산화 이후 문혁까지 가정문화정책

(1) '중화인민공화국혼인법'의 제정과 그 내용

30여 년간의 내전이 종식됨에 따라 모택동 영도하의 중국공산당은 1949년 10월 중화인민공화국을 수립하였다. 사회주의 건설을 내걸고 출범한 모택동정권의 최우선 과제는 사회 모든 분야에서 전통적 유산을 청산하고 사회주의 체제와 문화를 정착시키는 일이었다. 이를 위해 다양한 공산화 정책을 시도하였는데, 가정문화정책의 대표적인 것 중외 하나가 1950년에 제정 반포한 '중화인민공화국혼인법'이다.

중국공산당은 1949년 9월 21일 소집된 제1차 '중국인민정치협상회의'에서 '중화인민공화국' 헌법이 제정될 때까지 5년간 임시헌법의 구실을 할 '중국인민정치협상회의공동강령(中國人民政治協商會議共同綱領)'을 채택하였다. 이 '공동강령'에 의하면, '중화인민공화국은 여성의 봉건제도의 속박을 폐지하고, 여성은 정치·경제·문화·교육·사회, 각 생활방면에서 모두 남자와 평등한 권리를 갖는다. 남녀혼인의 자유를 실행한다. ……모친, 영아나 아동의 건강을 보상한다'고 언급하고 있는바, 이러한 원칙은 신중국혼인가정입법의 기본적 근거가 되었다.[122]

1950년 4월 13일 중앙인민정무위원회 제7차 회의에시 붕과마여, 동년 5월 1일 공포 시행한 '중화인민공화국혼인법'은 4개 기본원칙, 즉 혼인의 자유, 일부일처제, 남녀평등, 여성과 아동의 합법적 권익 보호 등을 기초로 하여, 모두 8장(원칙, 결혼, 부부간의 권리와 의무, 부모와 자녀 간의 관계, 이혼, 이혼 후 자녀의 양육과 교육, 이혼 후 재산과 생활, 부칙 등) 27조로 구성되어 있다.[123] 이를 간략하게 살

---

122) 張賢鈺, 앞의 책, p.85.
123) 巫昌禎 主編, 『中國婚姻法』(天津: 中國政法大學出版社, 1991), p.37.

펴보면 다음과 같다.

제1장 '총칙'에서는 본인의 의사를 무시하는 강압적 결혼의 폐지와, 남존여비 및 자녀의 권익을 무시하는 봉건적 혼인제도 폐지, 남녀혼인의 자유, 일부일처제 및 남녀권리의 평등실현, 부녀와 자녀의 합법적 이익을 기초로 한 신민주주의 혼인제도의 보호(제1조), 일부다처, 축첩, 민며느리, 과부의 재혼간섭과 혼인과 관련된 금품의 강요 금지 등을 언급하고 있다. 제1장의 특징은 '봉건주의적 혼인제도'와 '신민주주의 혼인제도'를 대비시키고 있다는 점이다. 전자에 속하는 내용은 포판, 강박에 의한 결혼, 남존여비, 일부다처제, 축첩, 민며느리제 등이며, 후자에 속하는 내용으로는 남녀혼인의 자유, 일부일처제, 남녀의 평등한 권리, 자녀의 합법적 권익보호 등이다.

제2장 '결혼'에서는 혼인에 있어서 당사자의 완전한 합의와 당사자 중 어느 측이나 제삼자의 간섭 금지(제3조), 남녀의 결혼연령(제4조), 남녀의 혼인결격사유(제5조), 혼인허가서 신청 및 혼인증서 교부(제6조) 등을 다루고 있는데, 이는 부모가 자녀의 결혼에 간여하는 것을 법적으로 규제하는 것으로서 가장의 권위를 실추시키는 역할을 하였다.

제3장 '부처간의 권리와 의무'는 가정 내의 부처간의 평등한 지위 보장(제7조), 부처간의 가정재산권과 평등한 소유권, 관리권(제10조), 부처간의 상호 유산을 계승할 권리(제12조) 등이다. 이 조항도 과거 전통적 가정에서 절대적 지위를 점하고 있던 남편의 권위를 부정하는 것으로서, 가정재산권에 대한 부부간의 평등한 소유와 권리를 규정한 것도 전통적 가정규범과 상치되는 것이라 하겠다.

제4장 '부모와 자녀 간의 관계'에서는 부모의 자녀양육 및 교육에 관한 의무와 자녀의 부모부양 및 부조할 의무(제13조), 부모와 자녀 간에 서로 유산을 계승할 권리(제14조) 등을 언급하고 있는데, 전통사회에서는 자녀가 부모에게 일방적으로 '효(孝)'를 강요하였던 사실

에 비추어 볼 때 전통적 부자간의 관계를 뒤흔들어 놓은 규정이라 할 수 있다.

제5장 '이혼'에서는 남녀쌍방이 이혼을 원하면 이혼허가, 남녀 어느 한쪽이 이혼을 요구할 경우 인민정부와 구(區)사법기관에 의한 조정이 실패할 경우에만 이혼허가, 이혼증서의 허가와 등록, 이혼 시 자녀와 재산문제에 대한 대책이 취해졌음을 인정한 후에 구정부는 지체 없이 이혼증서 교부(제17조) 및, 현역군인의 이혼제기 문제(제19조) 등이다. 과거 전통사회에서 여성은 '여필종부(女必從夫)'라 하여 남편에게 순종하며 사는 것을 운명으로 알았기 때문에 감히 이혼을 생각 할 수 없었다. 따라서 이혼의 자유는 전통적 가정윤리규범을 과감히 부정하는 것이라 하겠다.

제6장 '이혼 후 자녀의 양육과 교육'에서는 이혼 후 부모는 자기가 낳은 자녀에 대해 양육과 교육의 책임이 있으며(제20조), 이혼 후 만약에 모친이 자녀를 양육할 경우 부친은 자녀의 양육과 교육에 필요한 경비의 전부 혹은 일부를 책임져야 한다(제21조) 등인데, 이러한 내용도 전통사회에서는 생각할 수 없었던 일로서 사회주의 가정관이 반영된 결과로 볼 수 있다.

제7장 '이혼 후 재산과 생활'에서는 이혼할 경우 처는 혼인 전에 소유했던 재산을 보유할 수 있으며, 기타의 재산처분은 당사자 합의에 따르며, 만약 합의에 도달하지 못하는 경우에는 인민법원에 의거하여 가정재산의 구체적 정황과 처와 자녀 혹은 자녀들의 이익과 생산발전에 도움이 된다는 원칙 등을 참작하여 판결한다(제23조)는 내용과, 이혼 후 만약 일방이 재혼하지 않고 생활이 곤란할 경우, 상대방은 그 생활을 도와주어야 함(제25조) 등을 규정하고 있다.[124] 이와 같은 규정들도 과거 전통사회에서는 찾아볼 수 없었던 것으로써 사

---

124) 위의 책, pp.263~266.

회주의 가정관과 부합되는 내용들이다.

위에서 살펴본 바와 같이 봉건적 혼인제도와 대립되는 신민주주의 혼인제도의 특징은 이 두 가지 혼인제도의 내용을 구체적으로 표시하는 항목을 대비함으로써 명백히 드러난다. 즉 포판혼인, 강압적 혼인과 과부의 재혼에 대하여 남녀혼인 및 이혼의 자유를, 남존여비에 대해서는 남녀의 권리평등을, 중혼·축첩에 대해서는 일부일처제, 부인과 자녀의 이익을 무시하는 혼인 내지 양육에 대한 부인과 자녀의 합법적인 이익 보호, 혼인에 관한 재물(結納)의 강요 금지가 채택되어 있다.[125]

이들 제대립의 핵심사상은 가부장적 가경제도에 의한 남존여비(夫權)사상의 폐지 및 남녀의 권리평등에 의한 신민주주의 가정제도, 다시 말해서 사회주의 가정제도의 정착에 있다고 하겠다.[126]

한편 혼인법과 관련하여 모택동은 '각급 인민정부 기관과 각급 인민단체는 모두 인민들에 대해 선전교육공작을 성실히 진행할 필요가 있으며, 또 혼인등기에 해당되는 구향(區鄕)의 인민정부와 혼인안건을 해결해야 할 사법기관은 반드시 우선적으로 이용 가능한 기회와 사건의 구체적 혼인문제의 정황에 의거하여, 인민 군중에 대한 신민주주의 혼인제도의 건립과 봉건주의 결혼제도를 폐지하는 선전교육공작을 진행할 것을 강조'하였다.[127] 중국정부는 혼인법 공포 이후 많은 지역의 지도적 기관에서 군중들에게 혼인법을 성실히 선전하도록 지시하였다. 또 혼인분쟁을 정확히 처리하여 군중들의 이해도 점점 높아져 봉건혼인제도가 기본적으로 훼손되어, 새로운 민주화목(民主和睦)의 가정이 부단히 발전하게 되었다고 평가하고 있다.[128]

---

125) 福島正夫 外, 원화용 옮김, 『家族』(서울: 한울림, 1985), p.99.
126) 위의 책, pp.99~100.
127) 陳紹禹,「關於中華人民共和國婚姻法起草經過和起草理由的報告」,『婚姻法及基有關文件』(北京: 人民出版社, 1952), pp.55~56.
128) 馬起, 앞의 책, p.82.

제3장 모택동체제하의 가정문화정책과 가정윤리 157

신혼인법이 공포된 지 약 1년 후인 1951년 9월 26일, 정무원은 신혼인법의 시행 상황을 검사한 결과에 대한 지시를 발표했다. 그 조사에 따르면, 아직도 대부분 지역에서 지도기관과 간부들이 혼인법에 대해 전체적 이해를 명확하게 하지 못하고 있었으며, 이로 인해 혼인법의 선전과 혼인분쟁의 처리를 엄정하게 할 수 없었다. 심지어 어떤 간부는 혼인법 집행을 거부하고 구봉건적 악습을 지지하여, 혼인의 자유를 간섭하는 사람도 있었으며, 이러한 지역에서는 포판·매매혼이 아직도 많이 남아 있어 부녀들이 계속 압박을 받아 혼인에 있어 자유가 없고 또 자살이나 피살당하는 경우가 끊임없이 발생하였다.

구체적으로 예를 들면, 절강성 전역에서는 1951년 매월 평균 23명 이상이 혼인문제로 사망하였으며, 1952년 해당 성의 13개 시향(市鄕) 및 직할구의 조사에 의하면 매월 평균 77명 이상이 혼인문제로 사망한 것으로 나타났다. 물론 여기에 나타난 사망자는 대부분 여성들이었다.[129)]

여성의 시망 숫자기 이렇게 많은 것은 당시 중국사회에 아직도 전통적 잔재가 많이 남아 있음을 보여 주고 있는 것이며, 이 같은 사망 숫자는 중국정부 및 각급 인민정부(省)에게 상당한 경각심을 불러일으켰다.

그래서 이러한 여성하대 행위는 절대로 용서할 수 없으며 법적인 책임을 묻기로 하는 동시에 혼인법을 시행·관철하기 위하여 각급 인민정부는 간부를 교육하고, 특히 사법간부는 이에 협력하여 혼인법 보급·선전을 위해 노력하였다. 이를 위해서는 사법·민정·공안·문교 관계인원 및 기타 민주단체도 협력힐 필요가 있었으며, 1951년 12월 말까지 이 건에 대하여 각급 인민대표회의 및 기타 기관에 상

___

129) 위의 책, p.82.

세히 보고하도록 하였다. 이 정무원 지표에 기초하여 관계 각 기관으로부터 다음과 같은 지시가 하달되었다.[130]

① 내무부·구향[區鄕: 촌(村)]간부의 혼인법 학습강화와 혼인등기 제도(6조) 중시에 관한 지시(1951년 10월 4일).

② 최고인민법원―사법간부의 사상·작풍을 검사하고, 혼인의 자유를 간섭하거나 여성을 죽이는 범죄행위에 대한 대중적 사법투쟁을 전개하라는 지시(26조 위반, 1951년 10월 11일).

③ 최고인민법원·사법부·내무부―약간의 혼인문제에 관한 잘못을 시정하기 위한 지시(1951년 12월 25일).

이상의 지시가 암시하는 바와 같이 당시 중국 공산당정부가 시행하고자 하는 혼인법이 많은 인민들로부터 저항을 불러일으키고 있었음을 알 수 있다. 정무원은 이 같은 저항을 무마하고 혼인법을 강행하기 위해서 1951년 9월 26일 '혼인법집행 정황조사에 관한 지시(關於檢査婚姻法執行情況的指示)'를 내렸고, 또 1952년 7월 25일에는 내무부, 사법부에서 '지속적인 혼인법 관철에 관한 지시(關於繼續貫徹婚姻法的指示)' 등을 발간하였으며, 1953년 3월에는 혼인법관철운동의 달로 확정지어, 전국적인(소수민족과 토지개혁 미완성 지역 제외) 대규모의 혼인법 선전과 혼인법 집행의 검사 상황에 대한 군중운동을 전개하여 혼인법운동달(月)의 임무, 방침, 방법과 각종 구체적 정책의 한계 등을 명확히 확정지었다.[131] 이러한 혼인법관철운동의 목적에 대해 중앙정부의 '혼인법운동일 관철 사업에 관한 보완지시(關於貫徹婚姻法運動日工作的補充指示)'에는 다음과 같이 언급하고 있다.

이것은 바로 보편적으로 교육공작의 선전을 추진하는 것으로써, 혼

---

130) 福島正夫 外, 앞의 책, pp.102~103.
131) 張賢鈺 外, 앞의 책, p.87.

인문제에 있어 구제도와 구습관을 체계적으로 반박하고, 신제도와 신기풍의 진지를 수립하는 것일 뿐 아니라 간부와 인민 군중들로 하여금 신구혼인제도 상의 문제점에 대하여 사상적 한계를 명백히 구분하는 것이기도 하다.[132]

다른 한편 중국정부는 1955년 6월 1일, 1950년에 선포한 혼인법의 정착을 위하여 '혼인등기판법'을 제정·공포하였는데, 여기에는 이 법의 시행목적을 '혼인의 사유보상, 상박·포판혼인 방지, 일부일처제 보장, 중혼납처(重婚納妻) 방지, 남녀쌍방과 일대(代)의 긴강보징, 조혼과 진속 간의 부낭한 결혼 방지, 결혼하기 부당한 질병을 가진 환자와의 결혼 방지 및 기타 혼인법의 행위를 위반한 자의 결혼을 방지하기 위해서 만들었다'고 밝히고 있다.[133] 또 이 법에는 혼인에 관계되는 사항, 즉 혼인과 이혼에 관한 사항은 반드시 정부기관에 등기하도록 명시하고 있다.[134]

중국정부당국의 혼인법 선전과 교육공작과 각급 법원의 혼인법과 이혼안건의 철저한 관철에 힘입어 점차 혼인법은 정착되어 가는 것으로 평가되었다. 1954년 상반기에 11개 큰 성과 시에서 발표한 통계에 의하면 혼인법규정에 부합하여 결혼등기를 허가한 숫자는 총 등기 숫자의 97.6퍼센트이고, 또 1955년 내무부가 27개 성·시에서 수십한 봉계에 의하면 능기 신청한 265만 명 중 혼인법규정에 부합하여 결혼등기를 허락한 숫자는 전체 등기신청자수의 95퍼센트를 차지한 것으로 나타났다.[135] 그리고 1953년 이혼을 청구한 건수가 117만 4,000여 건이었고, 1955년에는 61만 5,000여 건이었다. 이것은 봉건혼인제도에 대한 투쟁이 매우 높았음을 보어 주는 것이리 히겠

---

132) 위의 책.
133) 北京廣播電視大學 法律教研室 編, 앞의 책, p.79.
134) 위의 책. pp.79~81.
135) 위의 책, pp.88~89.

다.[136) 1956년에 이르러서는 자유결혼이 약 90퍼센트 이상을 차지하였으며, 같은 해 북경·천진·무한·안철(安徽)·무호(無湖)·합비(合肥) 등지의 지방조사에 의하면, 혼인의 자유를 간섭하는 것은 극소수라고 밝히고 있다. 1957년 강소성 부녀연맹의 조사에 따르면, 진강시(鎭江市)의 1957년 상반기 혼인등기 중 95퍼센트 이상이 자주혼인이었다고 한다.[137)

이 같은 주장에도 불구하고 중국정부당국이 실현하고자 하는 사회주의 원칙에 입각한 혼인과 가족제도는 그들이 바라는 만큼 실현된 것은 아니었으며, 또한 실제적으로 부녀의 해방이 철저히 이루어진 것도 아니었다.

그 이유는 첫째 봉건사상의 잔재가 지역에 따라서는 여전히 남아 있었고, 둘째 자산계급이 부분적으로 남아 있었으며, 셋째 일부 성이나 시 및 많은 농촌에서 아직까지 부녀들이 사회생산 노동에 참여하지 않고 여전히 가정생활에 속박되어 있었기 때문이었다. 또 다른 한 가지 이유는 많은 젊은 남녀들이 사회주의 혼인제도에 대한 깊은 이해 없이, 자유결혼에 대해 경솔히 생각하여 진정한 애정 없이 쉽게 결혼하고, 또 쉽게 이혼하는 현상 때문이기도 하였다.[138)

(2) 토지개혁

토지문제는 항상 중국사회의 큰 문제였으며, 정권을 잡는 사람들은 항상 이 문제를 해결하려고 많은 노력을 경주해 왔음을 역사를 통해 알 수 있다. 이와 같이 토지문제와 정치는 항상 상호 밀접한 관계를 맺어왔다.

중국공산정권은 1949년 중국대륙 전역이 공산화되기 전인 1937년

136) 馬起, 앞의 책, p.83.
137) 위의 책, p.84.
138) 위의 책, pp.85~86.

에 감조감식(減租減息: 소작료와 이자를 인하하는 것)정책을, 1946년
에는 '5·4지시'를 그리고 1947년에는 '중국토지법대강'을 실시한 바
있다.[139] 몇 차례에 걸쳐 실시한 토지개혁은 당시 시대적 상황, 즉 항
일전쟁과 국민당과의 내전 등에 따라 조금씩 그 내용을 달리하였다.

1949년 중국공산당이 대륙을 점령하게 되자 그동안의 경험과 교
훈을 토대로 1950년 6월 30일 '중화인민공화국토지개혁법'을 공포하
였다. 1950년 6월 30일에 실시한 토지개혁은 1953년 4월 일부 소수
민족 거주 지역을 제외한 중국전역에 걸쳐서 완료하였다. 그들은 불
과 3년 사이에 중국전역에서 소위 부농과 지주를 소멸시켰으며, 무
려 3억 이상에 달하는 빈농과 고용농에게 약 7억 단위의 토지를 나
누어 주어 명목상 자작농으로 만드는 데 성공하였는데,[140] '토지개혁
법'은 그 목적을 다음과 같이 규정하고 있다.[141]

지주계급의 봉건적 착취인 토지소유제를 폐지하고 농민적 토지소유
제를 실행함으로써 농촌의 생산력을 해방하고 농업생산을 발전시켜
새로운 중국의 공업화를 위한 길을 연다.

그런데 이때의 토지개혁은 이른바 신해방구, 즉 1949년 이후에 해
방된 지역을 대상으로 하였다. 노해방구로 불리는 동북이나 화북, 즉
1억 6,000만의 인구를 포용하는 지구에서는 토지개혁이 내전기에 이
미 완료되었기 때문이다.

신해방구를 대상으로 한 토지개혁의 방침은 다음 두 가지 점에서
내전기의 토지개혁과 크게 달랐다. 첫째는 투쟁 실행방법의 차이다.

139) 북한은 정권수립(1948. 9. 9) 이전인 1946년부터 임시인민위원회를 구
성하여 토지개혁을 단행하였다. 鄭慶模·崔達坤, 『北韓法令集(第2卷)』
(서울: 大陸研究所, 1990), pp.275~290.
140) 金河龍, 앞의 책, p.148.
141) 宇野重昭 外, 이재선 옮김, 『中華人民共和國』(서울: 학민사, 1988), p.29

내전기에는 전쟁과 토지개혁이 일체화되었고 지주 부농층 대 빈농 고농층이라는 적대적 방식으로 이분되는 가열찬 투쟁이 전개되었기 때문에 종종 중농의 이익을 침해하는 극좌 편향성이 생겼다. 반면에 신해방구의 토지개혁은 '단계를 좇아서 질서 있는 방식'으로 투쟁을 진전시키는 것이었다. 둘째는 내전기의 철저 균분을 기조로 하던 개혁방침 대신 부농경제의 보존이 제기된다. 여기에 대해 '토지개혁법' 은 '부농 소유의 자작지와 사람을 고용하여 경작하는 토지 및 기타 재산은 보호하며 침해하여서는 안 된다'는 것과, '부농이 소유하고 있 는 임대한 약간의 토지도 그대로 두며 손을 대서는 안 된다'는 것을 규정하고 있다. 모택동이 이와 같이 부농경제 보존방침을 제기한 이 유는 ① 토지투쟁이 빠지기 쉬운 극좌편향의 회피 ② 평화 시기에는 사회에 줄 충격을 완화시키는 편이 정치적으로 유리한 점 ③ 민족부 르주아 계급에 대한 통일전선상의 배려가 필요했기 때문이었다.[142]

전국적으로 실시된 토지개혁은 경제적인 목표뿐 아니라 사회·정 치적 목표도 아울러 갖고 있었다. 간부들로 이루어진 공작대가 시골 에 오면 우선 적들을 철저히 가려내고 필요한 경우 그들을 축출한 다음 이론적으로는 주요한 수혜자가 될 빈농들에게 특히 토지개혁의 필요성을 설명해 주었다. 이런 방법으로 다가올 토지개혁운동을 지 휘할 의욕과 능력을 가진 적극분자들을 골라냈다. 이런 준비가 갖추 어진 다음에야 '계급투쟁기'가 시작되었다. 일련의 '투쟁대회'에서 대중의 누적된 불평은 '소고(訴苦)' 또는 '청산(淸算)'으로 발전할 수 있었다. 증오감은 공개재판에서 군중을 선동하여 폭력화할 수 있었 다. 공개비판에 끌려나온 평판 나쁜 지주나 토호는 살해되거나 추방 되지 않으면 자백한 후 개조되었고, 그러는 동안에 모든 향촌은 폭 력수단을 취함으로써 새로운 질서를 받아들였다. 그 다음 단계는 농

---

142) 위의 책, p.29.

민협회를 결성, 그 협회가 그 향촌의 동의를 얻어 각 개인을 지주·부농·빈농·고용농(농업노동자) 등의 계급성분으로 가려내고 소유토지를 구분·몰수·재분배할 수 있도록 하는 것이었다. 그 결과 나타난 '보유지의 균등화'는 농민반란의 전통을 따른 것이었다. 공산주의자들의 지휘로 진행된 이 과정을 통해 적극분자는 대개 혜택을 받았고 부유층은 줄어들었으며 지주, 향신층의 잔재는 신분상으로 완전히 소탕되었고, 그러는 동안 당대표들은 그 촌락에 대해 권력을 장악하였다. 경작인은 이제 적어도 잠시나마 자기 명의의 땅을 갖게 된 것이었다.[143]

토지개혁의 실시는 농촌의 토지소유 상황과 계층구성에 큰 변화를 가져왔다. 토지개혁 전에는 전국 농촌인구의 10퍼센트에도 못 미쳤던 지주·부농이 전체 토지의 70~80퍼센트를 소유하고 있었는 데 반해 농촌인구의 90퍼센트를 점하는 빈농·고용농·중농 등의 계층은 20~30퍼센트의 토지밖에 소유하지 못했었다. 그런데 토지개혁 후 농촌인구 가운데 중농이 차지하는 비율이 예전의 20퍼센트 전후에서 80퍼센트까지 높아졌고, 빈농·고용농의 비율은 70퍼센트 전후에서 10~20퍼센트까지 떨어졌다. 토지개혁은 이같이 토지소유의 평준화를 촉진했을 뿐 아니라 농촌사회의 양상을 일변시켰다. 봉건적인 농촌의 지배체제가 파괴되자 농민의 생활과 의식 역시 변하였다. 토지개혁투쟁으로 농촌에서 새로운 지도자가 출현하고, 부인들도 가정 밖으로 눈을 돌리기 시작하였으며, 농민들 자녀들에게도 학교교육의 문호가 개방되었다.[144]

중국정부가 건국하자마자 급히 토지개혁을 서두른 이유는 그들이

---

143) John. K. Fairbank, 梁好民·禹勝勇 譯,『現代中國의 展開』(서울: 螢雪 出版社, 1983), pp.366~367; 周鯨文·金俊燁 譯,『共産政權下의 中國 (上)』(서울: 文明社: 1985), pp.126~143.

144) 宇野重昭 外, 앞의 책, p.31.

내세운 경자유기전(耕者有其田)의 원칙에 따른 경제적 목적을 실현
하는 데 그 목적이 있었다기보다는 오히려 그들에게 가장 완강하게
저항할 가능성과 잠재력을 가진 그들의 적인 전통문화의 수구세력,
즉 지주세력을 소탕하는 정치적 목적에 있었다고 보는 것이 더 타당
할 것이다.

　이러한 토지개혁은 가정문화에도 많은 영향을 미쳤다. 모택동을
비롯한 중국공산당은 마르크스-레닌주의에 입각한 사회체제를 건설
하기 위해 토지개혁 실시 기간 중 친척 아닌 사람들끼리의 집단적
이해관계기준을 채택함으로써 씨족의 단결을 약화시켰다. 이와 같이
전통적 친척제도의 구속이 타파된 이후 연령과 세대표준을 기준으로
한 사회질서를 유지하려고 노력하는 노세대와 이를 파괴하려는 젊은
층과의 갈등이 격화되었다. 또 전통 중국사회에서 명절 때 거행되던
조상에 대한 제사나 부락연극에 사용되는 경비를 주로 지주들이 충
당했으나, 토지개혁 이후 지주계급이 소멸하자 이러한 전통도 사라
졌다. 다시 말해서 토지개혁은 친족·씨족 단위의 유대관계와 조상숭
배의식을 약화시키는 결과를 가져 왔다.[145]

　또한 토지개혁은 가족 내부구조에도 직접적인 영향을 미쳤다. 토
지는 가족 전체를 단위로 하여 분배된 것이 아니고 남녀구별 없이
각 1인당 똑같은 양을 분배하였으므로 토지개혁은 가장만이 가족재
산의 유일한 처분권을 소유하고 있었던 전통적인 가부장적 가족구조
를 파괴시키는 주요한 역할을 했다고 볼 수 있다. 이로 인하여 가정
내에 가장 및 부권(夫權)의 권위가 실추되었다.[146]

　결국 중국공산당이 실시한 토지개혁은 가정 내에서는 전통적으로
내려오는 가부장제와 부권 중심의 전통적 가정윤리 체계를 파괴시켰

145) C. K. Yang, *A Chinese Village in Early Communist Transition*(Massachusetts:
　　The Technology, 1959), pp.179~180.
146) Ibid., pp.178~179.

고, 한편으로는 씨족 및 친척사회를 중심으로 전승되어 오던 조상숭
배의 전통문화를 파괴시키는 역할을 했다고 할 수 있다.

(3) 인민공사운동과 문화대혁명

가. 인민공사운동

가정정책과 관련한 또 하나의 정책은 1958년 8월 북대하(北戴河)
에서 열린 당중앙위원회정치국 확대회의에서 결정한 '농촌에 인민공
사를 설립하는 문제에 관한 결의'였다. 이 결의의 주요 내용은 '소규
모의 고급합작사를 해체하고 농·공·상·병을 상호 결합시켜 대규모
의 농촌조직체를 만들어 조직의 군사화, 행동의 전투화, 생활의 집단
화를 추진하여 급속히 농촌종합개발을 통하여 사회주의를 조속히 건
설하는 동시에 공산주의로 이행하기 위한 준비단계'로서 이 같은 설
립목적을 둔 것이 바로 인민공사(人民公社)였다.[147]

1950년 중국정부가 실시한 토지개혁법(제11조)에는 여성과 어린이
도 성년남자와 동등한 개인적 토지소유권을 지니며, 토지증서에도
이 점이 명시되어 있다. 또 신혼인법은 '부부는 쌍방의 가정재산에
대하여 평등한 재산소유권과 처분권을 갖는다'(10조)라고 되어 있다.
이들은 모두 오래 가부장적 권위의 기초에 있는 가산(家産)을 부정
하고, 가정재산에 대한 가족원의 민주적 권리를 보증하는 법적 조건
이며 나아가 가족 민주화의 단서이기도 하다. 그렇기는 하지만 농업
경영이 호별로 실시되는 한 노동은 가족노동의 형태를 띨 수밖에 없
고, 또 가장의 지휘통제에 복종하지 않으면 안 되었기 때문에 결국
경영단위와 가족단위는 일치할 수밖에 없었다. 바꾸어 말하면 법적
으로만 상실된 가장의 가부장권이 경영상의 지휘통제권으로서 여전

---

147) 『人民日報』(1958. 9, 10).

히 기능을 하였다. 이는 가부장제를 폐지하고 가정 민주화를 추진하려던 당초의 목적과 모순되는 것이었다. 이러한 모순을 해결하기 위해서는 생산단위와 가족단위를 분리시켜야 하고, 특히 가족노동을 사회노동으로 전화(轉化)시켜야 했는데, 그것을 가능하게 하는 것은 호별경영을 집단경영으로 발전시키는 것이었다.

　원래 토지개혁의 결과 해방된 층은 극소수의 부농, 상층중농이 아닌 압도적 다수의 하층중농, 빈농, 고용 농민이었다. 따라서 그들은 토지를 확실히 분배받기는 했지만 매우 영세하였으며, 기타의 생산수단(농구·가축 등) 및 기술이 부족하여 서구 민부(民富)의 출발점이었던 독립자영 농민은 아니었다. 그들은 토지개혁 이후 생산을 수행해 나가기 위하여 부농과 상층중농과는 다른 급속한 협동화의 길(사회주의의 방향)을 모색해야만 했다. 이것이 초급합작사, 고급합작사를 거쳐 인민공사로 발전되었으며, 또한 그것은 부농, 상층중농과 자본주의 과정과 대립하는 가운데 진행되고 있었다.[148] 이러한 호별경영의 협동화(집단적 토지소유)에 수반하여, 경영의 지휘통제권은 가장에서 합작사의 관리위원회로 옮겨졌으며 경영단위와 가족단위는 차차 분리되고 있었다.

　합작사의 노동이 관리위원회의 지휘통제 아래에 놓여짐에 따라 가족노동은 사회(집단)노동으로 전환한다. 따라서 노동에 따른 분배는 사회주의적 분배(노동자 개인의 노동점수제)로 되며 공사원(公社員)으로서의 자격, 능력 이외의 가족에서의 지위와는 관계가 없게 된다. 바꾸어 말하면 가족노동의 경우에는 가장의 임의(가부장권에 의한)에 따라 약간의 보수가 가족원에게 은혜로 주어지는 데 불과하지만, 합작사는 관리위원회에 의해 그것에 참가하는 사원 한명 한명의 노동이 계산되고 분배(인민공사의 경우에는 3급소유제이므로 주로 하

---

148) 인민공사의 전개과정과 현황에 관한 보다 구체적인 내용은 國際法律家
　　連絡協會, 『中國の法と社會』(東京: 新讀書社, 1960), pp.97~126 참조.

위의 생산대를 기초로 한 노동점수제)된다. 즉 가족노동이 사회노동
으로 전환한 것이다. 이렇게 되면 생산단위와 가족생활은 분리되고,
이에 따라서 생산단위가 합작사·인민공사로 되어 가족원은 사원으
로서 그것에 참가하여 분배받음으로써 가족생활은 소비와 자녀양육
을 중심으로 하는 집단이 되어 가부장권은 점차 약화될 수밖에 없
다. 물론 이 과정은 일거에 진행된 것은 아니었다. 그 경우에 커다란
역할을 담당하는 것은 여성의 생산참가, 그에 수반된 가사노동의 사
회화였다.[149) 여성해방이라는 이름 아래 여성을 가정에서 끌어내어
사회노동에 참여시키는 것은 사회주의의 일반적 경향이다. 이러한
경향은 해방 후의 토지개혁, 신혼인법의 공포에 의해 서서히 진행되
었으나 사회적인 대량현상으로 나타난 것은 1958년 고급합작사가 인
민공사로 발전한 대약진의 시기였다.

　　인민공사가 시도한 '가사노동의 사회화, 생활의 집단화'는 기존의
가족제도에 많은 변화를 가져왔다. 실제 중국당국은 가정부인을 가
사노동으로부터 해방하고 집집마다 개별적으로 가정생활을 영위하는
불합리성·불경제성을 시정하기 위하여 공공식당·공공탁아소·공공세
탁소·공공재봉소 등을 설치하고 농민들로 하여금 공사소유·공동주
택에서 합숙생활을 하게 하였다. 이 같은 집단생활은 곧 전통 중국
사회의 기본인 가족제도를 해체하는 것을 의미한다. 모택동은 가사
노동의 사회화와 생활의 집단화에 따라 여성들은 저마다 부엌에서
밥을 짓고 우물에서 빨래하고 방에서 아기를 기르고 부모와 남편을
섬기는 따위의 고역에서 풀려 나올 수 있으니 이보다 철저한 부인의
해방은 있을 수 없다고 주장하였다.[150)

---

149) 馬起, 앞의 책, p 105
150) 金相浹, 『毛澤東思想』(서울: 一潮閣, 1978), p.220. 북한도 1970년 11
　　월 공산당대회에서 '가정(家庭)의 혁명화'를 재강조하면서 공동세탁소,
　　밥공장, 반찬공장, 공동식당, 탁아소 등을 설치·운영하였는데, 이는 중
　　국의 경우와 유사하다. 南仁淑, 「북한의 가정생활 실태: 衣食住 생활

모택동이 '집집마다 있는 부엌을 없애라'고 외치면서 중국 전래의
가족제도마저 파괴한 이유는 어디 있는가? 표면에 내세운 것은 봉건
적 속박에서 부인들을 해방한다는 것이었다. 그러나 배후에 숨은 가
장 중요한 이유는 1958년 9월의 『인민일보』가 보도한 바와 같이 '공
공식당·탁아소의 설치에 의해서 1억 명의 부인들을 가사노동에서
해방하여 그 노동력을 농원이나 공장에서 농경작업 또는 제철작업에
전용하고 혹은 철도건설, 혹은 치수사업에 동원하기 위해서'였다.[151]
또 모택동의 눈으로 보면, 프롤레타리아 사회주의 혁명에 가장 완강
한 무언의 저항을 하고 있는 장애물의 하나가 중국 전래의 가족제도
였다. 농민들의 봉건적인 보수성을 타파하고 사회주의적 정치의식을
높여 사회주의 건설에 박차를 가하려 해도 그들은 항상 재래식 가족
제도에 밀착해서 조금도 전진하려 하지 않았다. 조그만 자가보유지
의 경작에만 열중하고 '자가보유지는 자기들의 것, 고급합작사는 공
산당의 것'이라는 관념을 씻지 못하고, 자가보유지에 대한 미련을
언제까지나 버리지 못하였다. 게다가 농민들의 가정은 강대한 공산
당의 힘으로도 침투할 수 없고 탐지할 수 없는 일종의 비밀조직체와
도 같아서 모택동 정권에 대한 불평불만의 최후 보루를 이루고 있었
다. 농민들의 이 줄기찬 무언의 저항을 일거에 진압·소탕하기 위해
서도 가족제도는 파괴해 버릴 필요가 있었던 것이다.[152]

과 女性」, 『北韓硏究(가을호)』(서울: 大陸硏究所, 1990), p.144.

151) 위의 책, p.220.

152) 佐藤眞一郎, 『人民公社』(東京: 綱書房, 1959), pp.96~97; 위의 책, p.223.
재인용. 인민공사 이후 가정생활의 변천에 관해 당시(1959년) 중국문헌
은 다음과 같이 평가하고 있다. ① 집단생활 복리사업이 광범위하게 발
전하여 여성의 가사노동이 놀라보게 격감되어 여성해방에 진일보를 가
져왔다. ② 일가일호(一家一戶)의 가정소비단위가 점차 변하여 집단적
사회조직사업으로 바뀌어 갔다. ③ 가장제가 폐지되었고, 사회주의 가정
의 새로운 면모를 꾸준히 형성하였다. 馬起, 앞의 책, pp.140~147. 또
다른 문헌에서는 인민공사가 ① 사유재산제를 폐지하였고 ② 부녀의 지

그러나 1961년에 이르러 사회주의 건설을 위한 대약진 운동이 내외의 정치·경제 사정에 의해 정체되자 여성의 생산참가도 급속히 감소하고 공공식당도 거의 폐지되었으며 '여성은 가정으로 돌아가라'는 수정주의 노선이 출현하였다. 이러한 역류를 타파한 것이 1966년부터 시작되었던 문화대혁명이다.

나. 문화대혁명

1965년 11월 10일, 모택동의 측근인 소장 문예비평가 요문원(姚文元: 당시 상해시 당위원회 서기)은 상해시 당의 기관지 『문예보』에 「신편 역사극 해서파관(海瑞罷官)을 평한다」라는 논문을 발표하여 역사학자로 알려진 북경시 부시장 오함(吳含)에 대한 전면적인 비판을 개시함으로써 중국의 문화대혁명이 본격화되었다. 이렇게 발단이 된 문화대혁명에 대해 다양한 해석[153])이 내려지고 있으나 일반적 견해는 모택동을 중심으로 한 프롤레타리아 혁명노선과 유소기·등소평 등에 의해 지도되는 실용주의노선 간의 권력투쟁으로 평가되고 있다.

그러나 이 같은 평가는 문화대혁명을 지나치게 권력투쟁적 측면만

위를 향상시켰으며 혼인의 자유를 보장하고 ③ 창기와 성병을 근절시켰다고 주장하고 있다. 劉勝驥, 「中國大陸婚姻與家庭的變遷」, 『中國大陸研究』, (第31卷, 第4期, 1988), p.47; 張弓, 『人民公社』(九龍: 自聯出版社, 1959) 참조. 집단의 생활회와 기시노동의 사회화에 관한 자세한 내용은 Elisabeth Croll, Op. Cit., pp.292-293 참조.

153) Gene T. Hsiao에 의하면, 문화내혁명의 원인에 관해서는 일반석으로 5개의 이론이 있다. ① 모택동과 유소기 사이의 권력투쟁으로 보는 견해 ② 대내외 정책의 결과로 보는 견해 ③ 중소관계와 미국의 베트남전에의 개입에 대한 반응으로 보는 견해 ④ 중국전통의 연장으로 보는 견해 ⑤ 모택동의 개인적인 광기(Insanity)의 결과로 보는 견해 능이다. Gene T Hsiao, The Back-ground and Development of The Great Proletarian Cultural Revolution, *Asian Survey*, Ⅶ(June 1967), p.390; Chong-Do Hah, The Dynamics of the Chinese Cultural Revolution: An Interpretation Based on a Analytical Framework of Political Coalition, *World Politics*, Vol.SSⅣ, p.183; 金永俊, 앞의 책, p.314 재인용.

을 강조한 것으로 기타 사회·문화적 측면을 소홀히 다루는 것이라 하겠다.[154] 왜냐하면 모택동이 이미 문화를 경제적 토대의 반영이라고 규정한 바 있으며, 또 그의 이론에 따르면 중국이 공산화 된 이후 10여 년 동안 토지개혁, 인민공사운동 등을 통하여 많은 부분에서 경제적 토대가 과거 식민지 반봉건사회에서 사회주의로 전환을 시작하였으나 상부구조에 해당되는 문화적 영역에서는 과거의 잔재가 일소되지 못하고 있어 문화대혁명을 일으켰다고도 볼 수 있다. 다시 말해서 문화대혁명은 모택동을 중심으로 이데올로기를 중요시하는 '홍(紅)' 세력과 유소기·등소평 등을 중심으로 한 기술관료인 '전(專)' 세력 간의 권력투쟁이라고도 볼 수 있지만 사회문화적 측면에서는 마르크스－레닌주의 문화정착을 위한 문화투쟁이라고 해석할 수도 있다. 이것은 모택동이 동원한 홍위병(紅衛兵)의 활동에서 잘 나타나 있다.

모택동은 1966년 8월 8일 직접 주재한 8기 11중 전회에서 '문화대혁명'의 강령적 문서라 할 수 있는 '무산계급 문화대혁명에 관한 결정'(흔히 16개조의 결정이라고 한다)을 채택하였는데, 그 주요 내용은 구문화·구사상·구풍속·구습관 등 낡은 문화를 청산하고 사회주의 문화를 정착시켜야 한다는 것이다. 프롤레타리아 문화대혁명의 일반적 의의로 불리는 이 결정의 내용 일부를 소개하면 다음과 같다.

부르주아지가 이미 뒤엎어졌다고 하지만 그들은 착취계급의 낡은 사상, 낡은 문화, 낡은 풍속, 낡은 습관으로 대중을 부식하고 사람의 마음을 정복하고 그들은 재생을 기도하고 있다. 프롤레타리아는 이와는 반대로 이데올로기 영역에서의 부르주아지의 일체의 도전을 맞아 타격을 가하며, 프롤레타리아 자신의 새로운 사상, 새로운 문화, 새로운 풍속, 새로운 관습으로 온 사회의 정신면모를 개변시켜야 한다. 지

---

154) 王章陵, 『中共教育制度』(臺灣: 正中書局, 1980), p.77.

금에 있어서 우리들의 목적은 자본주의 길로 나아가려는 실권파를 짓밟고, 부르주아의 반동학술 '권위'를 비판하고, 부르주아지와 일체의 착취계급의 이데올로기를 비판하고, 교육을 개혁하고, 문예를 개혁하고, 사회주의 경제기초에 적응되지 않는 모든 상부구조를 개혁함으로써 사회주의 제도를 확고히 하고 발전시키는 데 공헌해야 한다.[155]

8기 11중 전회는 전례 없이 대학·고등전문학교의 교원·학생들 대표기 참석하였는데, 특히 관심을 끄는 것은 모의학생 동원, 즉 홍위병 동원을 위한 사전조처였음을 알 수 있다. 그리고 '16개조의 결정'은 전국적 규모로 홍위병을 동원하는 소위 '조반(造反)'운동의 신호와도 같은 것이었다. 모택동은 '대자보(大字報)' 공표 후 곧 홍위병에게 보내는 서한을 공표하였으며, 그 속에서 홍위병의 '혁명적 행동'을 극구 찬양하고 그들에게 열렬한 지지를 표명하였다. 그는 1966년 8월 18일 홍위병의 대집회에 스스로 홍위병 완장을 두르고 출현하여 청소년학도인 홍위병에게 거의 무제한의 지유 부여를 의미하는 '조반유리(造反有理)·혁명무죄(革命無罪)'의 새로운 구호를 외쳤다. 혁명은 모든 것을 정당화하며 그것을 수행하기 위한 일체의 불법행위는 죄가 없으며, 비록 공산당의 기본 조직원리인 민주집중제를 어기고 당과 상위기관에 반항한다 해도(즉 조반한다 해도) 그 것은 정당성을 가진다(有理)는 새로운 형태의 관제폭동 정당화의 구호는 전국에 걸쳐서 청소년의 구호가 되었으며, 그로써 홍위병운동은 무서운 속도로 전국에 파급되었다.[156] 홍위병은 영웅으로 치켜세워져서 '소용장(小勇將)'이라는 이름으로 초칭되었다. 그들은 '착취계급의 시구(舊思想·舊文化·舊風俗·舊習慣)'를 타파하고 '무산계급의 사신(新思想·新文化·新風習·新習慣)'을 확립하는 문화대혁명의 이

---

155) 『紅旗』(第11期, 1966) p.14.
156) 金河龍, 앞의 책, p.239.

름으로 북을 치고 꽹과리를 울리면서 모택동의 사진을 들고 시가행
진을 하고, 도처에서 『모택동어록』을 낭독하고, 집에 모택동의 사진
을 걸 것을 강요하는 등 모택동을 선전했다. 한번 반모(反毛)라고
지적되면 곧 체포되고, 재판을 받고, 고문과 구타를 당하고, 감금되
고, 피살된다. 중앙위원, 중앙상임위원 그리고 주석·부총리·부장·성
장·시장·원수·대장·총참모장·사령원 등과 같은 공산당 및 정부관
원들이 공격당하고, 축출되고, 인민재판을 받으며, 종이 모자를 씌워
거리로 끌고 다니며, 감금당한 사람이 숱하게 많았다. '홍위병'은 떼
를 지어 몰려다니며 도처에서 행인들의 복장까지도 간섭하였다. 남
의 집에 뛰어들어 수색을 하고 재물을 몰수하기도 했으며, 또 멋대
로 투쟁을 벌리고 인민재판을 하였다. 그래서 사회는 소란스러웠고
민중의 생활은 불안스러웠고 자살과 피살자가 많이 생겼다.

임표(林彪)가 말한 문화대혁명은 '모든 착취계급의 낡은 사상, 낡
은 문화, 낡은 풍속, 낡은 습관을 크게 타파해야 한다.'는 것이었다.
이러한 취지의 문화대혁명은 '홍위병'이 공자 초상에 종이 모자를
씌워 시가행진을 하고, 공자묘를 부수고, 고서화·골동품들을 불 지
르고, 신주(神主)를 부수고, 향촉(香燭)을 금지하고, 석사자(石獅子)·
석상(石像)들을 파괴하고, 민가의 고풍의 향취를 가진 가구들을 파괴
하고, 장기나 바둑을 두지 못하게 하고 부녀들의 쪽을 가위로 자르
고, 민주당파를 해산하고, 자본가에게 이자지불을 중지하고, 모든 높
은 봉급을 폐지하고, 신식복장을 금지하는 등으로 전개되어 갔다.[157]

---

157) 葉靑, 『毛澤東思想批判』(臺灣: 帕米爾書店, 1974), pp.434~435. 홍콩
의 시사월간지 『爭鳴』 1991年 7월호에 의하면 1966년부터 10년 동안
중국 전역을 혼란과 소용돌이 속으로 몰아넣었던 문화대혁명의 인적·
물적 피해액은 무려 570억 위안(약 120조 원)에 달한다고 밝혔다. 또
이 기간 동안 전국에서 각종 비판, 투쟁대회가 8,000차례 이상 열려
연인원 120억 명이 시위에 참가하였고, 20억 일 동안 근무하지 않았다
고 보도했다. 『世界日報』(1991. 7. 11) 참조.

홍위병의 이러한 행동들은 부모와 자식, 스승과 제자, 상사와 부하 간에 지켜야 할 기존의 규범과 가치관들을 뒤바꾸어 놓는 그야말로 대혼란을 가져왔다.

당시 중국공산당은 정권수립 후 전통 중국문화를 타파하고, 마르크스-레닌주의에 입각한 새로운 문화정착을 위하여 많은 노력을 경주하여 왔음에도 불구하고, 사회 곳곳에는 전통문화적 요소가 여전히 뿌리 깊게 남아 있었다. 그래서 1968, 1969년의 『인민일보』 등에는 그와 같이 사례들을 구체적으로 소개하고 있다. 다음은 그 구체적 사례의 일부로, 요녕성 능원 인민공사 8간방 생산대대의 젊은 여성 장숙분은 자신의 경험담을 다음과 같이 밝히고 있다.

나의 아버지는 대표적인 하층중농으로 혁명 조반파이기도 하다. 아버지는 타인의 잘못된 사상과 행위에 대해서는 대단히 조반하지만, 자신에게 뿌리박힌 가부장적 권위에 대해서는 조반하지 않는다. 언젠가 남편의 구사상에 조반한 며느리의 얘기를 듣고 아버지는 이렇게 말씀하셨다.

'이 중에 나를 무서워하는 사람이 있는 것 같은데 의견이 있으면 얘기해도 좋다. 나도 아버지 티를 내는 것은 그만두겠다. 지금은 새로운 사회이므로 가정은 가족성원 모두 관리하는 것이다. 나는 권력을 인도하고 싶다.'

나는 말했다.

'그래요. 새로운 사회에는 새로운 기풍이 필요해요. 아비지는 권력을 인도하는 것보다 모택동사상으로 훌륭하게 권력을 행사하지 않으면 안돼요. 그리기 위해시는 어떤 일이든지 남녀노소 구별 없이 노택동사상에 합당한 이견을 따르도록 해야 합니다.'

그러자 오빠가 말했다.

'노인에 대해서는 생활뿐만 아니라 정치적으로도 한층 배려하지 않으면 안 됩니다. 가족 모두 정치에 관심을 두고 그것에 협조하여 혁명적인 가정의 새로운 관계를 수립해야 합니다.'

식구들의 아버지에 대한 비판이 시작되었다.

언제나 아버지에게 말씀하기를 꺼리시던 어머니께서 말씀하셨다.

'작년 달맞이 때, 술을 마시고 싶다고 하셔서 반 되를 사왔었지요. 당신은 그것을 적다고 화를 내시면서 젓가락을 던지는 등 일대 소동을 피웠습니다. 반 되의 술은 당신이 한번에 마시지 못하는 양인데도 인색하다고 생각하는 체면은 나쁘다고 생각합니다. 이것은 확실히 부르주아사상이 아닙니까?'

형수님도 사상적으로 뒤떨어진 동료에 대한 아버지의 태도를 비판하였다.

'아버님은 자신의 생각을 바꾸려고 하지 않아요, 동료에게는 진심으로 원조하지 않으면 안 되는데 타인을 언제나 뒤쳐져 있고 변치 않는 대상으로 보고 있어요.'

여동생도 아버지를 비판하였다.

'작년에 공장이 이사한 뒤에 남아 있던 벽돌을 내가 좀 갖는다고 해서 무엇이 잘못이란 말이냐고 말씀하셨어요. 이것이 어떠한 사조이고 행위인가는 생각해 봐야 해요.'

아버지는 이러한 비판을 솔직한 태도로 받아들이시고 그 다음부터 우리 집엔 혁명적인 새로운 기풍이 세워지게 되었다.[158]

이것은 문혁 직전까지 전통적 가부장제의 사상이 상당히 잔존해 있음을 보여 주는 예라 할 수 있다. 문혁 당시 가정 학습반에서 앞의 예와 같이 부권(父權)·부권(夫權)의 봉건성에 대한 비판이 가장 많은 것으로 나타났다.[159] 또 일부 지방에서는 구중국의 전통적 동족지배 관념이 뿌리 깊게 남아 있었다. 이러한 동족관념은 인민공사의 생산작업에서 자기들의 이익만을 도모하고 본래 생산대의 생산임무를 등한히 하여 비판의 대상이 되곤 하였다.[160]

---

158) 『北京周報』(제47호, 1968); 福島正夫 外, 앞의 책, pp.110~111 재인용.
159) 위의 책, p.112.
160) 『人民日報』(1969. 1. 30).

문화대혁명 직후부터 모택동과 임표를 위시한 혁명노선파들은 각 마을 단위로 모택동사상 가정 학습반을 편성하여 사상정치교육을 단행하였다. 이때 사용된 주교재는 모택동의 저작 중『노만 베튠을 기념한다(紀念白求恩)』(1939. 12. 21)『인민을 위해 복무하자(爲人民服務)』(1944. 9. 8)『우공이 산을 옮겼다(愚公移山)』(1945. 6. 11) 등이었다. 이 노삼편(老三篇) 등을 교재로 하여 구체적 현실 문제와 결합시켜 학습하고 각 개인의 부르주아 사상을 불식하여, 프롤레타리아 계급의 세계관을 확립하는 것이 그 목표였다.[161]

이 세 편의 저작 내용을 살펴보면,『노만 베튠을 기념한다』는 캐나다 공산당원이며 외과의사인 노만 베튠이 1938년 초에 중국에 와서 중국공산당에 합류하여 1939년 11월 12일 하북성 당현(唐縣)에서 부상당한 사람을 긴급 시술하다 감염되어 숨진 사실을 기록한 것으로, 모택동은 베튠의 이러한 자세를 국제주의 정신이요 공산주의의 정신이라며, 그의 이타적인 정신자세를 본받아야 한다고 강조하였다.[162] 또한『인민을 위해 복무하자』에서는 팔로군, 신사군 등 중국공산당이 지도하는 군대는 철저히 인민을 위하는 군대로서 인민이 이익을 위하여 죽어야 한다며 전체주의를 역설하고 있다.[163] 다음은『우공이 산을 옮겼다』는 중국고전『열자(列子)·탕문(湯問)』에 나오는 이야기이다.

옛날 화북 지방 북산(北山)에 우공이라는 노인이 살고 있었는데, 그의 집 남쪽에는 두 개의 큰 산이 있어서 출입하는 길을 가로막고 있었다. 그 하나는 태행산(太行山)이라 했고, 또 하나는 왕옥산(王屋山)이리 했다. 우공은 자기의 이들을 데리고 이 두 근 산을 십으로 파

---

161) 福島正夫 外, 앞의 책, p.109.
162)『毛澤東選集』, 앞의 책, pp.620~622.
163) 위의 책, pp.905~907.

없애려고 결심했다. 그런데 지수(智叟)라고 하는 노인이 이것을 보고 비웃으면서 '당신들은 너무나 어리석은 짓을 하오. 당신들 부자만으로 이렇게 큰 두 개의 산을 파 없애려는 것은 불가능한 일이오'라고 말했다. 이 말을 들은 우공은 '내가 죽으면 아들이 있고 아들이 죽으면 또 손자가 있을 것이니 자자손손은 끝이 없는 거요. 파내면 파낸 것만큼 줄어들 텐데 왜 파 없애지 못한단 말이오'하고 대답했다. 우공은 지수의 그릇된 생각을 반박하고 조금도 동요 없이 매일 산을 팠다. 이 일은 하늘을 감동시키게 되었다. 하느님은 두 신선을 인간 세상에 내려 보내 두 산을 등에 져서 옮겨가게 했다.

그는 위의 내용을 인용하면서, '현재 역시 두 개의 큰 산이 중국 인민의 미래를 짓누르고 있는데, 하나는 제국주의라는 산이고 다른 하나는 봉건주의 산이다'라고 규정하면서, 중국공산당은 이 두 산을 파 없애야 한다고 언급하면서 '중국인민은 모두 단결하여 제국주의와 봉건주의 타도에 앞장서야 한다'고 주장했다.164) 다시 말해서 이 세 저작의 내용은 각 개인의 부르주아 사상을 불식시키는 대신 프롤레타리아 계급의 세계관에 입각한 공산주의의 집단주의를 강조하고 있는 것이라 할 수 있다. 이것은 또, 부르주아 세계관은 '개인'을 의미하고, 프롤레타리아 계급의 세계관은 '전체'라는 관념으로 간주되어, 투사비수[鬪私批修: 사심(私心)과 투쟁하며 수정주의를 비판한다], 파사입공(破私立公: 사심을 버리고 전체를 세운다)이라는 세계관 변혁의 의미로 표현되었다.165) 이와 같이 모택동사상 가정 학습 반은 모택동사상의 학습을 통하여 가정을 관리하고 가족전원은 평등한 동지적 관계라고 하는 새로운 사회주의적 가풍(家風)수립을 위하여 많은 노력을 기울였다.

또한 공산정권이 혼인법 제정 등으로 전통적인 혼인제도를 많이

---

164) 위의 책, pp.1001~1004.
165) 福島正夫 外, 앞의 책, p.109.

비판하고 수정해 왔음에도 불구하고 문혁 전까지 일부 지역에서는 여전히 매매혼이 계속되고 있어 비판의 대상이 되곤 하였다. 뿐만 아니라 자녀 교육에 있어서도 마르크스주의에 입각한 계급투쟁론의 주입이 강요되어 종래 봉건적 관념에 젖어 있던 부모와의 갈등이 야기되곤 하였다.[166]

2) 공산화 이후 문혁까지 가정윤리의 실제

중국대륙을 점령한 중국공산당은 1949년 10월 1일 '중화인민공화국'의 수립을 정식으로 내외에 선포하였다. 앞에서 살펴본 바와 같이, 중국정부가 출범한 후 가장 먼저 실시한 정책이 '혼인법'(1950. 5. 1)과 '토지개혁법'(1950. 6. 30)의 제정이다. 중국정부가 다른 무엇보다도 혼인법과 토지개혁법 제정을 서두른 까닭은 전통적 중국사회가 가정과 친족에 대한 충성을 기반으로 하여 유지되어 온 사회이기 때문에 이를 타파하지 않고서는 그들이 목표로 하고 있는 신국가 건설을 이룩할 수 없다는 판단이 섰기 때문이다.[167] 그래서 그들은 과거 중국인들의 충성심을 가정과 친척에서부터 공산당이나 정부로 전환시키는 것이 급선무라고 생각하였다.

이러한 목적을 달성하기 위하여 중국정부는 '혼인법' '토지개혁법' 제정과 아울러 1958년에는 인민공사를 설립하였고, 이어 1966년부터는 문화대혁명을 일으켰다. 여기서는 중국정부가 1949년부터 문화대

---

166) 위의 책, pp 115~116
167) Francis L. K. Hsü(許烺光), Chinese Kinship and Chinese Behavior, Ping ti Ho and Tang Tsou(eds.), *China in Crisis, Volume 1; China's Heritage and The Communist Political System*, 2(London. Chicago Univ., 1968), pp.582~583.

혁명까지 실시한 '중화인민공화국혼인법'(1950), '토지개혁'(1950), '혼인등기판법'(l955), 그리고 '인민공사운동'(1958) 및 '문화대혁명'(1966~1976) 등이 가정 내의 인간관계에 실제 어떻게 반영되었는가를 살펴보고자 한다.

(1) 부부간의 윤리

과거 전통 중국사회에서의 부부관계는 부고어처(夫高於妻), 부창부수(夫唱婦隨), 삼종사덕(三從四德), 부주외처주내(夫主外妻主內) 등의 용어에 나타나 있는 바와 같이, 남편이 아내보다 절대적으로 우월한 위치를 차지하고 있었다. 이러한 부부간의 불평등한 관계는 앞에서 살펴본 바와 같이 아내를 구타하거나 심지어 남에게 팔기까지 하였다. 그러나 이 같은 전통적 부부관계는 중국공산당이 중국 전체를 공산화하기 이전 중국 일부 지역에서 실시한 '혼인법'과 '토지개혁' 등으로 많은 변화를 가져왔다.

그렇지만 이 같은 조치들은 이른바 중국공산당치하에 있던 강서소비에트 지역이나 연안변구에서만 가능하였지, 중국 전체에까지 확대된 것은 아니었다. 때문에 모택동을 비롯한 중국공산당은 1949년 전국이 공산화되자 그동안의 경험을 토대로 위에서 언급한 혼인법과 인민공사 그리고 나중에는 문화대혁명을 통한 가정윤리의 변화를 시도하였다.

먼저 1950년에 실시한 '중화인민공화국혼인법'(1950)에 나타난 부부관계를 살펴보면, 남존여비사상 폐지, 남녀혼인의 자유, 일부일처제, 남녀권리의 평등, 부녀의 합법적 권리보장(제1조)과 중혼 금지, 과부재혼 간섭 금지, 혼인과 관련된 금품강요 금지(제2조) 등의 항목이 있다. 특히 1950년에 선포한 혼인법에서는 과거 '중화소비에트혼인조례'와는 달리 제3장에 부부간의 권리와 의무규정을 두고 있다. 이를 살펴보면 부부는 가정 내에서의 서로 평등한 지위를 누리며(제

17조), 나아가 서로 사랑하고 존경하며 협조하고 돌보아 주며 화목
하고 생산 활동에 참여하며 가족의 복지와 신사회 건설을 위하여 공
동 투쟁할 의무를 부여하고 있다(제18조). 또한 부부쌍방은 모두 직
업선택의 자유와 노동(공작)과 사회활동에 참가할 자유를 갖는다(제9
조). 그리고 제10조에서는 부부는 쌍방이 가정재산의 소유와 처분에
있어서 동등한 권리를 갖는다고 되어 있다. 또한 제11조와 제12조에
서는 부부간에 각자의 성명을 가질 권리와 상호 상대방의 재산을 상
속할 권리를 규정해 놓고 있다. 그 밖에 제5장에서는 이혼의 자유를
보장하고 있고, 이혼의 절차 등을 상세히 규정하고 있다.

중국공산당은 그들이 수립한 새 정부가 과거 봉건사회나 국민당
정부보다는 좋다는 것을 홍보하기 위하여 모든 가능한 수단을 다 동
원하였다. 그들이 주로 사용한 방법은 신혼인법을 주제로 한 많은
연극·영화·시·노래·포스터·풍자만화·그림전시회 등이다. 딩지안
지방에서 불려진 벼농사 노래 중 다음과 같은 것이 있다.

안장을 두 개 갖는 말은 좋은 말이야.
여덟 번 여자가 결혼한다 해도 여전히 그녀는 고결하단 말이야.[168]

이 노래는 일부종사(一夫從事), 일부종신(一夫終身)과 같은 봉건적
관습에 기초를 둔 속담의 하나인 '좋은 말은 안장 둘을 수락하지 않
으며, 좋은 여자는 두 번 결혼하지 않는다.'는 말을 여성이 자유로이
이혼과 재혼을 할 수 있다는 의미로 대체시키기 위한 의도에서 만들
어졌던 것이다.

중국성부의 이 같은 혼인법 홍보 노력은 사실상 중국 각 가정에
지대한 영향을 미쳤다. 특히 혼인법은 전통적 가치관의 내용과 상반
되는 면이 많아 곳곳에서 갈등을 야기하였다. 혼인법 제정으로 인해

---

168) Elisabeth Croll, Op. Cit., p.261.

가정 내에서 기존의 전통적 부권을 지키려던 남편과 신혼인법에 따른 권리를 찾으려는 아내와의 갈등이 많아 각 가정에서는 부부싸움이 잦았다. 전통적 가정윤리에 따르면 아내는 다른 어떠한 것보다도 먼저 남편의 뜻에 순종할 것을 강요받아 왔다. 심지어 아내는 완벽한 충성심을 보여 주기 위해 남편이 죽으면 세상을 혼자 살아가는 것보다 남편과 함께 하늘나라에 가는 것이 낫다는 확신 아래 자살하는 것을 미덕으로 삼아 왔다.169)

그러나 1950년 혼인법 시행 이후 과거 생각하지도 못했던 일들이 곳곳에서 일어났다. 광동성 북쪽에 위치한 리엔(Lien)마을의 오우 쉬메이(Ou Hsiu-Mei)라는 농촌 부인은 젊었을 때 중매로 량 원지우(Liang Wen-Chiu)와 결혼했는데, 남편 량 원지우는 과거 국민당정권하에서 지방 관리를 지냈다. 공산당이 정권을 잡게 되자 오우 쉬메이는 남편을 고발하여, 정부당국이 악덕 반동분자인 자기 남편을 사형시킬 것을 강력히 요구하면서, 자기는 영원히 당을 따르겠다고 말했다. 이러한 업적으로 그녀는 1951년 3월 30일 농민대표자대회와 반동악도제거 캠페인 평가대회에서 영웅의 칭호를 받아 특수계급으로 분류되었다.170)

그리고 1952년 '3반·5반운동'171)이 전국적으로 확산되어 갈 때, 도시 지역에서는 부인들을 동원하여 그들의 남편들에게 죄를 자백하도록 하는 캠페인이 있었다. 북경 서쪽 멘토우코우(Mentoukou)탄광촌에서는 동년 2월에 23명의 부인들이 그녀의 남편들을 설득시켜 그

---

169) C. K. Yang, Op. Cit., p.178.
170) Ibid., p.180.
171) 三反運動이란 1951년에 전개된 오직(汚職)·관료주의·낭비에 대한 반대운동(老三反이라고도 함)을 말하며, 五反(五害)運動은 1952년 봄 抗美援朝 運動의 일환으로 전개된 것으로 증회(贈賄), 탈세(脫稅), 국가 및 공공의 재산이나 기물을 절취하거나 낭비하는 일, 노임이나 자재소비를 기만하는 일, 국가의 좋은 경제정보를 누설하는 등 다섯 가지 해독을 반대하는 운동을 말한다.

들의 죄를 고백받는 데 성공하였고, 300가지가 넘는 부패행위가 노동자 부인들의 정보에 의해 폭로되었다.[172] 중국정부가 이같이 남편들을 고발하도록 한 것은 충성의 대상을 남편으로부터 정부나 당으로 바꾸기 위한 것이었고, 또 다른 한편으로는 새로이 출범하는 사회주의 건설을 위해 여성들을 집안으로부터 끌어냄으로써 전통적 가정의 권위체제를 파괴하기 위한 것이었다.[173]

또 부부관계에 있어서 중요한 변화는 아내의 가정 내에서의 지위 향상이었다. 과거 집안에서 가사일과 자녀양육을 여성(부녀)의 가장 큰일로만 여겼으나, 혼인법 선포 이후 부인들은 당과 농민조합에서 후원하는 각종 집회에 참석하고 공공활동에 참가하기 위하여 가정에서 뛰쳐나오게 되었다. 예를 들면 1952년 가뭄에 대비하기 위하여 회하(淮河)의 수리 공사가 국가적인 사업으로 추진되고 있을 때 거의 모든 남자들이 이 수리 공사에 참가하고 여자들은 농사일의 많은 부분을 담당하였다. 여성들이 과거와 달리 집 밖의 일에 참여하는 것을 보고 노인들이 '옛날에는 남녀가 불평등하여 여자가 밭에 나가는 일이 없었는데 지금은 밭에서 즐겁게 활동하고 있으니 참 좋은 세상이다'[174]라고 감탄하였다. 혼인법은 과거 부주외 처주내라 하여 기껏해야 부엌에나 나갈 수 있었던 부녀자들을 가정 밖으로 끌어내는 역할을 하였다고 볼 수도 있다. 이 같은 현상은 도시에도 마찬가지였다. 도시여공의 경우 기혼여성이 비교적 많았는데 그들의 대부분은 자기들의 임금을 봉투째로 시부모에게 바치거나, 혹은 남편이 대신 받거나 해서 자기가 번 돈을 만져 보지도 못하는 것이 보통이었다. 더구나 그 여공들이 집에 돌아오면 집안의 노예로서 동물처럼

---

172) C. K Yang, Op. Cit., p.180.

173) Paul H. Clyde Burton F. Beers, *The Far East: A History of Western Impact and Eastern Response 1830~1975*(New Jersey: Printice Hall Inc., 1975), p.451.

174) 小野和子, 李東潤 譯, 『現代中國女性史』(서울: 正宇社, 1985), p.243.

시부모와 남편을 위한 가사노동에 헌신하지 않을 수 없었으므로 공
장에서는 노동의욕을 상실하였다. 그러나 혼인법의 개정 이후 시부
모와의 대화를 통해서 월급을 나누어 쓰기도 하고, 혹은 가정불화를
개선한 여공이 출근율을 높이고 생산고를 급속하게 높인 실례가 적
지 않았다. 가족관계에서의 이 같은 새로운 변화로 인해 개인의 자
유의식이 확립되었고, 또 이는 노동의욕을 자극하여 노동생산성을
높이는 결과를 가져오기도 하였다.[175]

　전통적 부부관계에 큰 변화를 가져다 준 요인 중의 하나는 1950
년에 선포한 토지개혁이다. 전통사회의 관습에 따르면 토지는 오직
가장만이 소유 또는 처분할 권한을 가질 수 있었다. 그러나 신사회
주의 공화국의 토지법은 남녀노소 구분이 없이 1인당 똑같이 분배하
여 젊은 사람과 부녀자의 지위는 전례 없이 높아졌다. 특히 토지개
혁은 혼인법과 더불어 이혼을 촉진시키는 데 큰 역할을 하였다.[176]
왜냐하면 토지개혁 조례는 가정의 각 가족구성원이 이혼할 경우 가
족토지 중 그의 배당분을 분할해 가지고 나올 수 있었으며, 젊은 사
람과 부녀자의 지위를 확실히 강화하는 가족원의 역할과 경제적 수
단에 관한 동등한 권리를 보장하고 있었기 때문이다. 다음은 1951년
티엔신(Tientsin)의 인민법정이 보고한 자료를 통하여 부녀자의 지위
가 과거와는 상당히 다름을 알 수 있다.

　자료의 내용은 부모들의 중매에 의해 대학을 나온 남자가 문맹인
여자와 결혼을 하였으나 두 사람이 문화적 수준의 차이 때문에 원만
한 결혼생활을 할 수가 없었다. 그래서 법원에 이혼을 제기하였으나
법원은 남편에게 부인이 재혼하거나 아니면 자립할 수 있도록 재봉
틀을 사줄 때까지 부인을 부양하라고 명령을 내렸다. 법원의 판결내
용의 일부를 옮겨 보면 다음과 같다.

---

175) 위의 책, p.243.
176) C. K. Yang, Op. Cit., p.74.

부부 사이의 고통은 구사회의 산물이자 중매결혼의 제도가 가져다 준 산물이다. ……부부관계가 지속되는 매일 매일은 피고에게 고통을 더하여 줄 것이며 또 부인의 재혼의 기회를 감축시킬 것이다. 왜냐하면 부인의 이익을 고려해 볼 때, 이혼은 인정되어야 한다. ……그녀는 생산에 적극 참여해야 하며, 또 자립할 수 있어야 한다. 그녀는 작업(노동)과정에서 좋은 배필을 택할 수 있고 그리고 그것이 그녀의 미래를 행복하게 해줄 수 있기 때문이다.177)

여기서 생산에 적극 참여해야 한다는 것은 신사회주의 건설에 여성이 적극 참여해야 한다는 것을 의미한다 다시 말해서 법원이 이러한 판결은 여성을 전통적 관습(夫唱婦隨)에서 벗어나게 하여 사회노동에 참여시키려는 의도가 있는 것으로 보아야 할 것이다.

이 보고서에 나타난 또 다른 경우는 중매결혼을 한 노동자 부부의 이혼 사건이다. 남편과 아내 쌍방이 이혼에 동의했으나, 아내가 전통적 관례에 따라 시부모에게 7년 동안 솜공장에서 일해 갖다 바친 품삯을 되돌려 줄 것을 요구하자 남편이 이를 거절하였다. 이혼을 허락한 법원은 남편가족에게 그 돈을 되돌려 주라고 명령했다.178)

이러한 현상들은 과거 전통사회에서는 상상할 수 없는 일들이었다 다른 한편으로는 이혼이 자유를 잘못 이해한 사람들이 사소한 일로 이혼하고 또 다시 결합하는 경우도 적지 않았다. 그래서 북동지역 지방법원에서는 '인민정부는 이혼을 증진시키려는 것이 아니다. 그리고 혼인법은 이혼법이 아니다. 자기 멋대로 이혼을 위해 이혼의 자유를 택하는 사람은 큰 잘못을 범하고 있다'고까지 하였다.179)

이와 같이 혼인법과 보시개혁이 실시되면서 이혼이 격증하게 되었는

---

177) Ibid..
178) Ibid..
179) Ibid., p.78.

데, 각 지방의 인민법원이 수리한 이혼안건을 연도별로 살펴보면, 1950
년도에 186,167건, 1951년도에 409,500건, 1952년 상반기에 398,243건
에 달했다.

특히 「표 3」에서 제시하고 있는 바와 같이 이 시기 전국의 민사사건
중 혼인분규사건이 전체 사건의 60퍼센트 이상을 차지하고 있다.[180]

이와 같이 공산화 초기 혼인분규는 전체 민사사건에 비해 상당히
높은 비율을 차지하고 있음을 알 수 있고, 시간의 변화에 따라 민사
사건과 혼인분규사건의 절대적 숫자는 감소되고 있으나 혼인분규사
건의 비율은 더욱 높아지고 있음을 알 수 있다. 이러한 현상은 당시
혼인관계에 관한 부부간의 갈등이 심화되고 있음을 보여 주고 있는
것이라 하겠다. 이처럼 막대한 숫자의 이혼을 신청한 것은 여자 측
이 전체의 4분의 3에 달하였다.[181] 이 같은 사실은 남편을 하늘같이
높은 지위에서 끌어내렸다는 것을 의미하며, 중국여성사의 맥락에서
본다면 천지를 뒤바꿀 정도로 중대한 사건이 아닐 수 없다. 또 1952
년 8월 통계에 의하면 1만 5,000여 명이 혼인법 관철운동으로 사망
하였다고 한다.[182] 이러한 사망 숫자는 혼인법 관철운동이 얼마나
많은 문제를 야기하는가를 보여 주는 것이라 하겠다.

「표 3」 공산화 초기 민사사건 중 혼인분규사건의 비율

연도구분	민사사건	혼인분규사건	비율(%)
1953	1,850,000	1,170,000	63.2
1954	1,200,000	710,000	58.84
1955	950,000	610,000	63.73
1956	730,000	510,000	69.7

---

180) 靑山道夫, 「社會改造と人間改造」, 國際法律家連絡協會, 『中國の法と社會』(東
京: 新讀書社, 1960), pp.152~153.
181) 小野和子, 앞의 책, p.236.
182) 周鯨文, 앞의 책, p.206.

혼인법과 토지개혁 실시에 따른 저항은 도시보다는 전통적 관습이 강하게 남아 있는 시골이 더욱 심하였다.

심지어 가장 큰 저항세력은 정부 당(黨)의 관리였다고 한다. 1951년 10월 신혼인법 시행 이후 1년 만에 중국내무성은 지방 책임자들에게 그 법의 시행 여부를 조사토록 지시하였다. 그 결과 '보편적 현상은 중소 지방도시나 시골의 정부간부들은 대부분 혼인법에 대해 반감을 갖고 있다는 것이었다. 심지어 어떤 간부는 전통적 제도를 옹호하는 입장에서 결혼문제를 취급하여 신혼인법에 따라 문제를 제기하는 사람을 고문하거나 감옥에 집어넣기까지 했다'는 것이다.[183] 또 어떤 간부들은 '결혼문제는 개인적인 문제이기 때문에 정부나 법원이 간여해서는 안 된다. 또 이혼은 가정을 파괴하는 것이며 체면을 손상시키는 비도덕적인 일'로 간주하여, 항상 이혼사건을 화해시키려고 노력하는 한편 이혼을 허락하지 않았다.[184] 그래서 대중들은 '이혼하려면 세 개의 관문을 통과하지 않으면 안 된다. 남편의 관문, 시어머니의 관문, 간부의 관문인데 마지막 간부의 관문이 가장 통과하기가 어렵다'고 하며 간부들을 무서워했다고 한다.[185]

정부의 관리들이 혼인법을 이같이 반대한 것은 혼인법에 대한 대중들의 불만을 반영한 것이라 볼 수 있다. 뿐만 아니라 그들 대부분이 공산당이 정권을 잡았을 때 글을 모르는 농민들로 충원되었기 때문에 혼인법의 내용을 잘 알지 못한 데도 원인이 있었다.[186] 그래서 1953년 하위직 간부 약 350만 명에게 혼인법의 이해와 해석에 관한 집중교육을 시켜 전국 1,118개 촌과 111개 도시로 파견하였다.[187]

혼인법에 대한 저항은 도시보다는 농촌 지역에서 많았다.[188] 농촌

---

183) C. K. Yang, Op. Cit., p.36.
184) Ibid., p.79.
185) 小野和子, 앞의 책, p.238.
186) C. K. Yang, Op. Cit., p.38.
187) Ibid., p.38.

사람들은 배우자를 자유롭게 택하고 또 낭만적인 사랑에 의한 결혼
은 성적 음란(Promiscuity)으로 간주하였고, 특히 이혼의 자유를 정부
가 지원한다는 것은 상상조차 못할 악으로 받아들였다. 그리고 이혼
의 자유를 보장하고 있는 혼인법을 가정 및 사회적 관계를 혼란 속
으로 빠뜨리는 조처, 다시 말해서 '가정을 파괴하고 도덕적 의무감
을 없애는 것'으로 간주하였다.[189]

혼인법에 보장된 자유이혼의 실현이 공산화 초기 현실적으로 얼마나
어려웠는가는 1951년 9월 30일자에 보도된 『인민일보』를 통해 알 수
있다. 이날 『인민일보』에 의하면, 강서성 남쪽에 위치한 이싱(Yihsing)
촌에 양 미화(Yang Mei-Hua)라는 21세의 농촌여성은 남편과 시어머니
의 잔학함을 참을 수가 없어서 다른 남자와 결혼하기를 원했으나 마을
사람들에게 붙들려 심하게 매를 맞았다. 결국 그녀는 목을 매달아 자살
하고 말았다.

혼인법과 토지개혁이 기존의 부부관계를 뒤흔들어 놓았으나 1953
년 이후 기존의 가정 관계를 파괴하기 위한 군중노선과 같은 대규모
의 캠페인은 눈에 띄게 감소되었다.[190] 이는 그동안의 다각적인 노
력으로 인해 혼인법이 어느 정도 정착되었다는 것도 원인이 될 수
있겠지만, 보다 더 큰 이유는 중국정부 지도자들이 경제개발문제, 집

---

188) C. M. Chang은 일반 대중들이 혼인법을 반대하는 이유 중의 하나는
    '법 시행 방법'에 있다고 보았다. '토지개혁'에서 본 바와 같이 폭력적
    방법을 사용했기 때문이다. 당간부들이 가가호호 조사하고 '투쟁회의'
    를 열어 어린이들에게는 부모의 포학을 폭로하라고 하였다. '반동' 가
    장은 공개재판에 회부하여 중벌에 처해졌으며, 여러해 전에 성립된 혼
    인을 해소하고 재혼하기 싫어하는 과부들을 억지로 결혼시키기도 하여
    부인들의 비난의 대상이 되었다. 또 저항의 정도를 보면 도시에서는 '부르주
    아적 사상'에 영향을 받아 쉽게 이혼하고 재혼하는 반면 농촌에서는
    '봉건주의 사상' 때문에 반대했다고 보고 있다. C. M. Chang, 「中共의 現
    實」, 『思想界』(1957. 3), pp.284~285.
189) 『人民日報』(1951. 10. 13).
190) C. K. Yang, Op. Cit., p.208.

단농장화, 산업과 상업의 국유화 등 사회주의 국가건설 때문에 가정
혁명에 대한 대규모 캠페인에 관심을 가질 수 없었기 때문이었다.
이 같은 추세는 1953년 이후부터 '인민공사'가 세워지기 전인 1958
년까지 지속되었다.

1953년 이후부터는 가정혁명에 대한 중국정부의 태도에 변화가
일고 있음을 알 수 있다. 1953년 이전에는 여성들은 그들이 해방이
될 수 있는 유일한 길은 '생산노동에 참여하는 것'이라고 들어 왔으
나, 1955년부터는 정부로부터 생산 활동에 참여하는 것을 기다려 달
라는 주문을 받았다. 그 대신에 여성들에게 여성들이 '가정주부(家庭
主婦)'가 되는 사회적 가치를 인정해야 한다고 충고하였다. 1957년
봄, 도시 지역에 많은 실업자가 발생하였을 때, 남성 실업자가 직장
을 갖기 위해서는 일부 직장여성이 가정으로 다시 돌아가야 한다[191]
는 조처가 있었다. 이것은 중국정부가 가정혁명에 대해 취하던 행동
과 다른 것으로 오히려 전통적 가치관, 즉 남자는 바깥일을 하고 아
내는 주로 집안일을 한다(夫主外妻主內)는 것과 유사한 것이라 할
수 있겠다.

다음은 여성에게 가정으로 돌아갈 것을 권고하는 선전물 내용 중
일부이다.

> 만약 집안에 있는 여성들이 사회주의 재건에 참가하고 있는 그들의
> 남편과 자녀들을 격려할 수 있다면, 또 사회주의 재건의 다음 세대의
> 주역이 될 자녀들을 교육시킬 수 있다면, 그들의 집안일(家事)은 혁명
> ·사회적 가치를 지니고 있는 것이나. 동시에 그들의 남편과 나른 가족
> 들이 번 수입에는 이미 여성들의 몫이 포함되어 있는 것이다.[192]

---

191) Ibid., p.210.
192) 『新中國婦女』(1955. 10. No.10), pp.18~19.

이러한 경향은 대중에게도 일반화되어 있었는데, 1955년 해안가 한 도시의 민주주의 여성동맹은 대중에게 『Hun-Yin Fa T'u-Chieh』 (혼인법에 관한 대중 그림잡지) 복사본 400부를 대중들에게 배부하기가 어려웠으며, 또 대중조직들조차 그것을 받아들이려고 하지 않았다고 보고하였다.[193]

한편 1958년에 시작한 인민공사가 가정 관계에 많은 영향을 미쳤음은 이미 앞에서 살펴본 바 있다. '인민공사'운동은 농업의 후진성을 탈피하고 중국농촌의 봉건적 요소를 일소하여 사회주의적 집단소유제를 확립함으로써 중국의 사회주의 발전단계를 공고히 할 뿐만 아니라, 공산주의 단계로 이행할 수 있는 단계까지도 갖춘다는 데 목표를 둔 일종의 다목적·종합적 성격의 농업협동체운동이었다.[194] '인민공사'운동은 대중동원과 자립도를 증진시키고 구조와 기능을 통합하였고, 모든 '인민공사'의 행동은 혁명과업을 위한 당의 정치적 목적에 노력을 기울였으며, 당의 정치적 운동이나 사회적 압력을 발생시키려는 '지령적 정치(Politics Takes Command)'의 행태를 취하였다. 그리고 이를 지도한 원칙은 ① 조직의 군사화 ② 행동의 전투화 ③ 생활의 집단화였다.[195]

인민공사가 탄생하게 된 직접적인 동기는 1957년 가을철부터 1958년에 걸쳐 실시된 관개수리 공사를 위한 활동이었다. 거의 해마다 발생한 홍수와 가뭄은 항상 온 농민들의 고민거리였다. 산을 파내리고 강의 흐름을 변경시키는 대단한 정력을 발휘하면서 남녀 일체가 되어 도처에서 하천의 수리 공사를 진행하면서 동시에 저수지도 축조했다. 겨우 4개월 동안에 과거 4000년 이래의 관개면적을

---

193) C. K. Yang, Op. Cit., p.210.
194) 인민공사의 변천 과정에 관한 보다 자세한 것은 小野和子, 앞의 책, pp.245~247 참조.
195) 白秉勳, 『中國式社會主義論』(서울: 東方圖書, 1991), pp.35~36.

1.5배로 증가시켰다고 하는 이 수리 공사는 농업생산에 전례 없는 대변화를 초래하게 되었다. 이러한 대규모 공사를 진행하기 위해서는 많은 인력이 필요했다. 그리하여 중국정부는 1953년 이후 한동안 부녀자들을 가사에 종사하도록 권장하던 방침을 바꾸어, 또다시 그들을 가정에서 끌어내 사회노동에 참여시킬 필요가 있었다.

대부분의 '인민공사'에서 여성들은 농업생산에 참여하기 시작했다. 수업과 실습을 통해, 여성들은 쟁기질을 하고 땅을 고르고 종자를 교배시키고 거름을 사용하며 추수하는 등의 기술을 배웠다. 또 많은 여성들은 공업과 하천 복구사업에 참여하였다.196) 그러나 여성들의 사회참여로 적지 않은 문제가 발생되었다. 특히 여성들이 종전까지 해왔던 가사노동을 대신하는 방법을 모색하는 것이 급선무였다. 이러한 문제를 해결하기 위한 것이 생활의 집단화였다. 생활의 집단화는 공공식당·탁아소·유아원, 양로원·학교·진료소·목축장 등을 건설하고 개인이나 가족단위의 생활을 없애는 것이었다. 중국정부는 십포[十包, 포(包)란 전적으로 책임진다 또는 보증한다는 의미]라 하여 '먹는 것, 입는 것, 낳는 것, 예식장, 결혼비용, 교육받는 것, 거주하는 것, 취사, 이발, 영화나 연극을 보는 것'을 책임진다고 선전하였다. 십포의 대부분의 내용들은 종전의 가정의 기능을 대신하는 것이었다.197)

'인민공사' 이후의 가정생활의 변화에 대해 당시 중국정부에서는 다음과 같이 평가하였다.

첫째, 집단생활로 인해 복리사업이 크게 발전하여, 부녀의 가사노동이 대단히 줄어들었고, 또 그들(여성)은 철저한 해방이 대료료 질주하게 되었다. 이것은 우리나라에 수천 년 동안 내려오던 전통 봉건적

196) 「新華社通信」(1959. 1. 4); Elisabeth Croll, Op. Cit., pp.294~295 재인용.
197) 周鯨文, 金俊燁 譯, 『共産政權下의 中國(下)』(서울: 文明社, 1982), p.77.

습관인 여성은 남성을 위해 복무하는 가사노동자로 보아 오던 관심과 또 '남주외 처주내'의 관념을 타파하는 것이다.[198]

둘째, 일가일호 (一家一戶)의 가정소비 단위가 점차 변하여 집단적 사회조직사업으로 변했다. 사유재산제 생산에 기초를 둔 가정은 경제 생산과 소비생활의 기초단위로서, 가족성원들의 생활환경과 가정의 빈부와 밀접한 관계를 맺고 있다. 그리하여 사람들의 사상은 종종 '먼저 가정을 사랑하고 후에 국가를 사랑한다(先愛其家而後愛其國)'는 사유관념을 갖게 된다. 그러나 생산의 집단화는 사회주의와 공산주의의 대규모 집체 생산에 요구되는 형식이다. '인민공사'는 앞으로 집체소유제를 전민소유제로 전환하여, 이 같은 공유제 기초 위에 대규모 공업과 농업을 일으킬 고도의 노동집약화를 요구한다. 따라서 확대된 가정생활·조직이 필요하며, 그렇게 될 때 거대한 생산력 발전이 있게 된다.[199]

셋째, 가장제가 폐지되고 사회주의 가정의 새로운 면모가 부단히 형성된다. 새로운 생산조직형식, 새로운 생활조직방식, 새로운 분배제도에 따라 이미 가장제의 물적 기초는 상실되었다. 따라서 가정 내에서의 가정성원의 경제적 지위는 완전 평등을 이루게 되었다.[200]

요컨대 또 '인민공사' 설립으로 인하여 여성들의 가사노동이 사회화됨으로써, 대다수 농촌 부녀자들이 가정으로부터 해방되어 남자와 똑같이 사회적 생산노동에 참여할 수 있는 동등한 권리를 부여받았고 이로 인하여 남녀결합에 있어 혼인관(연애관)이 매우 새롭게 변하였고, 또한 부녀자들이 경제력을 확보하게 되자 구습관과 전통적 사고, 즉 남편과 가정의 속박에서 벗어나게 되어 독립된 생존사고의 기초위에서 노동에 참여하고 행복한 생활을 누리게 되었다는 것이다. 나아가 일부일처제가 '인민공사'로 인하여 전혀 영향을 받지 않

---

198) 馬起, 앞의 책, p.145.
199) 위의 책.
200) 위의 책.

앉을 뿐 아니라 오히려 철저히 실현되었으며, 이혼문제에도 새로운 변화가 있었다는 것이다.[201]

그러나 인민공사의 3대 원칙인 조직의 군사화, 행동의 전투화, 생활의 집단화는 지방말단에 이르러서는 사실상 농민들을 24시간 혹사하는 결과를 빚어내었다. 특히 생활의 집단화는 전통문화의 근원이라 할 수 있는 가정을 사실상 소멸시킴으로써 농민들의 생활의욕을 크게 저하시켰으며, 부인을 가사에서 해방시켜 그들의 노동력을 생산에 동원하기 위해서 강행한 공공식당에서의 식사제도는 오히려 허다한 난점과 아울러 식량의 낭비를 초래하였다. 또한 인민공사에서의 자급자족을 위한 각종 공산품 제조, 특히 재래식 방법에 의한 광산개발이나 제철·제강은 조잡하고 쓸모없는 물품을 양산하여 오히려 인력과 자원의 낭비를 가져왔다.[202]

인민공사는 여성해방을 위해서 새로운 세계를 개척한다고 하였으나 그 전도는 결코 평탄한 것은 아니었다. 사람들 중에는 사유제 사회가 남겨 놓은 옛 봉건사상과 공산화 이전의 자본주의적인 경향도 청산되지 않고 남아 있었다. 특히 1959년 이후 3년 동안 계속된 자연재해로 경제적 상황이 좋지 않자 유소기 일파의 실용주의노선의 영향하에 자본주의가 부활하는 경향이 자못 강하게 나타나고 있었다. 모택동은 유소기를 중심으로 한 이른바 수정주의와의 투쟁 없이는 새로운 코뮌 '인민공사'의 존립도 불가능하다고 판단하였다. 이러한 상황에서 전개된 것이 바로 '문화대혁명'이었다.

1966년 5월 16일 중국공산당 중앙본부의 소위 '5·16지시'로 시작된 '문화대혁명'은 중국 사회주의 혁명에 있어서 상부구조 영역의 투쟁, 즉 부르주아적 세계관과 수정주의 노선을 타도하고 프롤레타리아 계급의 세계관을 확립하기 위한 혁명이었다. 이 '혼(魂)'에 관계

---

201) 위의 책.
202) 金河龍, 앞의 책, pp.186~187.

된 혁명'이라 하는 문혁은 가정의 혁명화라고 하는 사회주의사회의 중대 문제와 함께 추진되어 1958년의 대약진, 인민공사 시기의 가정 변혁을 잇는 획기적 의의를 지니고 있다. 사회전반을 휩쓸고 있던 혁명의 분위기는 가정에도 그대로 영향을 미쳤고, 중국정부는 많은 집회나 대자보를 통하여 봉건주의 가족제도를 사구(四舊)타파의 차원에서 실시하였다. 다음에 소개되는 두 가지 인용문을 통해 중국정부가 실시한 가정의 혁명화 내용의 일부를 엿볼 수 있다. 첫 번째 내용은 남편이 아내를 고발하는 내용이며, 두 번째 내용은 아내가 집안일을 보지 않고 각종 집회에 나다니는 것을 못마땅하게 여기는 남편에게 당 여성 간부들이 그 남편과 시어머니를 찾아가 교육시키는 장면이다.

　　그는 '분리시켜 무너뜨린다' '활로를 부여한다'는 정책에 순응하여 자기의 활로를 찾았다. '대의를 위해서 사사로운 정을 버리고' '반대파에 붙는 일격'을 가하는 태도를 취했다. 내가 3년에 걸친 흉년 때 나라를 팔고 적에게 투항하려고 모의했었다고 고발했다. 사실은, 1962년에 해외의 친척 한 사람이 별세하면서 내게 얼마간의 유산을 남겼는데 내가 그것을 받으러 가지 않던 것에 불과했다. 그러나 남편의 고발만큼 유력한 증거는 없다. 나는 머리를 절반쯤 잘리고 땅바닥을 개처럼 기도록 요구받았다. 나의 남편은 그것으로서 '관대한 조치'를 받고 '해방'되었다.[203]

　　따자이 생산대에서는 당이 쿠 아이린을 후원해 주기 위해 중재역할을 했다. 1967년 겨울 어느 날 밤, 그녀가 인민공사모임을 마치고 집으로 돌아왔을 때, 아기는 저녁내 울고 있었고 남편은 격분해 있었으

---

203) 戴厚英, 신영복 옮김, 『사람아 아, 사람아』(서울: 다섯 수레, 1991), pp.192~193. 이 소설은 문화대혁명 때 작가의 체험을 토대로 쓴 것으로 대표적인 현대 중국문학 작품 중 하나이다.

며 시어머니는 기분이 몹시 상해 있었다. 남편은 늘 노발대발했으며 모임에 참석하는 날이면 이러한 소동이 계속되었다. 당 분과여성들이 이야기를 듣고 나서 그들은 남편들 중 한 사람을 쿠 아이린의 남편과 이야기하도록 보냈다. '우리 남자들이 일하러 나가면 여자들은 우리가 집에 돌아올 때까지 집을 지키고 불평하는 법이 없다. 그런데 왜 우리는 그녀들이 모임에 갈 경우 아이들을 돌볼 수 없단 말인가? 여성들은 생산대의 절반을 차지하고 있는데 당신도 아시다시피 생산대의 반이 가정에 묶여 있다는 것을 상상만이라도 해보시오, 어떻게 생산과 혁명이 진전될 수 있겠는가?' 이런 이야기가 진행되고 있는 동안 여성간부들은 시어머니와 이야기를 나누었다. '구사회에서는 사실 우리 여성들은 인간도 되지 못했다. 우리는 아무런 말도 할 수 없었다. 이제 모택동동지와 공산당이 우리를 해방시켜 주었다. 우리는 이제 여성들이 공적인 문제에 참여할 수 있도록 강력히 밀어 주어야만 한다.' 이렇게 해서 쿠 아이린의 가정에 평화가 찾아왔다.[204]

위의 내용을 통하여 중국정부가 전통적인 부부관계를 타파하려고 부단히 노력하고 있었음을 알 수 있다. 특히 문혁 당시에는 프롤레타리아 계급관과 당에 충성하는 것을 최우선의 가치덕목으로 삼아 부부관계에 있어서도 이것이 그대로 적용되도록 선전하였다.

(2) 부모와 사녀 간의 윤리

전통 중국사회에서 부모와 자녀 간에 지켜야 할 도리라 할 수 있는 '부자자효(父慈子孝)'의 가치관은 1949년 공산화 이전 중국공산당 치하에 있었던 강서소비에트 지역과 연안변구(延安邊區) 지역에서는 이미 상당 부분이 파괴되었음은 이미 앞에서 살펴본 바와 같다. 그러나 전통적인 부자간의 관계가 본격적인 변화를 가져오게 된 것은 1949년 중국공산당이 전국을 통일하고 난 후부터라 할 수 있

---

204) 『北京評論』(1973. 3. 30), Elisabeth Croll, Op. Cit., pp.351~352 재인용.

다. 여기서는 1949년 중국공산화 이후부터 문화대혁명까지 부모와
자녀 간의 관계변화를 살펴보고자 한다.

1840년 아편전쟁 이후 많은 중국의 개혁가들은 중국이 서양을 뒤
따라가기 위해서는 무엇보다도 가정에 대한 충성심을 국가에 대한
충성심으로 전환시켜야 된다고 역설하였다. 이러한 주장은 강유위(康
有爲)나 오우(吳虞) 그리고 중국 공산정권도 동일한 입장이었다.[205]
그래서 중국 공산정권은 정권의 초창기부터 가정에 대한 충성심을
타파하기 위하여 많은 노력을 기울여 왔었다. 그러한 노력의 일환으
로 시도된 것이 혼인법 제정과 토지개혁이다. 특히 공산정권은 정부
(국가)에 대한 충성에 방해물이 되는 것에 대해서는 모든 수단과 방
법을 다 동원하여 제거하려 노력하였다. 그러한 정부의 방침은 전통
적 가치관과 자연 충돌을 일으킬 수밖에 없었는데, 그중 가장 큰 장
애물은 가부장제였다. 전통적 가정에서는 모든 권한이 가장에게 다
부여되어 있어 자녀들은 단지 가장에게 복종할 의무만 있었지 권한
은 부여되어 있지 않았다.

중국정부는 신사회주의 건설에 방해가 되는 모든 것을 정부에 고
발토록 하였으며 만약 알면서도 고발하지 않으면 법에 의해 처벌받
도록 하였다. 그러나 중국정부가 정권 초기에 택한 방법들은 주로
대중운동(군중노선)에 의한 것들이 대부분이었다. 그래서 각 지역에
서는 소고회(訴告會)가 많이 개최되었다.[206] 구체적인 예로써 1952
년 5반(反)운동 기간 중에 상해 복단대학(復旦大學)의 신민주주의
청년연맹 소속 600여 명의 학생들은 그들이 가족들의 죄를 고백하도
록 설득하라는 압력을 받았다. 이 연맹의 많은 단원들은 '나는 아버

---

205) C. K. Yang, Op. Cit., pp.173~174.
206) 1950년 토지개혁운동을 전개해 나가는 과정에서 자식이 부모의 포학을 폭
로하여 '반동' 가장은 공개재판에 회부되어 중벌에 처해지는 경우가 많
았다. C. M. Chang, Op. Cit., p.284.

지를 고백하도록 설득할 것이다. 만약 그가 거절한다면, 나는 그를 고발할 것이다'라고 서약하였다. 이것을 보고 이 대학의 다른 남녀 학생 1,146명도 가족을 설득하기 위해 집으로 갔다. 이러한 운동은 전국적으로 큰 도시의 학교, 직장 그 밖의 모든 단체로 확산되어 갔다.[207] 또 홍콩에서 발행되는 『대공보(大公報)』 1951년 4월 18일자에는 아버지를 고발하는 내용이 다음과 같이 소개되고 있다.

> 나의 아버지는 봉건주의 사회에서 주요 인물이었다. ……1950년 3월 그는 반란에 참여하였고 집에서 도망 나갔다. 처음에 나는 이해력 부족으로 정부를 비난했다. 그러나 다음 반복 '학습'을 받은 후 나는 마침내 아버지에게 많은 잘못이 있음을 알게 되었다. 나는 신민주주의 청년연맹에 가입하였고, 거기서 받은 교육은 나의 사상의 개선에 크게 도움이 되었다. 나는 동지들이 그들의 반동적인 아버지 문제를 정확히 다루고 있는 것을 보고 깊은 감명을 받았다. 여기에 감화를 받아, 나는 나의 아버지의 모반에 대해 분석을 시작하였다. 오랜 연구 끝에 나는 그의 모반에 대한 이유를 찾아내었다.
> 첫째 그는 수천 개티(Catty, 중국·동남아시아의 중량단위로 1 1/3 파운드 상당)의 정부 양곡을 착복하여, 처벌을 두려워하여 도망하였으며, 둘째 그는 지방정부로부터 온 세 번의 소환을 무시하였다. 그래서 나는 그의 모반이 강도들에 의한 강압에 의한 것이 아니라 반혁명과 만인빈석인, 제계적이고 사전 계획된 행동인 것을 깨닫게 되었다. 그 후 아버지에 대한 나의 태도는 동성에서 증오로 바뀌기 시작했다. ……결국 아버지를 찾았으나 나는 아버지를 고발할 것인가 말 것인가로 많은 고민을 하게 되었다.
> 밤새 고민 끝에 나는 마침내 나의 잘못된 생각(아버지에 대한 동정심)을 분쇄하고, 스스로 '혁명에는 타협이 있을 수 없고, 투쟁에는 감상주의가 있을 수 없다'는 원칙을 따르기로 결심하였다. 나는 나의 입장을 재확인하고, 경찰당국을 찾아가 책임동지에게 고발하였다. 그때

---

207) 『解放日報』(1952. 4. 28), p.3.

나는 아버지에게 다가가서 그의 과거 잘못을 고치고 개심할 것을 요
구했다. 아버지는 '네가 어떻게 나에게 이렇게 할 수 있느냐?'고 말했
다. ……그 후 그는 광한(Kwanghan)에 있는 감옥에 수감되었다. ……나
의 임무는 드디어 끝났다. 나는 마음이 가벼워졌고 행복감을 느꼈다.
왜냐하면 인민으로부터 위험한 인물을 제거했기 때문이다.[208]

이와 같이 자식이 부모를 고발하는 행위는 전통적인 부모와 자녀
관계를 완전히 단절시키려는 중국공산당의 의도적인 행동이라 하겠
다. 그 뿐만 아니라 초기 공산정권은 전통적으로 모든 재산권이 가
장에 속해 있던 것을 토지개혁을 빌어, 가족전체를 단위로 하여 분
배한 것이 아니라 남녀 구별 없이 1인당 같은 양의 토지를 분배하였
다. 그리하여 가장의 권위는 실추되고 말았다. 그 대신 부녀자와 자
녀들의 가정 내의 지위는 크게 향상되었다.[209]

또한 전통사회의 가장의 권한 중의 하나로 여겨져 왔던 것이 자녀
결혼문제에 있어서의 절대적 권한 행사였다. 전통사회에서 자녀결혼
은 본인의 의사와 관계없이 부모의 뜻대로 결혼시키는 것이 관례였
다. 심지어 심한 경우에는 돈을 받고 파는 경우도 있었는데, 이것을
포판혼(包辦婚)이라고 한다. 실제로 중국공산당이 1951년에 선포한
'중화소비에트공화국혼인조례'의 제1조에 언급되어 있는 것만 보아
도 당시 포판혼인의 풍습이 강하게 작용하고 있었음을 짐작할 수 있
다. 그러나 신혼인법에서는 결혼과 이혼의 자유를 법적으로 보장하
고 있고, 또 부모에 의한 강제결혼을 금하고 있어, 부모의 자녀문제
에 대한 통제권이 약화될 수밖에 없었다. 신혼인법 제정으로 가정
내에서 여성과 자녀들의 권리는 신장되었고, 또 신부의 지참금 제도

---

208) Li Kuo-hsin, How I seathered my family crisis, *Ta Kung Pao*(Hong
    Kong)(1951. 4. 18), p.2, 7; C. K. Yang, Op. Cit., pp.176~178.
209) C. K. Yang, A Chinese Village in Early Communist Transition, Op. Cit.,
    pp.178~179.

와 강제결혼의 불법화, 이혼의 자유 및 재산소유에 대한 남녀의 동
등한 권리보장 등으로 전통적 관습은 많은 타격을 받았다.

중국정부의 이 같은 노력에도 불구하고 가정 내의 전통적 가장의
권위가 모두 없어진 것은 아니었다. 정부의 통치권이 강하게 작용하
는 대도시 등에서는 정부의 정책이 많이 반영되었다고 볼 수 있으
나, 멀리 떨어져 있는 중소도시나 농촌에서는 과거의 풍습과 봉건적
가부장사상이 그대로 남아 있었다.[210] 양경곤(楊慶堃, C. K. Yang)은
섬서성(陝西省)에서 제출한 한 보고서를 소개하면서, 1953년 이후에
성 내에서 중매결혼(Arranged Marriage)이 부활되고 있었으며, 특히
전통적 의식에 따라 매매혼(Cash and Carry)이 이루어지고 있었다고
한다. 어떤 농촌마을에서는 혼인의 90퍼센트 이상이 이 같은 전통적
방식으로 성사되었다고 언급하고 있다.[211] 다음 내용은 섬서성의 농
촌에서 있었던 한 예이다.

> 혼기에 있는 처녀가 그의 부모에 의해 상품처럼 최고의 경매가에
> 의해 팔려간 사건은 잘 알려져 있었다. ……진샨(Chin-Shan)촌의 한 마
> 을에서 한 촌장은 암소 한 마리와 오두막 두 채를 주고 아들에게 며
> 느리를 사주었다. 또 같은 마을 한 소녀는 두 번이나 팔려갔는데 나
> 중에 팔린 가격은 24위안(약 100달러)이었다. ……샹(Shang)촌에서는
> 한 청춘남녀가 사랑에 빠졌으나 소녀의 아버지가 총각에게 결혼비용
> 을 150위안 요구했고 총각이 가진 돈이 100위안밖에 안 되어, 결국
> 그 소녀는 부자 노인에게 강제로 팔려갔다. ……푸핑(Fu-ping)마을의 한
> 늙은 노인은 그의 이혼한 딸을 돈 200위안과 좋은 관(棺)을 받고 팔
> 았다.[212]

---

210) Ibid., p.245.
211) C. K. Yang, Chinese Communist Society: The Family and The Village,
Op. Cit., p.210.
212) Ibid., p.211.

위의 인용구는 공산화 이후 구습을 타파하려고 중국정부가 많은 노력에도 불구하고 오랫동안 지속되어 온 전통적 혼인관습들을 일시적인 정책이나 대중운동만으로는 변화시킬 수 없음을 보여 주는 좋은 예라 하겠다. 이 같은 한계를 인식하고 시작한 다음 단계의 조처가 곧 1958년부터 시작된 '인민공사'운동이었다. '인민공사'운동은 중국정부가 농업의 후진성을 탈피하고 중국농촌의 봉건적 요소를 일소하여 사회주의적 집단소유제를 확립함으로써 새로 탄생한 중국의 사회주의를 발전시키기 위한 농촌협동체운동이었다. '인민공사'운동에서는 공동식당·탁아소·양로원·학교·목축장·진료소·어린이보호시설 등과 같은 공동체 서비스 사업들이 대규모로 실시되었기 때문에 사람들의 소비생활이 전처럼 가족 내에서만 이루어진 것은 아니었다. 가족은 이제 더 이상 경제적 생산단위가 아닐 뿐만 아니라, 완전한 소비단위도 아닌 이러한 새로운 환경 내에서 생산 관리와, 가족 재산처분 등의 기능으로 가부장제에 부여되었던 권력은 그 의미와 유용성을 상실하게 되었다.213)

그러나 많은 사람들은 '인민공사'로 인해 가족이나 가정이 없어지는 것으로 생각하여 많은 두려움을 느끼고 있었다. 그래서 중국정부는 '인민공사'가 결코 가족제도를 없애기 위한 것이 아니라 봉건적 가부장제를 없애기 위한 것이라고 홍보까지 하였다. 다음은 1959년 4월 8일자 『하북일보(河北日報)』에 실린 내용이다.

　　'인민공사의 설립과 집단생활 시설들의 설립이 가족의 소멸이나 파괴를 초래하지 않을 것이며, 그렇게 할 수도 없을 것이다.' 가부장제에 기반을 둔 가족과, 남녀의 자유로운 결혼에 의해 이루어진 공동생활 형태의 가족과는 구별되어야 한다. 이러한 공동생활 형태로서의 가족의 존재는 인류가 존속하는 한 계속될 것이다. 공산주의 사회에

---

213) 周鯨文, 앞의 책(下), p.77.

서 우리는 가족이 소멸되어야만 한다는 객관적 근거와 필요성을 발견
할 수 없다. 그러나 가부장제의 몰락은 분명히 '여성과 아동의 진정하
고 완전한 해방'을 의미하게 될 것이다.[214)

요컨대 '인민공사'의 집단공동생활로 인하여 전통적 부모와 자녀
간의 관계, 즉 가부장적 권위와 부권제(夫權制)에 많은 변화가 초래
되었다. 그러나 의욕을 가지고 출발한 '인민공사'운동은 모택동과 임
표(林彪) 등의 지나친 정치우선주의와 1959년부터 1961년까지 3년간
중국본도를 연속하여 휩쓴 내흉작 등으로 실패하고 말았다.

그 다음으로 부모와 자녀 간에 영향을 미친 정책은 '문화대혁명'
이다. 일반적으로 모택동을 비롯한 프롤레타리아 혁명노선과 유소기
·등소평 등이 지도하는 실용주의노선 간의 권력투쟁으로 평가되는
'문화대혁명'은 중국을 혁명의 도가니로 몰아넣고 사회전반에 영향
을 미치지 않은 곳이 없었다.

'문혁'이 부모와 자녀 간에 미친 가장 큰 영향은 자식의 부모에
대한 고발이었다. 당시 홍위병들은 모택동의 지시에 따라 '조반유리
혁명무죄(造反有理革命無罪)'의 구호 아래 부모·스승·직장상사 등
기존 사회의 상하질서와 권위체제를 완전히 뒤바꾸어 놓았다. 다음
에 소개되는 내용은 자식이 자기 아버지를 고발하는 대자보의 내용
이다.

제일 먼저 리의 아버지를 비난하는 대자보가 눈에 띄었다. '국민당
외 간첩인 리 시아오중을 공개 비판하리!'라는 요구와 함께 대자보는 시작
되고 있었다. '비록 리 시아오중이 오래된 당원이기는 하지만, 그는 자
신의 본색을 감추기 위하여 당원복을 걸치고 다닌다. 혁명 이전에, 그
는 국민당의 중앙일보에서 일했었던 열성 기자였으며 우리가 장개석

---

214) Elisabeth Croll, Op. Cit., p.310 재인용.

도당을 대만으로 몰아내었을 때, 그는 자진해서 스파이로 본토에 남아 있기로 했다. 매일 그는 국민당을 위한 정보를 수집하고 있으며, 내부로부터 우리에게 대항하는 공작을 벌이고 있었다. 교정원이라는 신분을 이용하여 그는 '만(萬)'자를 고의적으로 뒤집어 놓은 경우처럼 당에 대한 자신의 증오심을 나타낼 수 있는 많은 기회를 가지고 있었다. 그러나 우리의 위대하신 지도자동지 모택동주석님은 이러한 스파이의 농간에도 불구하고 만년, 만만년 동안 영원한 삶을 누리실 것이다. 리 시아오중을 처단하라!'

나는 도저히 믿을 수가 없었다. 리는 수차에 걸쳐 내게 자기 아버지가 혁명 이전에 지하당원으로 활약했었던 이야기를 해준 적이 있었다. 이것은 마치 리의 아버지를 울퉁불퉁한 거울에 비쳐보는 것과 같았다.[215]

그리고 다음 내용은 친구들이 자기 아버지에 관한 대자보를 붙이자 집에 와서 아버지에게 항의하면서 집을 떠나는 장면이다.

'네가 원한다면, 나와 모든 관계를 끊어도 돼. 원한다면, 학교에 가서 살도록 해. 그러나 네게 한 가지만은 분명히 말해 주마. 네가 나를 아무리 미워한다고 할지라도, 나는 항상 모택동주석님께 충성을 다 바쳐 왔어. 그리고 항상 당과 사회주의를 옹호해 왔다고 자부한다.'
'가야 한다면, 가겠어요!'
침구와 옷을 집어 들면서, 팡이 소리쳤다.
'나는 더 이상 이 반혁명주의적 가정에 머무르고 싶지 않아요. 반혁명주의적인 아버지와 어머니는 필요가 없단 말이에요!'
웨이핑도 팡의 뜻을 따랐다. 단념의 뜻을 나타내면서 웨이핑이 말했다.
'저도 가야 되겠어요.'
'그렇게 하는 것이 좋을 것 같아요.'

---

215) 梁桓, 정성호 옮김, 『革命의 아들』(서울: 後里出版社, 1983), p.69.

아버지의 눈이 충혈되었다.

'가, 너희들 모두 가버려, 가란 말이야! 너희들을 탓하지 않겠다. 너희들을 붙잡고 싶은 마음은 없어!'[216]

이러한 현상은 가정에서만 일어난 일이 아니라 사회 전반적인 분위기가 가정에까지 투영된 것이라 하겠다. 비록 권력투쟁의 한 방법으로 이루어진 일이기는 하지만 기존의 가치관을 뒤엎는 것으로써 인간의 기본적 관계라 할 수 있는 부모와 자녀 간의 관계까지도 혁명을 위해 이용한 것임을 알 수 있다.

한편 이 같은 '문혁'의 와중에서도 중국정부가 법으로 금하고 있던 매매혼이 이루어지고 있음을 다음에서 알 수 있다.

농민들의 유일한 수입원은 정부에 돼지를 팔아 한 마리 당 받는 20위안 정도의 보잘것없는 돈이 전부였다. 만약 이 돈을 10년이나 혹은 그 이상의 기간 동안 신중하게 저축해 둔다면, 신부를 살 수가 있었다 (그 당시에 신부를 사려면 최소한 300위안이나 400위안이 필요했다).

우리가 있던 생신대에는, 이제 중년으로 접어들게 된 남자들 중에 적어도 8명 정도가 경제적 능력이 없어서 결혼을 하지 못하고 있었으며 200위안의 비용밖에 들지 않는 초가집조차도 근래 몇 년 동안 새로 지어진 적이 없었다.[217]

또 문혁 기간 중 하방(下放)이라는 이름하에 가족들이 모두 흩어져 지방으로 내려갔기 때문에 온전한 가정생활을 할 수가 없었다. 문혁은 단지 가정뿐 아니라 온 중국의 기존 가치체계를 전도(顚倒)시키는 그야말로 선대미문의 문화혁명이었다.

---

216) 위의 책, pp.74~75.
217) 위의 책, p.194.

(3) 형제자매간의 윤리

형제자매간의 관계에 대해서는 중국정부가 큰 관심의 대상으로 삼지 않았던 것 같다. 왜냐하면 형제·자매 관계는 상호 이해관계가 대립되기보다는 일치되는 경우가 많았기 때문에 국가가 특별히 그들의 관계에 개입할 필요성을 느끼지 못했기 때문이다.

그러나 공산화 초기에는 다른 사회주의 국가와 마찬가지로 프롤레타리아 계급주의, 즉 당파성을 강조할 때는 형제자매간이라도 당 정책에 위배될 경우 비판의 대상에서 제외될 수는 없었다. 다음 두 가지 경우가 그것을 보여 주고 있다. 상해 『지방지보(地方紙報)』 발간 책임자인 훈 이춘(Hun Yi-chun)은 그의 지위를 이용하여 반동지주인 그의 누이를 옹호했다는 이유로 당으로부터 다음과 같은 평가를 받았다.

> 토지개혁에 있어 훈(Hun)은 친구와 적(누이를 지칭)을 구별하지 못했으며, 또 그의 책무를 잊어버리고 지주를 옹호했다.[218]

또 북경대학 서양어학과 교수이자 공산당 당원이며, 동시에 교육노동자 전중국연합 북경시위원회 실행위원장인 유 춘엔밍(Yu Chuan-ming)은 국민당 첩자이며 지주인 그의 형을 도왔다는 이유로 당원자격을 박탈당했다. 그는 '내 자신의 잘못은 전적으로 봉건적 형제애의 감상에 물들어 당의 관점을 분명히 하지 못한 데 있다'[219]고 자아비판을 하였다. 여기서 알 수 있는 것은 형제자매간의 우애보다도 계급적 이익을 우선시하고 있음을 알 수 있다. 이는 공산정권 초기에는 전통적 가족관계를 타파하고 모든 충성의 대상을 당과 국가에로 귀일하기 위한 것으로 보인다.

---

218) C. K. Yang, Ibid., pp.180~181.
219) 『人民日報』(1951. 12. 1).

(4) 조상친족 간의 윤리

모택동은 일찍부터 조상숭배의 근원이 되고 있는 사당(祠堂)과 족권(族權)의 타도를 주장해 왔는데,[220] 이는 전통사회의 근간을 이루고 있는 종법제도를 타파하지 않고는 완전한 사회주의가 이루어질 수 없다는 판단에 따른 것이라 할 수 있다. 그래서 공산화 이전에도 족권을 뒷받침하고 있는 조상숭배와 친족관계 해체에 많은 관심을 보였으나 본격적인 정책을 시행한 것은 1949년 공산화 이후였다.

전통 중국사회의 가족제도는 고도로 통합된 제도로서 가족조직은 그 조직의 보전과 관련하여 각 개인의 신분, 이해관계와 감정 등에 상응하는 지위와 대우를 입증하는 방책을 이용하여 그 기능을 발휘하게 된다. 따라서 개인적 이해관계의 발전이 가족집단의 단결을 분열시키는 것을 방지하기 위해서는 각 가족원 신분에서 기인하는 지위 면을 각별히 강조하였다. 그러므로 개인들을 가족·친족의 성원으로서 공동체의식을 갖도록 하는 통합적 측면과 공동체 내에서 신분에 걸맞는 지위와 역할을 하도록 하는 것은 가족제도가 원만하게 그 기능을 발휘할 수 있는 중요한 구조상의 요인이었다.[221]

전통 중국의 관습에 의하면 부모는 그들 자녀의 배우자를 선정하고 그들의 결혼에 관한 모든 중요한 결정을 하게 되는데 이러한 것은 가장의 지시하에 가족 전체의 문제로 취급되는 것이지, 결코 결혼 당사자의 이해관계에만 국한된 사건으로서 처리되는 것이 아니었다. 즉 결혼의 재래복적은 부계가족을 계승시키고 조상제사를 지낼 남자후손을 얻고 '소향(燒香)'을 계속하며 양친을 조력할 주부를 맞아들이며 양친 노후의 평안을 위하여 경제력 있는 번창하는 가족을 이룩하는 데 있었다. 그러므로 민약에 자식이 양친이 신택한 배우사

220) 『毛澤東選集』, 앞의 책, pp.31~32.
221) C. K. Yang, A Chinese Village in Early Communist Transition, Op. Cit., p.82.

를 회피하는 경우에는 이 결혼이 당사자가 아니고 양친과 가족의 관심사라는 것을 상기해야만 되었다.

관례적인 결혼절차와 의식은 결혼한 자식이 처와 같이 신가정으로 분가하는 것을 방지하고, 외래 신부가 가장에 복종해야 할 남편가족 사생활의 일원이 되도록 구상되어 있었다. 결혼생활의 숙명에 관한 인습적인 관념, 신부에 대한 의례금(儀禮金)의 지불, 모든 의례행사와 극진한 축연에서 전개되는 가족과 광범위 친척집단의 강조된 상징을 통한 결혼 당사자의 지위 약화, 모든 결혼식 절차단계에서 항상 전개되는 조상숭배행사 등 모든 것이 참여하는 결혼 당사자와 다른 사람들에게 가족영속의 중요성으로 호사하고 극진한 결혼식의 기본목적임을 보여 주었다.222)

그리고 씨족(친척)공동체의 가장 큰 행사 중의 하나는 조상예배였다. 대부분의 촌락의 사당에서는 봄과 가을 각 한 차례씩 많은 씨족원이 참석한 가운데 제사를 지낸다. 그러나 이러한 조상숭배의식이나 씨족(친척) 간의 유대관계는 신혼인법 제정과 토지개혁 이후 많은 변화를 가져왔다. 신혼인법의 결혼의 자유보장으로 인해 부모나 친척의 결혼이 간여하는 것을 허락하지 않아서 친척관계를 약화시키는 기능을 하였다. 특히 새로운 혼인법은 과거 부자중심의 가족관계를 부부중심으로 이루어지게 하였을 뿐 아니라 결혼식도 간소하게 하여, 자녀결혼에 있어 부모의 역할을 감소시켰다. 나아가 확대된 대가족이라 할 수 있는 친척보다는 비교적 가까운 친척만 참석시켜 혼사에 일반 친척들의 간여를 차단함으로써 친척제도의 중요성을 의도적으로 감퇴시키려고 하였다. 또한 새로운 결혼식 때 조상에게 절하는 의식도 사라졌다.223) 부모나 친척이 자녀의 결혼에 예전처럼 간

---

222) Ibid., pp.82~83.
223) C. K. Yang, Chinese Communist Society: The Family and The Village, Op. Cit., pp.40~41.

섭할 수 없었던 요인 중의 하나는 토지개혁으로 인해 그들의 경제적
토대를 잃어버렸기 때문이기도 하다. 결국 토지개혁으로 씨족단결의
가장 기초가 되었던 경제·정치적 기능이 상실됨으로써 조상숭배의
식인 제사행사도 대부분 중단될 수밖에 없었다.224) 심지어는 각종
고소회에서 친척을 고발하는 사건도 많았다. 예를 들면, 강서성 유칸
(Yukan)마을 튜지엔(Tzuchien)에서 있었던 '쟁투회의(爭鬪會議)'에서
는 씨족이 구지주였다 하여 토지개혁 때 가난한 친척, 농부, 노동자
들에 의해 재판에 회부되었다. 또 광동성 한 마을에 500명이 넘는
여자들이 모여 그들의 씨족지주에게 가서 세 감면을 요구하였고, 그
리고 과거 경제적으로 부당하게 대우받았던 것에 대해 '강력히' 항
의하였다. 또 그들은 모임을 갖고 친척인 지주를 고발함으로써 씨족
주의적 태도와 친척주의적 감상주의를 극복하였다고 하였다. 그들은
또 '공산당이 우리를 지지하고 있는데 우리가 무엇을 두려워하겠는
가?'라며 공산당이 자기들의 배후세력임을 과시하였다.225)

또 혼인법 제정으로 인해 일부다처제가 금지되었는데, 이는 조상
숭배와 밀접한 관계가 있다. 전통사회에서는 과부의 재혼 금지와 일
부다처제는 가정 집단을 결속시키는 중요한 역할을 하는 장치였다.
원래 일부다처제는 첫 부인이 결혼 전에 처녀성을 잃어버린 것이 발
견될 경우와 남편이나 시부모에게 공격적인 행동을 했을 경우, 또
조상의 혈통을 이을 아들을 낳지 못할 경우 적용되는 것이었으나 실
제는 일부 부유층에 속한 계급들의 성적 욕구를 합리화하는 제도로
정착하였다.226)

224) Ibld., p.253.
225) Nan-fang Chou-K'aw, Canton No.9. March 3, pp.14~15, Ibid., p.193.
재인용.
226) Florence Ayscough, *Chinese Women Yesterday and Today*(Boston: 1937),
pp.57~61, Ibid., p.55 재인용; 클로디 브로이엘, 김주영 옮김, 『하늘의 절
반: 중국의 혁명과 여성해방』(서울: 동녘, 1991), pp.163~165.

그러나 신혼인법 제정으로 과부의 재혼 허용과 일부다처제의 금지는 친척·씨족 간의 연대감을 감소시키는 기능을 하였고, 일부다처제 폐지와 매음의 금지는 핵가족 내의 결속력을 오히려 증대시키는 역할을 하였다.

제 **4** 장

등소평체제하의
가정문화정책과 가정윤리

지난 1세기 동안 수차례의 변혁을 겪어 온 중국은 1976년 마르크
스-레닌주의의 중국화를 위해 많은 노력을 시도하였던 모택동 사망
이후 등장한 등소평 체제에 의해 또 하나의 새로운 '장정'이 시도되
었다. 경제적 토대를 경시하고 인간의 의지를 지나치게 강조하는 주
의주의(主意主義, Voluntarism)에 입각한 정치사상 우선정책을 견지
하여 중국경제를 피폐케 만들었던 모택동체제와는 달리, 등소평 체
제는 능률과 생산성을 중시 여기는 경제우선주의의 실용주의노선을
채택하여 중국의 정치·경제적 상황을 새로운 궤도에 진입시켰다.

등소평은 중국이 당면한 가장 큰 모순은 생산관계와 생산력간의
모순[1]으로 보고, 이를 해결하기 위해서는 중국을 경제적으로 현대화
(現代化)하는 길밖에 없음을 인식하고 현대화 실용주의노선을 천명
하였다. 등소평의 이념을 추종하는 현 중국지도부는 그들이 취하고
있는 현대화 실용주의노선의 사회주의를 '중국 특색적 사회주의'라
는 용어로 명명하고 있으며, 이를 이론적으로 뒷받침하고 있는 것이
바로 '사회주의 초급단계론(Preliminary Stage of Socialism, 이하 初
級論)'이다.

그들은 중국 사회주의는 사회주의가 가지는 일반적 특성 외에도
중국이 갖는 특수적인 상황을 함께 가지고 있기 때문에 '중국 특색
적 사회주의'라는 것이다. 또한 공산주의의 발전론에 따르면 먼저

---

1) 中共中央書記處研究室 綜合組編寫, 『學習十二大黨章問答(朝鮮文)』(北
京: 民族出版社, 1983), pp.44~45.

사회주의 단계를 거쳐 보다 발전된 단계인 공산주의 단계로 발전하
지만 중국은 비록 사회주의 단계에 진입은 하였으나 아직 생산력이
저급한 단계, 즉 초급단계에 놓여 있다[2]는 것이다. 이러한 중국적
상황을 이론·체계화한 것이 '초급론'이며, '초급론'의 기본강령이 바
로 '일개중심 양개기본점(一個中心兩個基本點)'이다. 여기서 '일개중
심'이란 '경제건설'을 의미하는 것으로 보다 구체적으로는 4개 현대
화 노선을 의미하며,[3] '양개기본점'은 일면 4항 기본원칙(四項基本
原則), 즉 사회주의노선, 인민민주전정(人民民主專政), 공산당의 영
도, 마르크스-레닌주의와 모택동사상의 견지와 더불어 다른 한편
개혁과 개방을 지향하는 것을 의미한다.

　　요컨대 등소평체제가 추구하는 사회상은 '중국 특색적 사회주의'
사회이고 이를 달성하기 위한 실천이데올로기, 다시 말해서 통치이
념은 사회주의적 실용노선에 있으며, 그것의 구체적인 이론적 강령
이 위에서 언급한 '일개중심 양개기본점'이라 할 수 있다.

　　여기서는 먼저 등소평의 통치이념[4]이라 할 수 있는 '중국 특색적

---

2) 白秉勳, 『中國式社會主義論』(서울: 東方圖書, 1991), pp.46~47.
3) 趙云獻, 『鄧小平黨的建設思想槪論』(北京: 知識出版社, 1991), pp.17~18;
　『人民日報』(1992. 1. 26).
4) 중국공산당은 등소평의 개혁 개방노선을 사회주의 초급단계의 중국건
　설을 위한 지도사상으로 승격시킬 움직임을 보이고 있다. 등소평노선을
　등소평사상의 차원으로 높이려는 목적은 등의 개혁 개방정책이 마르크
　스-레닌주의, 모택동사상의 계승발전임을 인정하고 장기적으로 개혁
　개방의 합법적 지위와 이론적 기초를 확립하기 위한 것이다. 마르크스
　및 레닌의 이론을 '주의(主義)'로 받드는 중국은 1945년 제7차 당대회
　(7大)에서 모택동노선을 '사상'으로 승격시킨 이래 다른 지도자들의 사
　상과 견해는 모두 '노선'으로 간주해 왔다. 『香港經濟日報』(1992. 6.
　26). 그러나 등소평은 1989년 11월 강택민 총서기체제를 출범시기고 온
　퇴식을 하면서 '나에 대한 평가가 과장되는 일이 없기를 바란다. 나의
　자격이나 지위를 모택동주석 위에 올려놓는 건 더욱 원하는 일이 아니
　다. 명예가 높으면 도리어 부담만 커진다'라고 하였다. 이는 스탈린이나
　모택동이 사후에 많은 비판을 받는 것을 보고 그 같은 전철을 밟지 않

사회주의'의 이론적 토대가 되는 '사회주의 초급단계론'을 먼저 살펴본 다음, 등체제가 추진하고 있는 현대화 실용주의노선에 따른 가정 문화정책을 고찰하고 마지막에서는 이러한 가정문화정책이 실제 가정 윤리에 어떻게 반영되고 있는가를 살펴보고자 한다.

1. 등소평의 현대화 실용주의노선과 중국 특색적 사회주의

1) 중국의 '현대화'와 '중국 특색적 사회주의론'

제2차 대전의 종결과 더불어 꼬리를 이어 정치적 독립을 이룩하게 된 아시아 · 아프리카 신생국들은 제각기 국가발전에 온갖 노력을 도모하여 왔다. 이러한 신생국가들의 정치적 당면과제는 한마디로 '근대화(Modernization)'이다. '근대화'에 대한 합의된 정의는 없으나 일반적으로 '서구화 · 공업화 · 과학화 · 민주화'를 그 특성으로 들고 있으며, 실제적으로는 하나의 '개혁' 또는 '발전'으로 보고 있다.[5]

이에 대해 중국에서는 '근대화'를 '부르주아 민주주의 혁명'과 관련되어지는 '자본주의화'로 인식하기 때문에 '근대화'란 용어 대신 '현대화'란 용어를 사용하고 있다. 이는 마르크스가 근대화를 자본주의와 부르주아 사회의 등장을 의미하는 혁명의 한 과정인 동시에 근대화를 위한 부르주아 혁명은 공산주의 사회를 위한 준비단계[6]라고

으려는 데서 나온 것이라 하겠다. 『문화일보』(1997. 2. 20).
 5) 李克燦, 『政治學』(서울: 法文社, 1987), pp.535~540.

한 논리에 따른 것이라 하겠다. 결국 중국의 '현대화' 논의는 사실상 일반화되어 있는 '근대화'의 개념과 맥을 같이하는 것이라 하겠다.

중국은 '현대화'의 역사적 의미와 사명을 전통 중국문화에 대한 비판과 외래문화에 대한 저항에서 출발한 '5·4운동'의 정신과 결부시켜 그 논리를 전개시키고 있다. '5·4운동'의 본질이 신문화운동인 동시에 서구 제국주의에 저항하는 민족주의적 성격의 애국적 계몽운동으로서, 전통 중국문화에 대한 자기 성찰 속에서 서양문화의 수용을 통하여 서양의 현대화를 수용하고자 하였기 때문이다.

서양의 선진적인 방법을 채용하여 중국을 부강한 근대국가로 건설하여, 외세로부터 중국을 구원한다는 면에서 이홍장(李鴻章) 등의 양무운동(洋務運動), 강유위(康有爲) 등의 변법운동(變法運動), 진독수(陳獨秀)와 호적(胡適)의 전반서화론(全般西化論), 손문의 민족주의 관점의 현대화 논의는 그 역사적 맥락을 같이 한다.[7] 그러나 공산화 초기까지 논의된 '현대화'론은 처음에는 주로 문화적 측면에서 시작되었고, 점차 사회전반에까지 확대되었으나, 경제적 문제에까지는 확대되지 않았다.[8]

경제적 의미에서의 '현대화'란 용어는 1954년 9월 주은래(周恩來)가 제1차 전국인민대회 제1차 회의에서 제출한 '정치공작보고' 가운데서 언급한 것이 처음이다. 주은래는 그 보고서에서 공업의 현대화, 농업의 현대화, 교통·운수와 국방의 현대화 등 4개 현대화 건설이

6) Robert C. Tucker, *The Marxian Revolutionary Idea*(W. W Norton & Company, 1970), pp.92~129.
7) Lin Yu-Sheng, 이병주 옮김, 『中國意識의 危機』(서울: 大光文化社, 1990).
8) 何幹之, 『中國啓蒙運動史』(重慶: 生活書店, 1947) 참조; 羅榮渠는 중국 현대화론자들의 주된 관심은 주로 문화였다고 주장한다. 그는 모택동이 1940년에 발표한 '新民主主義論'에서도 중국의 문화와 정치에 대해 많은 언급을 하였지만 경제문제에 대해서는 거의 언급이 없었다고 보고 있다. 羅榮渠, 「中國近百年來現代化思潮演變的反思」, 羅榮渠 主編, 『從 '西化'到 現代化』(北京: 北京大學出版社, 1990), p.30.

중국이 당면한 위대한 임무라고 주장하였다.9) 주은래가 주장한 4개 현대화는 모택동의 사망과 등소평의 복권 직후에 열린 제11기 3중전회(1976)를 거치는 가운데 본격화되기 시작하였다. 등소평은 '사회주의 현대화 건설은 인민의 가장 큰 이익과 가장 근본적인 이익을 대표하고 있기 때문에 그것은 목전에 있어 우리의 가장 큰 정치'10)라고 평가하면서부터, 현대화는 중국에 있어서 '최대의 정치' '심각한 혁명' '3대 혁명운동'의 지위를 갖게 되었다. 또 제11기 3중전회의 '공보(公報)'는 '4개 현대화를 실현하려면 생산력을 높여야 하며, 각 방면에서 생산력 발전과 적응되지 않는 생산관계 및 상부구조를 바꾸고 모든 부적합한 관리·활동·사상 방식을 바꾸어야 하므로 결국 심각한 혁명이 된다'11)고 보았다.

현 중국지도부가 현대화를 강조하는 것은 과거 모택동의 정치·사상 제일주의 정책으로 인하여 중국이 경제적으로 낙후되었다고 보고, 이를 극복하는 방법은 경제발전을 도모하는 길밖에 없다고 인식하였기 때문이다.

중국에서 논의되고 있는 현대화에 대해 주진화(周振華)는 ① 서구의 산업혁명을 근대화, 즉 중국에서 통용되는 현대화의 개념과 유사한 성격을 지니고 있으며 ② 따라서 근대화를 역사·세계적인 개념으로 파악하고 ③ 기술혁명과 기술혁명을 통한 물질 및 경제생산 수준의 향상을 목표로 제기함으로써 산업화, 과학기술 향상, 산업력 증대의 의미로 보고 있다.12)

---

9) 何竹康 主編, 『中國共産黨百科要覽』(吉林: 吉林人民出版社, 1991), p.118.
10) 『鄧小平文選學習輔導材料』(延邊: 人民出版社, 1983), p.15.
11) 「中共黨 第11期 3中全會公報」, 『人民日報』(1978. 12. 24).
12) 周振華, 「現代化是一個歷史的世界的槪念」, 『經濟研究』(第8期, 1979), p.19; 주의 이러한 주장은 조자양 전총서기에 의해서 보다 구체화되어 나타났다. 吳振坤·王樹雲, 『中國社會主義現代化建設問題』(北京: 中共中央黨校出版社, 1984), p.22.

　주진화의 이러한 논법은 근대화를 산업화의 필수조건으로 간주한 앱터(David E. Apter)가 규정한 정의와 많은 유사성을 보이고 있다.[13]

　요컨대 '근대화'는 사회발전형태의 특수한 형태라고 간주할 때 중국의 현대화는 그 본질상 '근대화 이론'의 범주에 넣을 수 있으며, 그 속성상 근대화 유형 중 비서구사회의 근대화인 '공산주의 사회의 산업근대화 유형'에 속한다고 하겠다.[14]

　한편 등소평체제의 확립과 함께 '4개 현대화'를 국가의 최우선 과제로 채택하게 된 중국은 그 이론적 바탕으로서 모택동사상에 대한 재평가를 시도하면서 다른 한편으로는 '중국 특색적 사회주의'를 제시하였다. 1982년 9월에 개최된 당 제12기 전국대표대회는 '현대화 건설은 반드시 중국의 실제에서 출발해야 하며, 마르크스주의의 보편적 진리와 중국의 구체적 실제를 결합시켜 자기의 길을 밝힌 중국 특색적 사회주의를 건설하는 것은 장기적인 역사적 경험을 총결하여 나온 결론'이라고 규정하였다.[15]

　원래 '중국 특색적 사회주의(The Socialism with Chinese Characteristics)'라는 용어는 1978년의 3중전에서 '중국식 현대화'라고 불린데서 그 기원을 두고 있으며, 1982년 9월 제12차 전인대(全人大)에서 등소평에 의해 처음으로 제의됨으로써 현재까지 통용되고 있다. 따라서 중국에서 추구되고 있는 현대화는 '중국식 사회주의'를 의미하는 것이며, '중국식 현대화'는 다시 '중국식 사회주의'를 의미함으로써 결국 중국이

---

13) David E. Apter, *The Politics of Modernization*(Chicago: Chicago Univ. Press, 1965), p.67.

14) Szymon Chodak는 근대화의 모델을 산업화 또는 문화접촉에 따른 '기초'와 자발적 또는 소식석인가의 '접근방법'에 따라 ① 자본주의사회의 산업근대화 ② 공산주의 사회의 산업근대화 ③ 문화적 근대화 ④ 유도된 근대화로 유형화하였다. Szymon Chodak, *Societal Development*(New York: Oxford Univ Press, 1973), p.268; 張炳玉, 「析論現代化理念對中國現代化的解釋」, 『中國學誌 第4期』(대구: 계명대학교 中國學研究所, 1987), pp.117~129.

15) 何竹康 主編, 앞의 책, p.111; 『人民日報』(1992. 9. 1).

모색하고 있는 현대화의 문제는 다름 아닌 '중국 특색적 사회주의 현대화'를 뜻한다.

　이같이 '중국식 현대화'로부터 '중국 특색적 사회주의'로 그 의미가 발전된 것은 중국만이 가지는 정치·경제 사회의 특수한 배경을 가지고 있다고 보여진다. 여기서는 현재 중국이 내세우고 있는 '중국 특색적 사회주의'가 어떠한 의미를 지니고 있는지를 살펴보고자 한다. 현재 중국이 지향하고 있는 총체적 노선 파악은 '중국식 사회주의'의 구조를 규명하는 전제가 되며, 이는 '중국 특색적 사회주의'에 대한 이해로부터 출발해야 할 것이다.

　첫째, '중국 특색적 사회주의'는 '사회주의'와 '중국 특색'이라는 용어가 결합한 합성어이다. 중국학자들에 따르면, 그들이 추구하고 있는 '중국 특색적 사회주의'는 마르크스사상의 보편적 진리와 사회주의 이념의 지도하에 중국국정(國情)의 특징을 고려하여 중국 현대화건설이 갖는 구체적 사회주의에 부합시키는 것[16]이라고 주장한다. 이러한 주장에 따라 그들은 '사회주의' 문제를 '공성(共性)'으로, 그리고 '중국 특색'의 문제를 '개성(個性)'으로 표현한다. 다시 말해서 중국 사회주의는 사회주의가 가지는 일반적 특성인 보편성을 가지고 있지만 다른 한편으로는 다른 사회주의가 가지고 있지 않는 중국 특유의 특수성을 지니고 있다고 보는 것이다. 요컨대 중국이 취하고 있는 사회주의, 즉 '중국 특색적 사회주의'는 중국이 당면한 특수한 상황으로서의 국정은 '중국 특색'을 의미하지만, 그것은 비사회주의적 요소를 내포하는 것이 아니라 사회주의적 요소를 견지하는 '중국 특색'이기 때문에 중국은 사회주의 국가이며 그러한 객관규율 속에서 중국 특유의 사회주의를 건설해야 한다는 명분을 '사회주의'와

---

16) 成子范, (建設有中國特色的社會主義的哲學思考」, 全國黨校第4期哲學年會秘書處編, 『建設有中國特色的社會主義的哲學思考: 全國黨校第4期哲學年會論文集』(貴州: 貴州人民出版社, 1984), pp.118~119.

'중국 특색' 그리고 '공성'과 '개성' 및 나아가 이념과 실천이라는 변증법적 개념으로 의미를 확대시켰으며, 양 개념은 곧 변증법적운동의 법칙으로 적용시켰던 것이다.[17]

결국 '공성'과 '개성', '이념과 실천'의 '통일'과 '결합'이라는 논법을 통하여 중국이 처한 사회주의 발전과정을 합리화시키고 있는 것이라 하겠다.

둘째, '중국 특색적 사회주의'는 그들이 건설하고자 하는 각 영역에서의 자기 특색을 강조함으로써 자기들의 행동을 합리·정당화하고자 한다.[18] 그들은 '중국 특색적 사회주의'는 ① 사회주의의 일반 규칙, 원칙, 특징과 중국 사회주의 현대화 건설의 임무에서 보아야 하고 ② 공성과 개성의 통일과 이념과 실천의 결합방법에 따라야 하며 ③ 사회주의의 구체적 개념을 파악하여 각 방면의 중국적 특색을 종합해야 한다고 주장하면서 인식과 실천의 변증법적 논리에 근거한 중국 특성을 강조하였다. 보다 구체적으로, ① 소유제에 대한 인식과 실천의 특색 ② 사회주의 초급단계하의 소유제에 대한 인식과 실천의 특색 ③ 사회주의 경제체제하의 경제 관리체계와 분배제도상의 인식과 실천의 특색 ④ 사회주의 정권건설상의 정치생활의 인식과 실천과 특색 ⑤ 사회주의 사상에 있어서의 문화건설의 인식과 실천의 특색 ⑥ 사회주의 대외정책상의 인식과 실천의 특색 등이다. 따라서 그들은 당면 중국국정의 각 부분과 방면에 걸친 '실제의 상황'으로부터 '중국 특색적사회주의' 건설의 명분을 찾고자 하는 것이다. 다시 말해서 기존의 사회주의 논리로서는 현재 중국이 추진하고 있는 현대화 노선을 설명하기 어렵기 때문에, 이러한 부분을 중국이 처한 '특수한 상황(國情)'을 강조하고 '특색적'이란 접두어를 사용함

---

17) 朴治正, 「中國特色的 社會主義의 특성연구」, 『中蘇硏究』(통권 60호, 1993 / 4 겨울), p.17.
18) 成子范, 앞의 논문, pp.121~123.

으로써 그들이 추구하는 실용주의노선을 합리·정당화하는 것이라 하겠다.

모택동사상의 재평가를 통하여 '중국 특색적 사회주의'를 표방하게 된 등소평체제는 마르크스－레닌주의의 재해석 문제에 봉착할 수밖에 없었다. 왜냐하면 마르크스－레닌주의를 중국의 현실에 적용하는 과정에서 발생하는 모순, 특히 경제건설을 위한 체제개혁 과정에서 도입된 비사회주의적인 요소를 합리화시킬 필요성이 대두되었기 때문이다. 이러한 문제에 대한 해결방안으로 제시된 것이 바로 '사회주의 초급단계론'이다.

1981년 6월 당 제11기 6중전회에서 통과된 '건국 이래 약간의 역사문제에 관한 결의'에서 처음 제기된 사회주의 초급단계론은 1982년 9월의 당 제12기 전국대표대회와 1986년 6월의 당 제12기 6중대회에서 그 내용이 구체화되어 1987년 10월 당 제13기 전국대표대회에서 행하여진 조자양(趙紫陽)의 공작보고에서 당의 공식 입장으로 발표되었다.

2) 중국식 사회주의 발전론: 사회주의 초급단계론

마르크스는 1875년 「고타강령비판」에서 사회주의사회를 자본주의에서 공산주의로 옮겨 가는 역사발전의 한 단계로 자본주의적인 요소를 제거하고 공산주의의 혁명적 전환기로서, 이는 무산계급의 정치적 승리와 공산주의의 '낮은 단계'로부터 완전한 공산주의의 도래 시기로 보았다. 또 프롤레타리아 독재의 형태를 취한 국가는 두 부분으로 구성되며, 하나는 이러한 전환 시기 동안 이루어지는 사회·경제적 변혁과 임무들이며 다른 하나는 정치권력이 프롤레타리아 독

재하에 조직되어지고, 후에 소멸되는 유일한 과정으로 보았다.[19]

또한 레닌은 마르크스의 이러한 구분을 더욱 심화·발전시켜 사회주의사회를 '초급형식' 또는 '발달한 사회주의'와 '미발달된 사회주의'로 구분하여 과도기로서의 사회주의 발전단계의 필요성을 제기한 바 있다.[20]

한편 중국은 공산혁명을 통하여 비록 사회주의 단계에 진입은 하였으나 아직 생산력이 저급한 단계, 즉 초급단계에 놓여 있다고 보고, 사회주의의 보다 발전된 단계로 나아가기 위해서는 인민들의 물질적 욕구와 사회적 생산 간의 모순을 극복해야 하는 것이 중국이 당면한 시급한 과제로 간주하고 있다. 바로 이러한 중국적 상황을 이론·체계화한 것이 '사회주의 초급단계론'이다.

중국에서 논의되고 있는 '사회주의 초급단계론'은 제13차 전국대표대회에서 정형화되었으나, 이미 오래 전부터 당과 학계에서 이론·체계화 작업이 추진되어 왔다. 예컨대, ① 1981년 11기 6중전회가 채택한 「건국이래 당의 약간의 역사문제에 관한 결의」(關於建國以來黨的若干歷史問題決議)' ② 1982년 당 제12차 전대회의 보고 ③ 1987년 당 제13전대회의 보고 등을 거치면서 '초급론'은 이론적 체계화를 도모하여 왔다.[21] 조자양은 1987년 제13차 전대회의 '보고'에서 '중국 특색의 사회주의노선을 따라 전진하자'라는 제하의 연설과 '사회주의 초급단계와 당의 노선'이라는 항목에서 '우리나라 사회주의가 현재 처해 있는 역사적 단계를 정확히 인식하는 것은 중국적 특색을 지닌 사회주의 건설에 있어서 가장 중요한 문제'라고 대전제를 설정하고 중국 현실 사회주의의 올바른 역사적 단계 인식을 촉구하면서 중국

19) Victor Lee and David Mozingo(eds.), *State and Society Contempory in China*(Ithaca and London: Cornall Univ. Press, 1986), p.4.
20) 金達中, 『中國의 政治體制와 改革』(서울: 法文社, 1992), p.89.
21) 보다 자세한 내용은 白秉勳, 앞의 책, pp.264~265 참조.

사회주의의 역사적 현 단계의 특수성과 그 한계를 정하였다.

> 이 문제에 대한 우리 당은 우리나라가 사회주의 초급단계에 있다는
> 명확한 해답을 이미 내렸다. 이러한 논리적 단정은 두 가지 의미를 가
> 진다. 첫째 우리나라 사회도 이미 사회주의사회이다. (중략) 둘째 우리
> 나라의 사회주의사회는 아직도 초급단계에 처해 있다. 따라서 우리는
> 반드시 이러한 실제에서 출발해야 하며 이 단계를 초월할 수 없다.[22]

한편 조자양은 사회주의 초급단계에 대해 '……그것은 우리나라가
생산력이 낙후되고 상품경제가 발전되지 못한 조건 아래서 사회주의
를 건설해 나가는 과정에서 반드시 거쳐야 하는 특정의 단계를 지칭
한다'[23]고 언급하면서 역사적 단계로서의 필연적 과정을 설명하였다.
중국 사회주의의 '초급단계'는 중국의 특수한 상황으로부터 출발한
것이며 그것은 역사적 발전단계로서 필연적 귀결이라는 주장이었다.
이 같은 주장에 따르면 중국은 사회주의의 초급단계의 수준에 머물
러 있으며, 그것은 또한 중국이 자본주의가 충분히 발전한 기초 위
에서 사회주의가 건설된 것이 아니라는 것을 의미한다.[24]
조는 또 중국의 상황은 마르크스주의의 창시자들이 생각했던 것과
같이 자본주의가 고도로 발전된 기초에서 사회주의를 건설하려는 여
타의 사회주의와는 같지 않다고 주장하였다.[25] 다시 말해서 중국은
원래 반식민지 반봉건의 국가였으나 여러 차례에 걸친 구민주주의혁
명의 실패와 신민주주의혁명의 최종 승리를 통해서 자본주의 방식은
중국에 맞지 않음이 증명되었고, 중국을 구할 수 있는 유일한 길은

---

22) 『人民日報』(1987. 11. 4); 劉武生 編著, 『社會主義初級段階的基本路線學習
講話』(北京: 堂案出版社, 1988), p.54.
23) 『人民日報』(1987. 11. 4).
24) 李稼蓬, 「不要離開生産力談社會主義原則」, 『人民日報』(1987. 8. 17).
25) 『人民日報』(1983. 11. 4).

공산당 영도하의 사회주의를 실현하는 것이라고 보았다.

따라서 현재의 중국은 생산력이 낙후되어 있고 상품경제의 미발달로 사회주의를 건설하는 데 있어서 반드시 '특정단계'를 거쳐야 한다는 것이다. 즉 오늘의 중국 현실은 농업인구가 과다하고 시장제도가 발전되지 못했으며, 지역 간의 격차가 심하고, 낮은 생산성과 문맹률이 높은 가운데 국유, 집단공유 및 사유가 공존하고 있으며, 노력분배와 이자분배, 인치와 법치 그리고 사회주의 사상과 다른 사상이 공존하는 등 다양하고 불순한 요소들이 혼재하는 사회주의의 초급단계에 놓여 있다는 것이다.

그렇기 때문에 이 단계에서는 과거 공산화 초기와 달리 나날이 증대되는 물질문명에 대한 인민들의 욕구와 사회 생산물 낙후 간의 모순이 '주요 모순'으로 자리잡아, 이미 계급투쟁이 사라져 주요 모순이 되지 못하고 있는 현실에서 이상과 같은 모순관계의 개혁을 통해 생산력을 발전시켜야 하며, 이를 위해 정치체제와 경제제도도 과감히 바꾸어야 한다는 논리였다. 이 같은 논리는 13전대에서 제시된 '초급론'의 특정에 잘 나타나 있다.[26]

첫째, 사회주의 성질과 발전 정도: '초급론'은 이미 중국이 사회주의 국가가 되었으며 그것이 현재 초급단계에 머물러 있다는 두 가지 사실을 포함하고 있다.

둘째, 역사적 필연성과 상기성: 중국의 사회주의는 반식민지·반봉건사회에서 생겨 생산력 수준이 자본주의보다 크게 낙후되어 있어 반드시 긴 초급단계를 거쳐야 한다.

셋째, 적용 범위의 필요 시간: '초급론'은 사회주의 국가가 사회주의에 진입할 때 겪는 보편적인 현상은 아니며, 중국에서 특수한 생

---

26) 區錫坤, 「中共'社會主義初級段階論'簡析」, 『中共問題資料週刊』(第302期, 1988) p.3.

산성 낙후와 상품경제의 미발달이라는 조건에서 반드시 거쳐야 할 특정단계이다. 그리고 적어도 백 년까지는 거쳐야 하고 사회주의 현대화의 기본적인 실현까지도 이 단계에 속한다.

넷째, 기본특정과 구체적 표현방법: 현재 중국은 공유제를 기초로 하는 사회주의 경제제도와 인민민주주의 사회주의 정치제도 및 마르크스주의를 의식형태(이데올로기)의 지도적 지위로 확립하였고 착취제도와 착취계급은 이미 소멸하였다.

다섯째, 주요 모순과 해결방안: 현 단계의 주요 모순은 날로 커가는 인민의 물질문명에 대한 욕구와 낙후된 사회주의 생산력과의 모순이다. 이를 위해 상품경제를 발전시키고 노동생산력을 높이며 4개 현대화를 점차적으로 실현해야 한다.

여섯째, 기본노선: 사회주의 초급단계에서 전국 각 민족의 단결과 지도 아래 경제건설을 중심으로 '4항 기본원칙'을 견지하고 개혁과 개방정책을 확고하게 추진한다.

일곱째, 마르크스주의와의 관계: '초급론'은 마르크스주의의 기본원리와 중국 현대화의 실제 상황이 결합되어 생겨난 것이다. 이 단계에서는 마르크스주의의 교조적 이해와 착오를 타파하여 새로운 실천을 통하여 과학적 사회주의를 발전시켜야 한다.

여덟째, 이상의 계획을 위해 다음의 원칙을 세운다. ① 현대화 건설에 국가의 모든 역량을 집중한다. ② 전면적인 개혁을 이룩한다. ③ 반드시 대외개방정책을 견지한다. ④ 공유제를 중심으로 계획적인 상품경제를 발전시킨다. ⑤ 안정·일치를 도모하여 민주정치를 건설한다. ⑥ 반드시 마르크스-레닌주의를 지도이념으로 삼아 봉건주의와 자본주의의 부패한 사상을 막아야 한다.

위에 열거한 특징들은 요컨대 상품경제의 발전과 노동생산력을 높이며 4개 분야에 대한 현대화를 실현시켜야 하고, 이를 위해 생산관계를 개혁하여 생산력 발전을 저해하는 모든 요인들의 제거를 강조하고 있는 것이라 하겠다. 다시 말해서 현대화 건설을 성공적으로 추진하기 위해서는 국가의 모든 역량을 이에 결집시키고 나아가 모든 계획은 반드시 전면적 개혁이어야 하며, 대외개방정책의 기본노선을 견지하는 가운데 공유제를 주체로 하여 계획적인 상품경제를 과감히 발전시키며, 안정된 기초 위에서 민주발전을 도모하고 마르크스주의의 기본원칙을 견지함과 동시에 사회주의 정신문명(社會主義精神文明) 건설에 박차를 가해야 한다는 것이다.

이는 결국 그들이 주장하는 '초급론'은 중국이 취하고 있는 개혁과 개방정책은 경제적 빈곤과 낙후에서 탈피하는 과정이고, 농업국에서 현대화 된 공업국으로 전환하는 단계이며, 자연경제 혹은 반자연경제 상태에서 고도의 상품경제로 발전해 가는 단계를 이론화한 것이다. 뿐만 아니라 '초급론'은 중국이 처해 있는 사회주의는 다른 사회주의 진영의 모든 국가에게 적용되는 공통된 현실이 아니라 중국의 특수한 생산성과 상품경제의 미발달이라는 조건하에서 사회주의 건설상 반드시 거쳐야 하는 특정단계로 해석하고 있다.

요컨대 등소평 체제는 고도로 발달된 자본주의사회를 전제로 공산주의 사회의 청사진을 제공한 마르크스－레닌주의를 후진공업국으로부터 공산주의 사회를 건설해야 하는 중국의 현실 속에서 재해석한 것이다.[27] 이 같은 논리에 따라 현 중국지도부는 사회주의 초급단계에 있는 중국의 주요 모순을 인민의 물질적 욕구와 낙후된 생산력 간의 격차로 인한 모순으로 규정하고, 이것을 해결하기 위해서는 자본주의적 요소의 도입에 의한 상품경제의 발전과 노동생산성 제고를 통하여 공업·농업·국방·과학기술의 현대화를 실현해야 하며, 그 과정에서 생산력의 발전에 조응하지 못한 정치·경제 체제를 개혁해야 한다는 것이다.

---

27) An-chia Wa, The Therory of Socialism: Background Task and Impact, *Issue & Studies*, Vol.24, No.7(July 1988), p.24.

2. 현대화 실용주의노선의 기본강령

1) 일개중심: 경제건설(4개 현대화노선)

앞에서 살펴본 바와 같이 현재 중국이 추진하고 있는 사회주의 현
대화 실용주의노선을 정당·합리화하고 있는 정치이데올로기가 바로
'중국 특색적 사회주의'이며, 이의 이론적 기초가 바로 '사회주의 초
급단계론'임을 살펴보았다. 여기서는 '중국 특색적 사회주의'의 현실
화시키는 방도이자 '초급론'의 기본노선인 일개중심(一個中心) 양개
기본점(兩個基本點)을 살펴보고자 한다.

1949년 대륙을 점령하고 1952년 중국경제의 사회주의적 개조가
일차적으로 끝난 다음 중국은 별다른 선택의 여지도 없이 소련식 경
제체제를 따를 수밖에 없었다. 소련과 달리 전체 인구의 80퍼센트가
농민이고 전통 농업사회적 경제 환경과 오랜 내전을 통해서 자본의
축적이 미흡한 상태에서 전근대적인 공업기술을 갖고 있던 중국이
소련식 모델을 그대로 답습한 데서부터 문제의 심각성이 잠복해 있
었다.

1953년부터 시작된 중국의 1차 5개년 개발계획은 처음부터 소련
의 고문단과 기술자들에 의해서, 소련식으로 조직된 체제와 정책운
용의 바탕 위에서 설계되었다. 그러나 제1차 5개년 계획이 끝난 다
음부터 중국의 지도층은 소련체제의 한계를 체험하고 '삼면홍기(三
面紅旗)운동(1958)'과 같이 대중운동을 통한 경제의 비약적 발전을
도모하는 식으로 급격한 정책전환을 시도하였다. 그러나 중국경제를
더욱 어렵게 한 것은 경제적 '효율(效率)'보다도 경제정책의 '공평
(公平)'을 더 강조한 모택동의 경제정책이었다. 그는 경제의 객관적

인 면보다도 주관적인 면, 다시 말해서 물질 그 자체가 갖는 객관·환경적 요인보다도 인간의 '의지(意志)'가 경제발전에 더 중요한 요인이라고 생각하였다.[28]

모택동의 이 같은 생각은 1958년부터 시작된 '인민공사'에서 그대로 나타났다. 그는 인민공사라는 작은 '우주'를 통하여 10억 인민들이 모두 '한솥밥'을 먹도록 함으로써 일차적인 공산사회가 건설된다고 생각했다. 즉 모택동은 경제적 효율과 평등주의가 공존할 수 있다고 보았던 것이다.

소련식 경제체제 위에 모택동의 균분주의(Equalitarianism)사상이 제도적으로 가미되었고, 그와 함께 전통적인 중국의 나태함과 방만한 사회질서까지도 중국경제의 낙후를 부채질하였다. 아울러 10년간의 문화대혁명으로 중국경제는 파탄의 지경에 이르게 되었고, 등소평 정권은 극도로 피폐된 경제유산을 물려받았다.[29] 1978년 12월 '3중전회'가 소집되었을 때 중국의 지도층은 전반적인 경제체제의 성격전환이 없이는 중국이 당면한 문제를 해결할 수 없다는 사실을 깊이 인식하고 국가의 최대 당면과제를 경제건설에 두게 되었다.

등소평은 1980년 당중앙이 소집한 간부회의에서 행한 「당면한 정세와 임무(目前的形勢和任務)」라는 연설에서 중국이 당면한 가장 큰 임무는 첫째 국제공자에서 패권주의를 반대하고 세계평화를 유지히는 것과 둘째 대만과의 통일이며, 셋째 경제건설의 강화, 즉 4개 현대화 건설이라고 밝힌 바 있다. 그러나 첫째와 둘째보다 더욱 중요한 것이 현대화 건설임을 강조하고, 경제건설을 중국이 당면한 가장 큰 과제로 규정하였다.[30] 먼저 경제건설을 이룩하여야 패권주의를

28) 吳鎭龍, 「中共의 經濟體制改革: 評價와 展望」, 李命植·申正鉉 共編, 『現代共産體制의 比較分析』(서울: 日新社, 1987), pp.147~148.
29) 위의 논문.
30) 『鄧小平文選(朝鮮文)』(北京: 民族出版社, 1983), p.264.

막고 세계평화를 유지할 수 있고 나아가 조국통일의 대업(대만과의 통일)을 이룰 수 있다고 보았기 때문이다. 특히, 등은 1980년대 경제 건설은 매우 중요하며 결정적이라고 언급하면서 첫 10년(1980년대)에 기초를 다지고 다음 10년(1990년대)을 더욱 노력하면 20년 이내에 중국식 4개 현대화를 실현하는 것이 가능하다며 국가의 모든 힘을 경제건설에 주력할 것을 강조하였다.[31]

등소평은 1980년 2월 29일에 발표한 「당의 노선을 견지하고, 공작 방법을 개선하자」라는 논문에서 4개 현대화 건설은 어떠한 어려움이 있더라도 극복해 나가야 한다고 주장하였다.

> 우리 당의 현 단계의 정치노선은, 개괄해서 말하면, 바로 한마음 한 뜻으로 4개 현대화를 건설해야 한다는 점이다. 이 일은 어느 때이건 어떤 간섭도 받아서는 안 되며, 반드시 조금도 흔들림 없이 한마음 한뜻으로 일해 나가야만 한다. 허다하게 많은 문제는 4개 현대화를 건설하지 않고는 해결할 수 없다. 국민경제의 발전, 국민수입의 증가, 인민생활의 단계적인 제고, 국방의 상응한 공고와 강화 등 모두가 4개 현대화 건설에 의존하고 있다.[32]

그러면 경제건설의 구체적 내용은 무엇인가? 경제건설의 구체적 내용은 4개 현대화노선, 즉 공업·농업·국방·과학기술의 현대화를 말하는데, 등소평은 4개 현대화를 실현하여 2000년까지 중국을 선진국 수준으로 올려놓기 위해서는 먼저 4개 현대화의 현실적기반이 취약하다는 점과 인구가 너무 많아서 경작지가 모자란다는 점을 깊이 인식하는 데서 출발했다.[33] 이 야심적인 목표를 달성하기 위해서 등소평을 비롯한 중국의 지도층은 지금까지의 농업, 공업, 과학기술 및

---

31) 위의 책, pp.265~266.
32) 『鄧小平文選』(北京: 人民出版社, 1983), p.240.
33) 『鄧小平文選(朝鮮文)』, pp.195~196.

국방정책을 대폭 수정하여 생산(生産)과 능률(能率)을 극대화 될 수 있도록 다양한 개혁을 실시해 왔다. 이를 차례로 살펴보면 다음과 같다.

첫째, 농업 현대화는 '기계화, 수리화, 전기화 및 단위면적당 수확량의 제고'를 전제로 하나, 중국의 농업정책의 기조는 기술을 집약적 농업개발전략, 즉 농업생산기술이 공업부분에 거의 의존하지 않았다. 수확체감의 법칙으로서의 전범(典範)인 농업의 한계는 근대적 농경방식으로서의 전환이 요구되는바, 이것이 이른바 현대화 된 농업방식인 것이다.[34] 중국이 개혁을 농촌부터 시작하는 이유는 중국 최대다수의 인구가 농촌에 살고 있고 농민과 농업문제가 시종 중국 혁명과 건설의 근본문제이기 때문이다. 또 종래의 인민공사체제가 그 실행과정에서 생산력 발전의 요구에 부응하지 못한 채 농업생산을 여러 해 동안 주춤거리게 하여 중국경제발전에 저해작용을 하였기 때문이기도 하다.[35]

둘째, 공업의 현대화는 경제근대화의 지표 중의 하나로, 이는 근대 서구사회가 현대 산업사회로 이행하는 과정에서 겪게 되는 필연적 과정이다. '공업화(工業化)'를 거쳐야 고도성장의 경제체제로 접어들 수 있고, 나아가 경제성장을 가져올 수 있기 때문이다. 중국의 공업화는 이미 모택동정권 때부터 강조해 온 정책이며, 이를 현 지도부가 그대로 수용한 것이다.

셋째, 과학기술의 현대화는 경제적 측면에서 뿐만 아니라 군사적 측면에서도 중요한 의미를 지닌다. 중국은 '모든 과학연구는 생산의 발전을 목표로 하고 생산수단 및 방법과 일체가 되어야 한다. 연구의 주제는 생산 면에서 규정되며 연구의 성과는 어느 것이나 생산에

---

34) 金泰昌, 『共産主義와 近代化理論』(성남: 한국정신문화연구원, 1984), p.83.
35) 曺准煥, 『中國의 實體와 政策』(서울: 韓國外國語大學 出版部, 1994), p.228.

직결된다'며 과학기술과 생산력과의 관계를 중시하고 있다. 또한 국방력 강화를 위해서는 과학기술의 발전을 필수적이라고 보고 과학기술의 발전을 강조하고 있는 것이다.[36]

넷째, 국방의 현대화는 여타의 현대화보다 열위에 있는 개발전략이다. 왜냐하면 이는 정치·경제·기술기반의 강약에 의해서 결정되기 때문이다. 그러나 국방의 현대화는 중국을 둘러싼 대외적 상황의 변동에 따라 그 순위가 전위될 수 있는 전략이다.

중국이 취하고 있는 '현대화' 경제 전략은 국내적으로는 인민들의 물질문명(物質文明)을 충족시키고 대외적으로는 국제사회에서 강대국의 지위를 획득하기 위한 장기적인 경제발전 전략이다. 이러한 경제개혁정책의 결과 모택동이 항시 강조했던 계급투쟁이나 대중동원보다는 현대화와 합리성이 더욱 중시되었고, 경제개혁은 자본주의적 방법과 시장 기구를 많이 도입하여 많은 분야에서 가시적인 성과를 나타내고 있다.[37]

2) 양개기본점: 4항 기본원칙과 개혁·개방

(1) 4항 기본원칙

등소평체제가 표방하고 있는 '중국 특색적 사회주의'의 성격을 결

---

36) 金泰昌, 앞의 논문, p.84.
37) 安秉俊, 「中共에 있어서 諸改革의 政治經濟」, 경남대 극동문제연구소 中·蘇研究室, 『中國의 改革政治』(서울: 경남대, 1985), p.113; 서진영, 「중국 사회주의: 그 승리와 좌절의 역사」, 『계간 사상』(서울: 사회과학원, 1989), p.151. 예컨대 중국은 경제건설에 힘입어 1인당 연평균 임금이 1978년 615위안(元)에서 1995년에는 5만 5,500위안으로 연평균 13.8%로 증가하였고, 1인당 GNP도 1978년 379위안에서 1995년 4,757위안으로 12.6배로 증가하였다. 『중국의 주요 경제사회 지표』(통계청, 1996), pp.31~49.

정하는 이념 중의 하나가 '4개항의 기본원칙'이다. '4항 기본원칙'이
란 사회주의노선 견지, 인민민주전정 견지, 공산당영도 견지, 그리고
마르크스-레닌주의와 모택동사상의 견지 등이다. 등소평은 '4개 현
대화를 실현하기 위해서는 반드시 사상정치에 있어서 4항 기본원칙
을 견지해야 하며, 이는 4개 현대화를 실현화는 근본적 전제'[38]라고
못 박고, 그 중요성을 다음과 같이 강조했다.

첫째, 사회주의노선의 견지이다. 오직 사회주의만이 중국을 구할
수 있으며 이는 '5·4운동'으로부터 현재까지 60년 동안 체험하여 얻
어낸 것으로써, 중국이 현재 각 분야에서 선진 자본주의 국가와의
차이를 크게 좁혀 놓았고, 역사상 몇 가지 착오에도 불구하고 지난
30년 동안에 구중국이 수백 수천 년간 얻지 못한 진보를 이룩하였으
며, 노동인민은 압박과 착취에서 벗어나 국가와 생산수단의 주인이
되도록 했다는 것이다. 자본주의하에서 인민은 자산계급의 착취·압
박과 경제위기, 각종 범죄·타락·절망 등으로부터 피할 수 없고 공
동의 이상·도덕을 형성할 수도 없다는 것이다. 따라서 사회주의 제
도가 자본주의 제도보다 우월하고 강력한 생명력을 지니고 있기 때
문에 사회주의 혁명의 실현을 위해 투쟁해야 한다는 것이다.[39]
1991년 7월 19일자 『인민일보』는 '중국 특색의 사회주의 건설을
잘하기 위해 노력하자는 이대 문장'이라는 제하에 경제건설과 4항
기본원칙의 관계를 다음과 같이 설명하고 있다.

경제건설을 중심으로 견지하는 것, 이는 사회주의의 근본적 임무이
며, 생산력 발전이라는 이 마르크스주의의 기본적인 원리가 요구하는

38) 『鄧小平文選』(北京), p.197.
39) 위의 책, pp.200~201. 보다 자세한 내용은 人民日報理論部 編, 『只有
社會主義才能發展中國』(北京: 人民日報出版社, 1990) 참조.

것이고, 또한 중국의 구체적인 국정에 의해 결정된 것이다.

중국 현 단계의 주요 모순은 날로 증대하는 인민의 물질문화에 대한 수요와 낙후한 사회주의 생산 사이의 모순인 것이다. 이 모순은 단지 사회 생산력을 크게 발전시킴으로써 해결될 수 있는 것이다. 오직 경제가 발전해야만 사회가 전면적으로 진보하게 되고 인민의 생활 수준이 올라가게 되며, 사회주의 제도를 공고히 하고 완전하게 하여 사회주의 체제의 우월성을 충분히 발휘시킬 수가 있는 것이고, 사회주의가 최종적으로 자본주의와 싸워 이길 수 있는 강대한 물질적 기초를 다져 놓을 수 있는 것이다.

4항 기본원칙은 국가를 세우는 근본(立國之本)이고, 개혁·개방은 국가를 강하게 하는 길(强國之路)이며, 이들은 당의 기본노선을 구성하는 두 개의 기본점인 것이다.[40]

둘째, 인민민주전정(人民民主專政)의 견지이다. 중국헌법 총강 제1조는 '중화인민공화국은 공인(노동자)계급이 영도하고 공농(工農)연맹을 기초로 한 인민민주전정의 사회주의 국가이다'라고 규정하고 있다. 이는 중국의 국가 성격을 규정하는 것인 동시에 국체(國體)를 밝히고 있는 것이다.

여기서 말하는 인민민주전정은 프롤레타리아 독재를 뜻하는 것으로, 자유민주주의에서 주장하고 있는 민주정치와 구별되는 정치체제이며, 또 이는 사회주의로 이행해 가는데 지극히 중요한 단계로 보고 있다.

인민민주전정은 자산계급전정과는 성질상 근본적으로 다른 새로운 형식의 민주와 새로운 형식의 전정이 서로 결합된 국가정권이다. 중국공산당 영도하에 공인·농민·지식분자와 전체인민은 주인으로서 자기의 국가를 관리하고, 광범위한 민주권리를 향유하는데, 이는 중국 사회주의 민주의 핵심이며, 또한 자본주의 민주와의 본질적인 구별이

40) 『人民日報』(제15판, 1991. 7. 19).

다. 우리는 계속 확고하게 사회주의 민주를 발전시켜야 하고 인민의
주인공으로서의 책임감을 증강시켜야 한다. 가장 광범위한 인민의 민
주권리를 보장하기 위해서는 반드시 인민의 적에 대해 전정을 실시해
야만 한다. 만약 민주와 전정을 분리하고 심지어 대립시키기까지 한
다면, 그 결과는 모두 필연적으로 인민민주전정 국가제도에 심각한
손상을 입히게 될 것이다.

역사 경험에서 분명히 보듯이 무산계급혁명 승리 이후 인민민주전
정은 신민주주의에서 사회주의로 가는 과도기에 매우 필요할 뿐만 아
니라, 전체 사회주의 역사단계에서도 지극히 중요한 것이다. 중국 사
회주의 제도가 확립된 후 모택동은 일찍이 무산계급 정당과 무산계급
전정은 '이미 시대가 지나간 것'이라고 생각하는 잘못된 관점을 비판
했고, 아울러 강조하여 무산계급 정당과 무산계급 전정은 현재 있지
않으면 안 되고 무산계급 독재하의 국가제도는 노동자·농민·지식인
및 기타 노동자에 의해 공동으로 향유되는 민주주의이고, 역사적으로
가장 광범위한 민주주의이며, 또 계급은 소멸되었으나 사회주의사회에
서도 여전히 반혁명 분자와 각종 형사사범 등 사회주의에 반대하는
분자에 대해서는 독재를 실시해야 한다. 이들에 대해 독재하지 않으
면 사회주의적 민주주의도 존재할 수 없다. 이러한 독재에는 국내투
쟁과 제국주의와 패권주의에 대한 국제투쟁이 존재하는데 이런 상황
하에서 국가의 독재기능의 소멸은 생각할 수 없다.[41]

셋째, 공산당 영도(領導)의 견지이나. 낭의 영도를 견지한다는 것
은 4항 기본원칙 중의 핵심이다. 중국공산당은 마르크스-레닌주의
및 모택동사상으로 무장한 노동자계급의 선봉대이자 중국 각 민족
인민의 이익의 충실한 대표자로서 모든 일을 이끌어 나가는 핵심이
리는 것이다. 또 중국공산당은 낭 창선 이후 60여 년 동안 중국인민
의 해방사업과 사회주의사회를 건설하기 위하여 위대한 업적을 쌓았
다고 언급하면서 만약 공산당의 영도가 없었다면 신중국이 있을 수

---

41) 『人民日報』理論部, 앞의 책, p.202.

없으며, 또 공산당의 영도가 없다면 사회주의 중국의 현대화도 이룰
수 없다고 본다. 따라서 중국의 모든 인민은 공산당의 영도 아래 일
치단결하여 일체의 어려움을 극복하고 4개 현대화를 실현하여 사회
주의 사업의 승리를 다시 한번 쟁취하여 최후로 공산주의에 이르도
록 한다는 것이다.[42]

　넷째, 마르크스-레닌주의와 모택동사상의 견지이다. 중국공산당은
마르크스-레닌주의와 모택동사상은 당과 국가의 흔들리지 않는 기
본원칙이라고 보고 있다. 중국공산당이 이와 같이 마르크스-레닌주
의 및 모택동사상을 모든 활동의 지침으로 삼는 것은 마르크스-레
닌주의, 모택동사상만이 사회발전의 객관법칙을 정확히 해명할 수
있고 사회주의와 공산주의를 실현하는 길을 올바로 제시할 수 있으
며, 무산계급혁명의 각 시기의 투쟁방향을 가리켜 줄 수 있기 때문
이라는 것이다.[43]
　그리고 마르크스-레닌주의와 모택동사상의 기본원리는 실천(實
踐)의 검증을 거친 과학적 진리로서, 초시간적(超時間的)이라는 것이
다. 마르크스-레닌주의, 모택동사상은 사회발전의 객관적 법칙을 해
명하였으며, 나아가 세계를 인식하고 세계를 개조함에 있어서 무산
계급이 반드시 견지하여야 할 정확한 입장, 관점, 방법의 과학적 체
계라는 것이다. 오직 마르크스-레닌주의와 모택동사상의 지도 아래
에서만이 과학적인 사상방법과 사업방법이 있을 수 있고 사회주의적
현대화 건설에서 나타나는 새로운 정황, 새로운 문제를 정확하게 처
리하고 해결할 수 있다는 것이다.[44]

---

42) 「堅持四項基本原則」 編寫室, 『堅持四項基本原則』(北京: 解放軍出版社,
　　1984), p.172.
43) 中共中央書記處研究室綜合組編寫, 앞의 책, pp.21~22.
44) 위의 책, p.25.

등소평을 비롯한 중국공산당이 이와 같이 '4항 기본원칙'을 강조하고 있는 것은 그들이 당면과제로 삼고 있는 4개 현대화를 위해 대외 개방화정책에 따른 인민들의 사상적 동요와 당내 좌파들의 반발을 완화하기 위한 것으로 보여진다.[45]

(2) 개혁과 개방정책

가. 개혁정책

1978년 중국공산당 제11기 3중전회 이후 등장한 등소평체제의 개혁과 개방정책은 과거 모택동시대에 중국사회를 지배했던 이데올로기 정책제도 등에 대한 전면적이고도 과감한 변혁적 정책이었다. 그 결과 모택동시대와는 전혀 다른 모습으로 중국사회를 비약적으로 변모시킨 점은 누구도 부인할 수 없는 사실이다. 특히 등소평 정권은 경제발전(經濟發展) 제일주의의 입장에서 과거 자본주의적 요소라고 금기시되어 왔던 정책과 제도를 과감하게 수용함으로써 중국경제와 중국사회에 활력을 불러일으키는 데 어느 정도 성공하였다.[46]

등소평은 한 나라가 진정 정치적으로 독립하려면 먼저 가난에서 벗어나야 하며, 가난에서 벗어나려면 경제정책과 대외정책에서 자기의 현실에 입각하고, 나아가, 중국이 계속 발전하려면 세계로부터 고립되어서는 안 되고 계속해서 대외적으로 개방하고 대내적으로는 개혁정책을 견지해야 한다고 주장한 바 있다.[47] 이때 개혁은 사회주의

45) 金河龍, 「四個現代化와 理念變質」, 徐鎭英 編, 『現代中國의 政治와 社會變動』(서울: 고려대학교 아시아문제연구소, 1986), p.38.
46) 서진영는 등소평이 이 같은 개혁·개방 정책을 단행할 수 있었던 주요 원인 중의 하나를 문화대혁명 10년간의 경험, 즉 그동안 박해받은 당 간부, 지식인 등이 혁명의 일상화에 대한 반감 때문이라고 주장하고 있다. 서진영, 앞의 논문, pp.151~152.
47) 關廣富, 「在改革開放新形勢下要更好地堅持黨的宗旨」, 『人民日報』(1992.

제도의 자아완성과 발전을 의미하며, 개방은 외국의 선진과학기술과
관리경험 그리고 외국자본을 도입하여 이용하는 것을 의미한다.[48]

  강택민 총서기(전주석)도 중화인민공화국 건국 40주년 기념식사에
서 '4개항 기본원칙은 입국(立國)의 본(本)이며, 개혁과 개방은 강국
의 길'이라고 언급하면서, 개혁과 개방을 실현하기 위한 기본목표는
경제에 있어서 선진자본주의 국가를 추월하고, 정치에서는 자본주의
보다 더욱 높고 더욱 철저한 민주를 창조하며, 나아가 이들 국가들
보다 더욱더 많은 우수한 인재를 양육하여 사회주의 제도의 우월성
을 충분히 발양하는 데 있다[49]고 강조하였다.

  생산력의 고도발전을 바탕으로 사회주의 현대화를 근본임무로 하
고 있는 '중국 특색적 사회주의'는 '개혁'을 통한 전반적 '발전'을
그 노선의 기조로 삼고 있으며, '개혁'을 사회주의 현대화 건설에 있
어 '제2차 혁명'으로까지 간주하고 있다. 조자양은 제13차 전인대에
서 '사회주의 체제 개혁은 그 자체가 야기하는 사회변혁의 폭과 심
도에서 볼 때 또 하나의 혁명'으로 규정하였다.[50] 또 제13기 7중전
회는 '개혁을 통해 부단히 사회의 경제와 정치체제, 기타 영역의 관
리체계 등을 완벽하게 하여 충분히 중앙지방기업 및 광대한 노동인
민들의 주동성·적극성·창조성을 동원해야 한다'[51]고 발표하였다.

  현재 중국이 실시하고 있는 개혁정책은 다음 몇 가지 특성을 상해
시 위원인 원사지(袁思之)가 『인민일보』에 발표한 내용을 중심으로
살펴보면 다음과 같다.[52]

---

  1. 24); 李文奎 編譯, 『鄧小平文選(下)』(서울: 인간사랑, 1989), p.174.
48) 李先念, 「改革, 開放政策符合中國國情」, 當代思潮雜誌社 編, 『學習社
   會主義理論增强社會主義信念』(北京: 光明日報社, 1990), p.57.
49) 于偉國·冷溶 主編, 『學習江澤民同志重要講話』(北京: 人民出版社, 1989),
   p.32.
50) 白秉勳, 앞의 책, p.219.
51) 袁思之, 「堅定不移地推進社會主義的改革」, 『人民日報』(第5版, 1991. 9.
   27).

첫째, 개혁은 사회생산력을 신속히 발전시키는 데 있다. 사회주의 단계가 가장 근본적인 임무는 생산력을 발전시키는 데 있으며, 개혁 정책은 바로 생산력 제고에 주력해야 한다. 왜냐하면 사회주의의 우월성은 바로 그의 생산력이 자본주의에 비해 더욱 높이, 더욱 빠르게 발전하는 데에서 구현되기 때문에, 이를 위해 당과 국가는 중국 사회주의를 현대화하는 웅대한 목표를 제시하고, 또 이것이 중국경제와 기술의 낙후된 면모를 근본적으로 바꾸는 위대한 혁명이다.

둘째, 개혁은 사회주의 제도의 자아완비와 발전이다. 이는 개혁이 생산력 발전에 지장을 주는 각종 불합리한 구체적인 정치·경제제도에 대한 개혁이며 당과 국가의 조직·공작제도, 경제방면의 여러 가지 조직 관리제도 및 문화교육 등 방면의 제도를 포괄하는 개혁이다. 이런 종류의 개혁은 사회주의의 구체적인 정치·경제·문화 등 관리제도의 완비로, 사회주의의 기본제도는 사회주의 본질적 특성을 구현하는 것이다. 불합리한 제도를 구체적으로 개혁하는 것은 사회주의 기본제도에 대한 부정이 아닐 뿐만 아니라, 바로 사회주의 기본제도를 공고히 하고 완벽하게 하자는 것이다. 그러나 이러한 개혁을 함에 있어 사회주의 제도에 대해 회의와 부정을 야기하는 것은 결코 허용되어서는 안 되고 반드시 사회주의 방향을 단단히 틀어쥐어야만 한다.

경제 분야의 개혁은 반드시 생산자료 공유제를 주체로 하여 견지해 나가고, 기타 경제성분의 적당한 발전을 허가하고 북돋워야 한다. 즉 생산력 발전의 수준을 벗어나서 단일공유제를 실시해서는 안 되고 또 공유제 경제의 주체적 지위를 동요해서 사유제를 실시해서도 안 된다. 만일 생산자료 공유제의 주체적 지위가 흔들리면 사회주의 경제기초가 흔들리며, 또 사회주의라고 말할 수도 없다.

이를 토대로 1990년대의 경제개혁은 사회주의에 적응한 계획적인 상품경제 발전을 건립하고, 계획경제와 시장조절을 서로 결합시킨 경제체제이며 운행 메커니즘으로, 이를 위해 공유제를 주체로 하고 기타 경제성분을 정확히 발전시키는 것을 견지하여 중국 현 단계 생산수준에 적합한 소유제 구조를 형성시켜야 한다.

---

52) 위의 논문.

한편 정치체제의 개혁은 반드시 공인(노동자)계급이 영도하고 공농연맹을 기초로 한 인민민주전정을 견지해야 하며, 인민민주전정을 포기하거나 약화해서는 안 된다. 사회민주 민주정치의 본질과 핵심은 인민이 국가의 주인이 되어 진정으로 각종 공민의 권리를 향유하고 국가와 기업, 사업을 관리하는 권리를 향유하는 데 있다. 우리는 단호하게 정치체제 개혁을 촉진해서 계속 사회주의 민주를 발전시켜야 하며, 인민정권전정의 직능을 강화하고 부단히 사회주의 민주와 법제건설을 강화해서, 안정·단결과 생기 있고 활력 넘치는 정치적 국면을 발전시켜 인민이 국가의 주인이 되고 국가가 오래도록 안정 속에 통치되는 것을 보장해야 한다. 반드시 인민대표대회제도를 견지하고 완비하여야 하며, 서방의 그러한 의회제도를 채택해서는 안 된다.

또 문화·교육·과학기술 체제의 개혁에 있어서는 반드시 마르크스-레닌주의 및 모택동사상이 중심이 되어야 하며 지도사상의 다원화를 실시해서는 안 된다. 반드시 인민을 위해 봉사하고 사회주의를 위해 봉사하는 방향과 '백화제방(百花齊放)·백가쟁명(百家爭鳴)'의 방침을 견지해야 하며, 사회주의 문화를 번영·발전시켜서, 인민을 해롭게 하고 사회를 오염시키며 그리고 사회주의에 반대하는 것들이 범람하는 것을 막아야 한다.

정치체제 개혁의 기본임무는 인민대표대회제도와 아울러 공산당이 영도하는 다당합작과 정치협상제도를 견지하고 완비하는 것이며, 과학적인 민주적 정책결정과 민주적 감독의 절차와 제도를 건립하고, 일 처리하는 데 있어 효율성을 높이며, 각 방면의 적극성을 동원하는 데 유리한 영도체제를 건립하는 일이다. 진일보하여 행정관리체제를 개혁하고, 각급 정부직능 부문 사이의 관계를 순조롭게 하며, 계속해서 간부의 인사제도를 개혁한다. 강력한 조치를 취하고, 청렴한 정부건설을 강화하며 기구를 간소화하고 기풍을 바꾸며 특히 오랫동안 흐트러짐 없이 부패현상에 대해 단호한 투쟁을 전개해야 한다.

여기서 우리는 현재 중국이 추진하고 있는 개혁정책은 사회생산력을 제고시키는 데 주안점을 두고 있으며, 또 문화·교육·과학기술

등 다양한 사회개혁을 실시함에 있어 공산당 지도하에 반드시 사상적으로는 마르크스-레닌주의와 모택동사상을 견지할 것을 확고히 하고 있음을 알 수 있다.

나. 대외개방정책

현 중국정부가 추진하고 있는 '대외개방정책' 또한 기존의 생산력 발전을 저해했던 원리 중의 하나를 폐쇄적 국정에 있었다고 평가하고, 이의 과감한 시정을 통하여 선진제국과의 협력관계를 표방하고 있다. 다음은 등소평이 폐쇄정책을 비판하고 있는 내용이다.

> 오늘날 세계는 어느 나라나 발전을 위해 쇄국할 수 없다. 우리는 쇄국으로 인해 고통을 경험하였다. 우리 조상들도 그러한 고통을 경험하였다. ……중국 건국 이래 제1차 5개년계획 기간은 비록 소련과 동구에 국한되었으나 개방정책을 취하였다. ……개방해야만 한다. 대외개방은 우리를 절대 해치지 않는다. ……만일 개방하지 않고 문호를 닫으면 50여 년이 경과해도 전혀 경제가 발전에 접근하지 못할 것이라고 단언할 수 있다.53)

등소평이 이렇게 개방정책을 역설한 것은 더 이상 폐쇄정책으로는 그들이 추구하는 생산력 발전과 4개 현대화를 달성할 수 없다는 인식에 기초를 두고 있는 것이라 하겠다. 중국은 대외개방정책의 목직이 '사회주의 경제를 발전시키고 중국의 자력갱생(自力更生)의 능력을 증강시키며 진일보 사회주의 제도를 공고히 하고 완벽하게 하기 위함'54)이라고 못 박고 있다. 개방정책의 목표에서 알 수 있는 바와 같이, 대외개방을 한다고 해서 국내 조건을 무시한 대외 의존적 정

---

53) 鄧小平, 「實現4個現代化的廣偉目標和根本政策」(談話, 1984. 10. 6).
54) 岳 岩, 「堅定不移地廣大對外開放」, 『人民日報』(第5版, 1991. 10. 18).

책을 추진한다는 것은 아니다. 개방을 하되 자력갱생의 원칙을 주로 하고 대외 개방을 견지할 것을 강조하고 있다.

> 우리가 여러 가지 생산건설 사업을 신속하게 발전시키고 국가의 번영부강과 인민의 부유행복을 비교적 빨리 달성하려면 반드시 모든 적극적 요소를 동원하여 국가정책과 계획의 지도아래 국가·집단·개인이 함께 매진하는 방침을 시행하고, 많은 경영방식을 발전시키며 독립자주, 자력갱생, 평등호혜, 상호 신용의 확립 등의 기초 위에서 대외경제합작과 기술교류를 적극적으로 발전시켜야 한다. ……국제관계가 복잡다단하고 모순이 중첩되어 있다 하더라도 전체적으로 국제적인 경제기술적 연관이 여전히 밀접하여 폐쇄를 고집해서는 현대화를 실현할 수 없다.55)

또한 중국정부는 대외개방정책을 일시적·한시적으로 할 것이 아니라 장기적으로 견지해야 할 기본국책(基本國策)이며, 또 그렇게 해야만 한다고 주장하면서 다음과 같은 실천과제와 방침을 제시하고 있다.56)

첫째, 대외개방은 자주독립과 자력갱생의 원칙을 고수해야 한다는 것이다. 자주독립과 자력갱생은 중국공산당이 장기간 투쟁 가운데 얻어낸 하나의 중요한 원칙으로, 중국경제건설에 있어서의 기본적인 지도방침이라는 것이다. 중국은 사회주의 개발도상국으로 경제건설의 발판을 자신의 역량에 의존하는 기초 위에 두어야 하며, 이는 대외개방 정책과 모순되지 않는다고 주장한다.

둘째, 호혜평등과 신용준수의 원칙을 지켜야 한다는 것이다. 호혜평등과 신용준수는 국제사회에서 공동으로 통용되는 원칙으로 국가

---

55) 「中共中央關於經濟體制改革的決定」, 『紅旗』(第20期, 1980), p.11.
56) 岳岩, 앞의 논문.

의 빈부·대소를 막론하고 주권국가라면 모두 예외 없이 지켜야 하
는 원칙이기 때문에, 중국도 국제사회의 일원으로써 이 원칙을 지켜
야 한다고 본다.

셋째, 정신문명과 물질문명을 함께 견지해야 한다는 것이다. 이 두
개의 문화는 상호 보완적인 것으로 그 성질은 모두 사회주의적인 것
이지 자본주의적인 것이 아니라고 단정 짓고 분명한 태도를 취할 것
을 강조하고 있다.

> 대외개방과 문화교류를 실시함에 있어서는 일부 '파리·모기들'이
> 날아들어 오는 것을 피하기는 어려우며, 자산계급의 타락하고 몰락한
> 사상·문화와 생활방식 또한 국내에 침투해 들어오는 것을 피하기가
> 어려울 것이다. 이에 대해 우리는 맑은 정신을 유지해야 한다. 시종
> 두 문명을 함께 움켜쥐는 것을 견지해야 하고, '도입하는 것도 있고
> 억제하는 바도 있으며, 타락함을 배척하되 외국을 배척하지는 않는다'
> 는 방침을 시행해야 한다. 한편으로는, 확고하게 대외개방을 실시하고
> 계획적이고 선택적으로 자본주의 국가의 선진기술·관리경험과 기타
> 우리에게 유익한 것을 도입하며, 중국의 물질문명을 가속화시킨다. 다
> 른 한편으로는, 확고하게 사회주의 정신문명 건설을 강화해야 하고
> 사상·정치공작(思想·政治工作)을 강화해야 한다.[57]

인용구에서 알 수 있는 바와 같이, 중국은 대외개방을 함에 있어
서 자본주의 사상에 인민들이 오염될 것을 염려하면서 인민에 대한
사상·정치공작의 강화를 주장하고 있다.

요컨대 중국은 사회주의 생산력 제고를 통한 경제건설을 위해서는
개방정책이 불가피한 것으로 보고, 이를 받아들이고는 있으나 이러
한 정책도 사회주의 원칙을 견지하는 범위 내에서 이루어져야 함을
분명히 하고 있는 것이라 하겠다.

---

57) 위의 논문.

3. 등소평체제하의 가정문화정책

1) '중화인민공화국혼인법' 제정과 그 내용

모택동의 균분주의(均分主義)를 비판하고 노동에 따른 분배, 즉 물질적 인센티브와 실적주의를 강조하는 등소평체제가 취한 가정문화정책 중의 하나가 1980년 9월 10일 제5차 전국인민대표대회 제3차 회의에서 제정·공포하여 1981년 1월 1일부터 시행하고 있는 신혼인법인 '중화인민공화국혼인법'이다.[58] 앞에서 이미 살펴본 바와 같이 중국공산당은 1949년 이전에도 이미 혼인법을 제정하여 실시한 바 있고, 이를 토대로 1950년 해방 직후 혼인법을 선포한 바 있다.

1980년에 제정한 '신혼인법'은 1950년에 선포한 혼인법을 그동안의 정세와 사회적 변화에 맞게 수정·보완한 것이다. 여기서 언급하고 있는 정세와 사회적 변화란 10년간의 문화대혁명 기간 중에 있었던 임표(林彪), '4인방(四人幫)' 등의 좌편향적 작풍과 혼인관계에 있어 봉건적 경향, 그리고 자본주의 사상의 만연 등을 의미하는 것으로서 이 같은 변화와 정세 속에서는 사회주의 현대화를 이룩할 수 없어 새로운 혼인법을 제정하게 되었다는 것이다. 보다 구체적으로는 공산정권 수립 후 30년간 정치·사회적 격동기를 거치면서 포판(包辦), 매매혼과 기타 혼인자유행위의 간섭 및 혼인관계를 빙자한 재물 탈취현상의 대두, 또 혼인관계에 있어서 봉건적 자본주의 사상의 만연, 여성박해, 노인 유기(遺棄)현상 등으로 인해 인민들의 불만

---

58) 『신혼인법(新婚姻法)』의 내용과 해설에 관해서는 崔達坤, 「1980年의 改正中共婚姻法」, 『法學論集 第20輯』(서울: 高麗大學校 法科大學, 1982), pp.243~268 참조.

이 높아 '신혼인법'을 제정하게 되었다고 밝히고 있다.[59] 다시 말해
서 '신혼인법' 제정은 과거 봉건·자본주의적 혼인유습의 잔존과 등
체제 이후 전개되고 있는 새로운 사회적 변화에 능동적으로 대처하
기 위한 것이라 하겠다.

혼인·가족법 방면에서 변화된 주요 부분은 다음과 같다.

① 기본원칙에 혼인의 자유·남녀평등·일부일처제 원칙 이외에 산
아제한원칙을 새롭게 규정하고 노인의 합법적 권익보호도 기본원칙
으로 규정하였다.

② 결혼의 요건에 관한 항목에 ① 혼인연령을 높이고 ② 방계혈족
3촌(寸) 이내의 혼인 금지 ③ 혼인절차에 대한 조정 등의 내용을 포
함시켰다.

③ 가족관계의 법률조정을 확대하였다.

④ 이혼조항에 대해 보완하였다.

⑤ 혼인법을 위반한 행위에 대한 제재방법과 강제집행의 내용을
추가하였다.[60]

'신혼인법' 제2조는 '혼인자유·일부일처·남녀평등 등의 혼인제도
를 실시하며 여성·미성년과 노인의 합법적 권익을 보호하며 산아제
한원칙을 실시한다'라고 규정하고 있다. 이 규정은 중국혼인·가족제
도의 사회주의 본질을 체현한 것이자 중국혼인법의 기본정신이기 하
겠다.[61] 신혼인법의 5개 원칙, 즉 혼인자유원칙, 일부일처원칙, 남녀

---

59) 北京廣播電視大學法律教硏室 編, 『婚姻法資料選編』(北京: 中央廣播電
   視大學出版社, 1985), p.37 宋培淸, 『婚姻家庭法律咨询』(江蘇: 江蘇人
   民出版社, 1985), pp.2~3; 巫昌禎 主編, 『中國婚姻法』(天津: 中國政法
   人學出版社, 1991), p.39; 鹽谷弘康, 「中華人民共和國の家族法」, 黑木三
   郎 編, 『世界の家族法』(東京: 敬文堂, 1991), pp.200~202.

60) 韓大元 外, 『現代中國法入門』(서울: 博英社, 1995), p.694.

61) 위의 책, pp.694~695; 蔡磊, 「현대 가정에서의 중국여성」, 『社會和家庭
   中的韓·中婦女』 한·중세미나 제2주제(서울: 한국여성개발원, 1991),
   p.2 중국은 다민족으로 구성되어 있어 민족자치 지역에 따라 혼인법 실

평등원칙, 산아제한원칙 등을 기초로 구혼인법과 대비시켜 그 내용을 살펴보면 다음과 같다.[62]

'신혼인법'은 제1장(총칙) 제1조에 구혼인법에 없었던 '본법은 혼인가정관계의 기본준칙이다'라는 조항을 두고 있는데, 이는 혼인법의 조정대상 및 그것과 기타 혼인가정관계 조정의 법률 간의 구별을 명확히 하기 위한 것이다. 그 기본원칙 중에는 원래 규정한 혼인의 자유, 일부일처, 남녀평등, 부녀와 아동의 합법적 권리 외에 '노인의 합법적 권익과 생육의 계획원칙(제2조)'을 첨가하고 있다. 노인의 합법적 권익보호 규정은 문화대혁명 기간 중에 발생한 사회적 파괴에 대한 일종의 대응책이기도 하지만 노년층에 대한 사회복지사업이 가능하지 않은 국가적 실정에 입각한 경제적 측면을 반영한 것이며,[63] 계획출산은 헌법의 '국가가 계획출산을 추진한다'는 정신에 비추어, 현 중국의 인구실상에 맞추어 규정한 것이라 하겠다.[64] 동시에 원래 규정인 '부모에 의한 강제결혼(包辦强迫婚), 남존여비, 자녀의 권리를 무시하는 봉건적 혼인제도 폐지'와 '중혼 금지, 축첩 금지, 민며느리제 금지, 과부재혼 간섭 금지'는 '포판혼 금지, 매매혼과 기타 결혼자유 행위의 간섭 금지, 혼인관계를 미끼로 재물을 취하는 행위 금지, 중혼 금지, 가정성원 간의 학대 및 유기 금지(제3조)' 등으로 개정되었다.

제2장 결혼 부분에서는 법정 결혼연령을 원래 남자 20세, 여자 18세에서 각각 '22세와 20세(제5조)'로 올렸고, 동시에 '만혼과 만육(늦

시규정에 다소 차이가 있다. 보다 자세한 것은 「中國法律年鑑」 編輯部, 『中國法律年鑑』(上海: 法律出版社, 1987), pp.494~496 참조.
62) 張賢鈺 外 3人, 『婚姻家庭法槪論』(浙江: 浙江人民出版社, 1986), pp.90~92.
63) Margery Wolf, *The Revolution Postponed: Women in Contemporary China*, 문옥표 옮김, 『지연된 혁명』(서울: 한길사, 1988), p.234.
64) 陳明俠, 「中國の家族制度と新たな家族法の變化」, 『中國研究月報』(Vol.42. No.12 (No.490), 中國研究所, 1988. 12), pp.11~12.

게 결혼하여 출산을 늦추는 것)을 적극 권장한다(제5조)'라고 못 박고
있다. 이것은 정부가 인구증가율을 낮추는 것이 중국 현대화 건설의
발전에 유리할 것이라는 판단하에 만든 입법조처라 할 수 있다.[65]

또 구혼인법에 '기타 5대(8촌) 이내의 방계혈친 간의 결혼 금지
문제는 관례에 따라 규정한다'라는 조항을 '3대 이내의 방계혈친은
결혼을 금지한다(제6조 1항)'로 수정하였고, 또한 원래 '생리상의 결
함으로 인해 성행위가 불능인 자' '성병 혹은 정신병에 걸려 치료가
안 된 자' '문둥병에 걸렸거나 기타 의학상 결혼할 수 없는 자'를
모두 결혼 금지하도록 규정하였으나, 신혼인법에서는 '문둥병에 걸려
치유가 안 된 사람과 기타 의학상 당연히 결혼할 수 없는 질병에 걸
린 자(제6조, 2항)'를 결혼 금지하는 것으로 수정했다.

'신혼인법'은 '결혼증을 취득하면 즉각 부부관계가 성립한다(제7
조)' '결혼등기 후 남녀쌍방의 약정에 따라 여자측이 남자측 가정의
성원(식구)이 될 수도 있고, 남자측이 여자측 가정의 성원이 될 수도
있다(제8조)'는 것을 규정하고 있다. 특히 이 규정 중 제8조는 과거
구혼인법에 없었던 규정으로 새로이 첨가한 것이다. 이것은 남녀평
등의 원칙을 관철하고 전통사회처럼 여자가 남자쪽으로 시집가는 낡
은 습속을 타파하기 위한 조처이며, 또 대를 잇기 위해서는 남아를
낳아야 한다는 남아선호사상을 불식시키기 위한 것으로 보인다.[66]

제3장 가정 관계 부분에서는 부부간의 권리와 의무를 보다 분명하

---

65) 蔡磊, 앞의 논문, p.3.
66) 1949년 전에는 남자가 여자의 가계(家系)에 입적하는 것은 입서(入婿)
로 불리웠고 이 경우 남자는 사회적으로 차별받고 법률상으로도 지위가
보장되지 않았다. 1949년 이후 남녀평등을 제창했으나 낡은 사상이 잔
존하고 차별하는 자가 있어 이러한 차별을 없애기 위해 1980년 혼인법
의 규정은 남성을 중심으로 한 가족사상을 제거하고 구혼인제도하에 남
취여여가(男娶女女家: 여자가 남자의 집에 들어가지 않으면 안 되는
것)를 개정하였다. 이는 계획출산과 여자가 있으나 남자가 없는 집의
고민과 곤란을 제거한다는 장점이 있다. 陳明俠, 앞의 논문, pp.12~13.

게 규정하고 있다. 구체적으로 살펴보면, 과거 '구혼인법'에서는 '부부는 가정재산에 대해 쌍방이 평등한 소유권과 처분권을 갖는다(제10조)'를 '부부는 혼인관계 기간에 소득한 재산은 쌍방이 약정한 것을 제외하고는 부부공동의 소유로 한다(제13조)'로 수정하였다. 또 과거 '부부는 서로 사랑하고 존경하며 서로 도와주며, 서로 부양하며, 화목 단결하고 생산노동에 종사하며, 자녀를 보호하여 가정의 행복과 신사회 건설과 공동 분투할 의무가 있다(구혼인법 제8조)'라는 규정은 '부부쌍방은 모두 생산, 공작(工作)학습과 사회활동에 참가할 자유가 있으며, 어느 일방이 타방을 제한하거나 간섭할 수 없다(제11조)'로 바뀌었다.

그리고 '구혼인법'에서는 '부모와 자녀 간의 관계'를 별도의 장(제4장)으로 구분하였으나 '신혼인법'에서는 '가정관계'(제3장)로 규정해 놓고 있다.

부모와 자식 간의 관계규정에 있어 특이한 것은 '자녀가 부성(父姓)을 따를 수도 있고 모성(母姓)을 따를 수도 있다(제16조)'라는 규정이다. 이 규정은 과거 전통사회의 가부장제에 비추어 볼 때 획기적인 변화라 할 수 있는데, 이 같은 규정을 둔 것은 사회주의하에서 강조하고 있는 남녀평등의 구체적 실천이라는 차원에서 규정한 것으로 간주되기도 하지만, 다른 한편으로는 여자도 대를 이을 수 있도록 함으로써 남아선호사상을 억제하기 위한 측면도 있다고 하겠다. 그 밖에 부모와 자식 간의 부양과 양육의 의무규정은 과거와 같이 그대로 두고 있다.

그러나 우리의 관심을 끄는 규정 중의 하나는 제22조와 제23조로, 이는 과거에 없던 새로이 첨가된 것들이다. 그 규정의 내용을 살펴보면, '부모가 이미 사망한 미성년의 손자(녀), 외손자(녀)는 조부모나 외조부모가 부담할 능력이 있을 경우 양육의 의무가 있다. 자녀가 일찍 사망한 조부모, 외조부모는 손자(녀)가 부양할 의무가 있다

(제22조)'와 '형이나 누이는 부모가 이미 사망하였거나 부모가 미성
년자인 동생이나 누이를 부양할 수 없는 경우 부양의 의무가 있다
(제23조)'로 되어 있다.

이는 과거 전통사회의 대가족제도(大家族制度)에서 볼 수 있었던
것과 유사한 부모에 대한 효도와 형제간의 우애정신과 유사한 것으
로도 볼 수 있으나, 이러한 규정을 둔 근본 취지는 전통적인 가정윤
리의 회복이라기보다 국가의 경제력이 이들을 부양할 수 없기 때문
에 그 가족들에게 책임을 전가시키기 위한 것으로 해석된다.

제4장 이혼부분에서는 이혼의 조건을 보다 구체적으로 규정하고
있다. 이것은 사회적 변화에 따라 이혼의 사유가 보다 다양해지고
있음을 반영한 것이라 하겠다.

1950년 혼인법에는 '인민정부와 사법기관은 남 또는 여의 일방이
이혼청구를 견지하여 조정할 수 없을 때' 이혼을 인정했으나 명확하
게 이혼을 인정하는지 아닌지 법률의 기준이 없어 실행하는 과정에
있어서 혼란을 가져왔다. 실제 1950년대는 봉건적인 혼인을 해소하
기 위해 다수의 이혼이 인정된 위에 일반적으로 이혼을 인정하는 데
는 엄격한 태도가 취해졌음은 이미 앞에서 살펴본 바와 같다. 특히
귀책사유가 있는 배우자의 이혼청구는 일반적으로 인정되지 않았다.
그래서 1980년 혼인법은 이 점을 보완하여 제25조에 '민약 깅징(싱
격)이 확실하게 파탄하여 조정이 불가능할 때 이혼을 허락한다'라고
못 박고 있어, 감징의 파탄 여부가 이혼허가 조건의 기본원칙이 되
고 있다. 이는 1950년의 구혼인법에서 이혼조항이 주로 봉건적 혼인
제도에서 발생한 불합리한 혼인문제를 해결하려 한 것이라면, 신혼
인법이 제정한 이혼은 주로 당사지 긴의 깅징(싱격)이 이혼의 기순
이 되고 있음을 의미하는 것이라 하겠다.67) 이러한 현상은 중국사회

---

67) 1949년 이후 5, 60년대에는 봉건혼인에 반대하여 혼인자유를 얻는 것이
   중요 원인이었고, 6, 70년대에는 봉건혼인을 반대하는 원인 외에 정치적

의 이혼경향이 현대화 개혁·개방 정책 등으로 사회가 산업·공업화
되어 감에 따라 과거 전통적 혼인관이 점차 쇠퇴되어 가고 점차 일
반 선진국 형으로 변해 가고 있음을 의미하는 것이기도 하다.

제5장 부칙에서는 혼인법 위반에 관한 행정처분 및 법률제재권 등
과 민족자치 지방의 혼인법은 자치조의 혼인은 구체적 법률에 따른
다고 명기하고 있다.

신혼인법에 대해 중국정부는 '중국을 새롭게 만들었고, 나아가 혼
인가정관계의 법률규범을 완전히 정비한 것이며, 나아가 봉건적 혼
인가족제도의 여러 가지 독소를 제거하고 있으며, 또 자산계급 혼인
가정의 관념의 침투를 철저히 봉쇄하여, 중국 특색과 사회주의 초급
단계에 상응하는 혼인 가족제도를 마련하여 거대한 위력을 발휘하고
있다'[68]고 평가하고 있다.

이상에서 살펴본 바와 같이 1980년의 신혼인법은 중국정부가 과
거 공산화 이후 30년간의 경험과 그리고 현재 그들이 추진하고 있는
사회주의 현대화에 따른 개혁과 개방정책에 따라 전개되고 있는 사
회적 변화, 특히 인민들의 물질·정신적 변화를 고려하여 제정된 것
이라 할 수 있다. 또한 신혼인법에서는 과거 모택동시대의 법보다
정치적 변동에 따라 좌우되는 비정향적 유형이 아니라 점차 법에 따

운동의 여러 가지 원인에 의한 것이었다. 1980년대에는 복잡하게 되는
데, 전통적 원인 외에 6, 70년대의 정치운동 가운데 부자연한 혼인관계
를 해결하지 않으면 안 되는 등 새로운 원인이 부가되었다. 이혼사례 중
'이상과 취미의 상위' '감정의 불화'가 많다. 이러한 경향은 생활수준과
정신생활의 변화를 반영하고 있다고 하겠다. 부인의 경제적 지위가 높아
짐에 따라, 남녀간 불평등한 혼인관계에 대하여 여성은 애정 또는 새로
운 혼인생활을 추구하기 위해 이혼을 주장하는 사례가 늘고 있다. 또 상
품경제의 발달에 따라 도시와 농촌인구가 유동하는 것이 혼인관계의 불
안한 요소가 되고 있고, 금전과 향락을 추구하는 사상도 부분적으로 혼
인관계의 해체를 촉진시키는 역할을 하고 있다. 위의 논문, pp.5~16.
68) 張敏杰, 「二十世紀中國家庭的變遷」, 『浙江學刊』(第6期, 總第59期, 1989),
pp.85~86.

라 가정관계의 제반문제를 풀려고 하는 노력이 엿보인다. 이는 중국
정치가 과거처럼 파행적으로 전개되지 않고 점차 안정화되어 가고
있음이 가정문화정책에도 반영되고 있다고 볼 수 있다.

2) '중화인민공화국계승법' 제정과 그 내용

　계승이란 원래 말 그대로 살아 있는 사람이나 사회조직이 죽은 사
람(死者)이 남긴 재산 혹은 권리의무를 이어받는 것을 뜻하나 일반
적으로 광의와 협의 두 가지로도 구분된다. 광의의 계승에는 재산계
승, 정치계승, 신분계승과 도덕계승 등이 포함되며, 이때 계승인은
자연인 또는 법인과 국가가 될 수 있다. 그리고 협의의 계승에는 다
만 재산의 계승만을 뜻하며, 현재 각국 법률이 규정하고 있는 계승
은 주로 협의의 개념에 국한하고 있다.[69]
　계승은 사회 생산력의 발전과 밀접한 관계가 있다. 인류 최초의
사회인 원시 공산사회에서는 생산력이 매우 낮아 거의 남길 만한 잉
여재산이 없어 계승의 문제가 발생되지 않았으나, 사회의 생산력이
진일보함에 따라 인간의 노동성과가 자신의 소비와 생산의 수요를
제외하고도 일정 정도의 재산이 누적이 되게 되었다. 그러서 개인은
사후에 그가 생전에 모아 놓은 재산을 자기의 배우자, 자녀와 기타
친척들에게 남기는 유습이 생겨나게 되었는데, 이것이 곧 계승관계
발생의 원인이 되었다.[70]
　그러나 어느 사회나 존재하여 왔던 보편적 현상인 이러한 계승관
계에 대해 바구닌(Bakunin, 1814~1876)과 생시몽(Henri Saint-Simon,

---

69) 凌相權, 『中華人民共和國民法槪論』(濟南: 山東人民出版社, 1986), p.295.
70) 위의 책, pp.295~296.

1760~1825)은 폐지를 주장하였다. 그들은 계승권의 폐지가 사회주의 혁명의 출발점이라고 주장했으나, 마르크스는 「계승권에 관한 총위원회의 보고」라는 글에서 이러한 관점을 비판하고 '계승권의 소멸은 생산수단의 사유제 폐지에 따른 사회주의 혁명의 자연적 결과이지 계승권 폐지가 절대로 사회주의 혁명의 출발점이 될 수는 없다'[71]고 하였다. 구소련은 10월 혁명을 성공한 직후인 1918년 계승권을 일시 폐지하였으나 1922년 원래대로 회복시켰으며, 북한에서는 1990년에 제정된 가족법(제5장)에서 상속에 관한 규정을 두고 있다. 또 중국은 '문혁' 시기에 계승권을 부정하는 경향이 있었으나 시행되지는 못했다. 이 같은 사실이 증명하듯이 자본주의나 사회주의를 불문하고 계승권의 입법을 폐지하려는 것은 인류사회의 보편적 현상에 위배되는 것으로 현실화되기는 어려운 일이다. 현재 중국에서는 생산수단의 공유제와 보완된 생산수단의 사유제를 병존시키고 있으며, 분배 영역에서는 능력에 따른 분배를 실시하고 있고, 공민은 주로 능력에 따른 분배를 통하여 공민 개인의 재산소유권의 획득을 인정하고 있으며 이를 법률로 보장하고 있다.[72]

또한 중국헌법 제13조 제2항에서는 '국가는 법률규정에 따라 공민의 사유재산의 계승권을 보호한다'라고 규정하고 있으며, 1980년에 제정한 '혼인법' 제18조에는 '부부는 상호 유산을 계승할 권리를 갖는다. 부모와 자녀는 상호 유산을 계승할 권리를 갖는다'라고 규정하고 있는데, 이렇게 부분적으로 명기되어 있는 것을 체계화시킨 것이 바로 1985년에 제정·선포한 '중화인민공화국계승법'이다. 1985년 4월 10일 제6기 전국인민대표대회 제3차 회의에서 제정·공포하여

---

71) 『馬克思恩格斯選集 第2券』(北京: 人民出版社, 1972), p.289.
72) 張佩霖 主編, 『中國繼承法』(天津: 中國政法大學出版社, 1991), pp.13~14. 북한에서는 가족법 속에 상속규정을 두고 있다. 이러한 사실로 미루어볼 때, 중국의 법체계가 다른 사회주의 국가보다 앞서가고 있다고 하겠다.

1985년 10월 1일부터 시행 중인 '계승법'은 제1장 총칙, 제2장 법정
계승, 제3장 유언계승과 유증(遺贈), 제4장 유산의 처리, 제5장 부칙
등 총 5장 37조로 구성되어 있다.

이들의 내용을 간략하게 살펴보면, 제1장 총칙에서는 법의 제정목
적, 계승권의 범위와 계승권 행사의 절차를 구성하고 있고, 제2장에
서는 법정 계승인의 범위와 순서를, 제3장에서는 유산계승과 유증에
관한 규정을, 그리고 제4장에서는 유산처리에 관한 약간의 규정을,
제5장에서는 민족자치 지방의 재산계승과 재중국 외국인의 재산계승
등의 원칙을 규정하고 있다. 중국정부는 계승법의 필요성을 다음과
같이 설명하고 있다.

> 우선 생산수단의 사유제에서 공산주의의 공유제로 바뀌는 데 오랜
> 역사 기간이 필요하다. 그리고 이 오랜 기간의 과정에서 각 단계의
> 공유화 정도는 같지 않다. 우리나라 상황에 적용시켜 보면, 관료자본
> 을 몰수하고, 토지개혁과 생산수단의 사유제의 사회주의 개조를 거쳐
> 주요 생산수단의 전민소유제(全民所有制)와 단체소유제를 한 걸음 한
> 걸음 실현하였다. 그러나 성이나 향의 개별경제가 아직도 존재하고
> 있고, 농촌인민공사 사원이 아직 자유지(自留地)와 가정 부업을 하고
> 있다. 특히 당의 제11기 3중전회 이후 개별경제가 급속히 발전하여
> 농촌연합생산 승포제(承包制)73)가 이미 보편화를 이룩하였고 개인소
> 유의 생산수단과 생활수단이 상응하게 증가되어 법률이 이와 같은 재
> 산소유권과 계승권을 승인하고 보호할 필요가 있었나. 동시에 사회주
> 의 분배의 원칙이 '각자 능력에 따라 일하고, 노동의 양과 질에 따라
> 분배받는다(各所能 按努分配)'이나. 공민의 노동소득은 개인소유로 귀

---

73) '승포제'는 과거 인민공사에 소속되었던 토지를 분할하여, 긱 농가에
   일정 규모의 토지를 도급 분배하여 각 농가별로 경영해 가는 제도로,
   그 분배방법은 농민과 생산대가 계약에 의해 농민이 생산을 하고 규정
   된 일정량을 상납한 후 그 잉여분은 농민의 소유로 돌아가게 하는 제도
   를 말한다.

속되며, 법률은 그 소유권과 계승권을 승인하고 보호하는 것과 같다.

그 다음 우리나라 현 단계에서 생산수단의 소비가 매우 많아 가정 경제의 압박이 심해, 많은 농민가정과 노동자가정이 아직도 하나의 생산단위 혹은 생산기관을 이루고 있다. 다시 말해서 가정의 경제적 기능이 아직도 소멸되고 있지 않다. 그래서 가계가 경제단위로 존재하고 있는 것이고 또한 계승제 설립의 경제적 원인이기도 하다.74)

계승제도, 혼인가정제도와 재산소유제도는 똑같이 법률제도에 속하며, 이들은 아주 밀접한 관계를 맺고 있다. 계승제도와 혼인가정제도는 한편 혼인가정 상황을 법정계승의 범위, 순서와 유산분배의 원칙을 확정짓는 중요한 근거가 되며, 또 다른 한편으로는 계승제도가 가정생활과 생산 등 다양한 기능을 보호·촉진한다. 즉 계승제도와 재산소유권제도 아래서는 공민의 사망 후에 그 생전의 소유재산이 반드시 타인의 소유로 귀속되는데, 이러한 의미에서 계승제도는 재산소유권제도의 신장이라고 불린다. 구체적 계승관계에 있어서 재산소유권은 계승권의 전제이고, 또 계승권에 따라 재산소유권을 취득할 수 있다.75)

현재 중국에서 시행 중인 '계승법'은 계승의 3개 기본원칙, 즉 권리와 의무의 일치, 남녀평등원칙과 봉양·양육-노육유 양로육유(老育幼 養老育幼)-의 원칙과 서로 돕고 서로 양보하며 단결과 화목을 도모하는 화목단결의 원칙이다.76) 이러한 3개 기본원칙에 대해 중국자료는 다음과 같이 설명하고 있다.77)

① 권리와 의무일치의 원칙
권리와 의무는 반드시 서로 대등하다. 과거 착취계급이 통치하는

---

74) 凌相權, 앞의 책, p.299.
75) 張佩霖 主編, 앞의 책, pp.12~13.
76) 王貞韶·單正平, 『怎樣繼承遺産』(上海: 知識出版社, 1985), p.8; 韓大元 外, 앞의 책, pp.704~705.
77) 凌相權, 앞의 책, p.299.

사회에서는 오직 권리만 있고 의무가 없는 사람도 있었고 또 의무만 있고 권리가 없는 사람도 있었지만 사회주의 국가에서는 모든 사람은 반드시 일정한 의무가 있으면 일정한 권리가 있어, 권리와 의무가 완전히 상호 결합되어 있다. 중국은 1100년 이래 자녀는 반드시 연로하여 생활능력이 없는 부모를 봉양(奉養)하는 풍습이 있었다. 우리는 지금 봉건적 효도를 제창하지는 않으나 반드시 부모를 존경하고, 부모를 봉양해야 한다. 이것은 사회주의 도덕원칙에 부합되는 기초이기도 하다.[78]

② 유산계승의 남녀평등원칙

봉건 중국사회에서는 종법계승제도가 남자 중심의 남녀불평등한 것이 그 특징이며, 또 여자에게는 계승권이 없었다. 봉건사상의 영향을 받아 지금도 어떤 사람은 여전히 여자는 계승권이 없다고 여기고 있으며, 심지어 결혼한 여성이 다시 돌아와 부모의 재산을 계승하는 것은 이야기하기조차 어렵다. 이러한 남녀불평등한 계승관념은 하루빨리 불식되어야 한다. 이를 위해 우리 '헌법'과 '혼인법'은 모든 분야에서 남녀평등의 권리를 보장하고 있다. 이 같은 법률규정에 근거하여 우리나라 계승제도도 모든 영역에서 남녀평등의 계승권을 보호하고 있다.

이는 여성해방 및 사회나 가정에서의 여성의 지위를 견고히 하는 데 중요한 의의를 지닌다. 이것은 자본주의 국가에서는 할 수 없는 것이며, 더욱이 완전히 실시하는 것은 불가능하다.[79]

③ 양로육유(養老育幼), 단결호조(團結互助)의 가정원칙

중국민족이 일관하여 지키고 있는 우수한 전통미덕은 바로 노인을 봉양하는 것과 어린아이를 양육하는 것이다. 중국적 사회주의사회는 이 같은 우수한 전통을 진일보로 발양(發揚)시켰다. 민사법상 나타난 주요 표현은 계승인 상호 간의 계승문제에 있어 서로 이해하고 양보하며, 서로 관심을 보이고 서로 단결하여 돕고 화목하게 함께 살며, 나아가 노인과 유아 그리고 노동력이 없는 사람에게 특별히 우선적으

---

78) 王貞韶·單正平, 위의 책, p.8.
79) 위의 책, pp.7~8.

로 주의와 관심을 보여 그들의 생로병사를 의지하고 보장할 수 있도록 하고, 또 그들의 뒷걱정을 없게 하여 가정 간에 온정과 사랑, 안녕이 충만하게 하여야 한다.[80]

이상에서 살펴본 바와 같이 현재 중국이 채택하고 있는 계승법제도는 남녀평등적 계승권 보호와, 여성해방 등 사회주의 가정문화의 특성과 과거 모택동시대에 봉건적 잔재라 하여 비판의 대상이 되어 왔던 부모에 대한 효도와 부모와 노인봉양, 나아가 가정의 화목과 안녕 등의 내용을 담고 있다. 다시 말해서 중국의 계승법은 사회주의 가정문화의 특성을 강조하면서도 현재까지 남아 있는 전통 유교적 가정문화를 수용하여 입법화한 것이라 하겠다.

3) 산아제한정책

모택동 사후에 중국정부가 가장 먼저 실시한 가정정책은 바로 '한 자녀 갖기 가정정책(One Child Family Policy)'이다. 이름 자체가 의미하는 바와 같이 이 정책은 특별한 상황을 제외하고는 한 부부가 한 자녀 이상을 가질 수 없다는 것을 의미한다.[81]

중국정부가 1979년 일종의 산아제한정책(計劃生育)이라 할 수 있

---

80) 위의 책, pp.9~10.
81) 신정책의 특징은 하나 낳기 계획을 준수하는 가정에게는 상을 주고, 준수하지 않는 가정에 대해서는 벌을 주는 것이다. 상으로는 현금 보상금 지급, 학교입학이나 병원입원 및 직업배정에 있어서의 우선권 부여, 교육비 및 의료비의 감면 내지 면제, 배급량의 배가, 주택배정에 있어서의 우선권 부여, 그리고 은퇴 시 노후지원을 위해 연금에다 보조금을 추가로 지급하는 것 등이었다. 李慶淑, 「中國의 女性政策과 女性의 政策決定參與」, 『中國女性研究』(서울: 淑明女子大學校 亞細亞女性問題研究所, 1989), p.22.

는 '한 자녀 갖기 가정정책'을 택한 것은 현재 그들이 추진하고 있
는 각종 사회주의 현대화 정책이 인구증가율을 억제하지 못하면 실
패하고 말 것이라는 인식에서 비롯된 것이라 하겠다.[82] 1953년 6억
이던 인구가 1995년에는 12억(12억 1,121만 명)으로 세계인구의 5분
의 1을 차지하고 있다.[83] 특히 중국정부가 인구증가율에 대해 큰 관
심을 갖는 이유는 중국인구의 연령구조의 분포 때문이다. 1983년 현
재 전체인구의 60퍼센트 정도가 2, 30대로, 이들은 대부분 산아자유
방임시대인 1950년대 중반부터 1960년대 중반에 태어난 아동이다.
이들의 결혼 적령과 가임 연령기는 주로 1970년대 후반부터 1990년
대 후반까지다. 따라서 산아정책을 시행하지 않으면 급격히 늘어나
는 출생에 따른 교육비, 양육비, 고용 등을 전액 국가가 감당할 수
없다는 판단에 따른 것이라 하겠다.[84]

　그래서 중국정부는 산아제한정책으로 첫째 늦게 결혼할 것을 장려
하고, 둘째 늦게 낳고 적게 낳아서 잘 기르자는 캠페인을 벌인다. 그
목적은 인구증가를 계획적으로 통제함과 동시에 각 개인의 자질을
높이자는 데 있다.

　이 국책사업을 관철하기 위하여 여러 가지 조치를 취하고 있는데,
각급 정부[85]는 정부마다 산아제한 관리부서가 설치되어 있다. 도시에
서는 외아들, 외딸에게 14세까지 물질적 혜택을 주며(북경에서는 배
달 10원씩), 또 피임약과 기구를 무상으로 공급한다. 또 출산보건과

---

82) Elisabeth Croll, Introduction: Fertility Norms and Family Size in China, Elisabeth Croll, Delia Davin, Penny Kane(eds.), *China's One Child Family Policy*(HongKong: The Macmillan Press, 1985), p.23; 李慶淑, 위의 논문, 1989, p.22.

83) 李福麟 外 2人, 『新時期思想敎育手冊』(北京: 中國法制出版社, 1990), p.178; 통계청, 『중국의 주요 경제사회 지표』(서울: 통계청, 1996), p.77.

84) Elisabeth Croll, Op. Cit., p.24.

85) 중국에서는 중앙은 물론 최말단의 향에 이르기까지의 행정부를 모두 정부라 한다.

아동보건을 무료로 해주며, 결혼휴가와 주택분배에서 늦게 결혼하는 청년을 우대하고 있다. 또 중국정부는 젊은 부부가 아이 하나를 데리고 행복한 모습으로 산보하고 있는 광고판을 곳곳에 설치하고, 그 광고에는 '역시 하나 낳는 것이 좋다'라는 표어가 붙어 있다.[86]

중국정부가 강력한 의지를 가지고 추진하고 있는 산아제한정책은 큰 성과를 거두고 있는 것으로 평가되고 있다. 1978년부터 1995년까지 17년 동안 중국인구의 자연 성장률은 12.00퍼센트에서 10.55퍼센트로 줄어들었고,[87] 1980년 이후 출산율(한 여성의 일생 동안의 출산 수)의 총계는 도시와 농촌에서 각각 1.4와 2.8이고, 전국 평균수는 2.47이며 이러한 수치는 1970년대보다 1.54가 낮은 것이다.[88]

정부의 이러한 노력으로 전반적, 특히 도시 지역에서는 호응이 높으나 아직 농촌에는 소기의 성과를 거두고 있지 못하고 있다. 도시의 대다수 부부는 늦게 결혼하여 아이를 하나밖에 낳지 않은 경향이 있다. 이는 도시 여성들은 경제·사회·문화적 등 여러 여건들을 고려해 볼 때, 한 자녀만 갖는 것이 좋다는 판단에 따른 것이다.[89] 이들이 이 같은 인식을 하게 된 근본적 동기는 정부의 강력한 제재조처와 더불어 대부분의 도시 여성들이 정년퇴직 후 연금생활을 할 수 있기 때문에, 굳이 위험을 감수하면서까지 남아를 낳기 위해서 한 자녀 이상을 가질 필요가 없다고 생각하기 때문이다.

그러나 농촌에서는 아직 '일찍 결혼하면 일찍 출산하고, 자손이 많고 아들이 많으면 복이 많고 늙어서도 근심이 없이 연면히 대를 이어갈 수 있다'는 전통적 '남존여비'의 봉건적 사상이 남아 있어, 도시보다 그 성과가 저조한 것으로 알려져 있다. 도시와 달리 농촌

---

86) 이벤허, 『중국인의 생활과 문화』(서울: 김영사, 1994), p.218.
87) 통계청, 앞의 책, p.78.
88) 蔡磊, 앞의 논문, p.23.
89) 위의 논문, p.32.

은 생산성이 상대적으로 낮고, 노동에 있어 여성보다 남성이 우월하며, 또 농촌에는 공공의료제도 및 노후퇴직제도가 없어 나이 들어 자손들의 공양을 받아야 하는 실정이다. 그러므로 힘든 일에도 아들, 가정을 세우는 데도 아들, 대를 잇는 데도 아들, 돈벌이에도 아들, 심지어 싸움하는 데까지도 아들이 있어야 한다는 생각이 남아 있다.90) 그렇지만 정부의 강력한 제재조처로 인해 점차 농촌에서도 과거보다 출산율이 낮아지고 있다.91)

그 밖에 중국의 가정문화정책과 관련된 것으로는 1984년 5월 10일부터 18일까지 광동의 『가정(家庭)』 잡지사가 주관한 학술연구 토론회에서 전국 17개성과 시의 76명의 가정이론 연구가들이 밝힌 중국의 '가정선언문(家庭宣言文)'이 있다.92) 그 내용을 소개하면 다음과 같다.

① 중국의 가정은 사회주의사회의 세포이며, 사회주의 노동자의 편안한 안식처이다. 가정은 사회주의 물질문명과 정신문명 건설에 중요한 위치와 작용을 구비하고 있다.

② 사회주의 가정건설을 공산주의의 도덕으로 지도해야 하며, 또 봉건주의의 가정관에 반대해야 할 뿐 아니라 자본주의 가정관에 반대해야 한다.

③ 가정의 연결체는 혼인이며, 혼인의 양과 질은 가정의 양과 질을

---

90) 심지어 농촌에서는 '과학기술 지도원이 오면 계란 반찬을 먹고, 향촌 간부기 오면 친밥을 믹고, 산아제한 간부가 오면 몽둥이를 먹는다'라는 민요가 있다. 이벤허, 앞의 책, p.219.
91) 농촌의 출산율을 보면 1970년대 농촌에 세 명 또는 세 명 이상을 출산한 여성이 62.2%를 차지하였으나 1989년에는 18%로 줄어들었다. 蔡磊, 앞의 논문, p.25.
92) 杜立憲, 『現代家庭知識大觀』(河北: 河北科學技術出版社, 1991), pp 74~75. 1994년 12월 22일에도 천지시 부녀연합 주최 '가정윤리·가정문화 건설'에 관한 토론회가 있었으며, 40여 명 학자들의 사회주의 가정문화 건설에 관한 열띤 토론이 있었다. 陳勇, 「家庭倫理·家庭文化建設」, 硏計會 綜述, (天津: 中國倫理學會·天津社會科學院), 『道德與文明』(第2期, 1995), p.48.

결정한다. 혼인은 애정을 기초로 하고, 혼인법이 정당한 혼인관계를
보호한다.

④ 가정의 인간관계는 마땅히 친밀한 평등적 관계를 유지해야 한다.
가정성원 간에 사상·경제·생활 등 각 방면에 상호 관심을 갖고 서로
도우며 부녀 및 아동과 노인의 합법적 권익을 존중하고 보호할 때,
사람이 서로 사랑하게 되고 집집마다 화목하게 된다.

⑤ 가정은 일정한 경제적 기능을 갖추고 있기 때문에 부단히 가정
경영관리의 과학성을 증대시켜야 하고, 가정생활의 구성을 부단히 조
정해야 한다. 가정생활방식을 끝없이 개선해 나가는 것은 가정생활과
신기술 혁명이 상호 적응하도록 하는 것이다.

⑥ 가정은 인간이 만든 제1의 학교이며, 또 영원히 졸업할 수 없는
학교이기 때문에, 부모는 반드시 자녀에 대해 교육을 시켜야 한다. 또
가정교육의 내용을 충실히 하여 가정교육의 예술성을 높이는 동시에
가족성원들 간에 상호 발전하는 교육이 되어야 한다.

⑦ 노동능력이 있는 가정성원은 모두 가사노동을 담당해야 하며, 과
학적(합리적)으로 가사노동을 배분해야 한다. 전 사회가 관심을 가지
고 가사노동의 현대·사회화 문제를 해결해 나가야 한다.

⑧ 가정의 이익과 국가의 이익은 근본적으로 일치한다. 국가이익은
가정의 이익을 보장한다. 가정이익은 반드시 국가이익에 따라야 한다.

⑨ 가정이론의 연구를 중요시 여겨, 중국 특색적 마르크스주의 가정
학을 창조하여야 하며, 또 가정지식을 보급하고 나아가 청년과 신혼
부부에 대한 교육을 강화해야 한다.

⑩ 국가는 개혁의 길에 서 있고, 사회는 전진의 길에 서 있다. 전
사회는 모두 적극적으로, 또 신중하게 가정의 구조와 기능을 개혁하
여야 하며, '오호(五好)'93) 문명의 가정을 건설하고 발전시키는 데 힘

---

93) 조국·인민·노동·과학·사회주의를 사랑하는 것을 뜻한다. 한편 중국에
서는 '오호가정(五好家庭)'이란 용어가 있는데, 이는 ① 사회주의 조국
을 사랑하고 집체(集體)와 규율·준법을 사랑하고 ② 작업, 생산, 학습
에 힘쓰고 ③ 계획생육과 자녀를 잘 기르고 근검한 가정을 이루어 나
가며 ④ 낡은 풍속·습관을 고치고[移風易俗], 문명예절과 청결위생을
지키며 ⑤ 노인을 존중하고 아이를 사랑하며[尊老愛幼], 민주화목·이웃

써야 한다. 중국은 반드시 가정개혁의 이론과 실천에 있어서 세계적 작품을 만드는 데 공헌해야 한다.

또한 현 중국정부는 그들이 지향하고자 하는 가정상, 즉 중국 특색적 사회주의 가정의 특성을 다음과 같이 기술하고 있다.

첫째, 가정 내 성원들 간에 주종이나 귀천의 구분이 없어야 하며, 평등·단결·호조(互助)의 관계가 이루어져야 한다.

둘째, 부모는 자녀를 양육할 의무가 있고 또 자녀는 노인을 부양할 의무가 있으며, 나아가 부부는 서로 도와야 하며, 조부모(외조부모)와 손자녀(외손자녀도 포함)도 상호 부양과 양육의 의무가 있다. 이는 혼인법상에 명확히 규정하고 있는 것이며 또 전통사회의 우수한 전통으로서 일종의 '친속보험제(親屬保險制)'이다.

셋째, 가정성원 간에 노인을 존경하고 아이를 사랑하는 좋은 품덕(品德)을 유지해야 한다. 부모에게 효도하고 노인을 존경하며, 아이를 사랑하는 것은 중국의 전통미덕이다. 또 이는 공산주의 도덕의 기본내용 중 하나이기도 하다.

넷째, 가정친속, 혈연관계 간에 친밀성을 가져야 한다. 친척들은 비록 한집에 살진 않지만 서로 왕래하여 정이 두터워 특별히 어려울 때 서로 돕고 의지하며, 생활이나 생산 면에서 많은 도움을 준다.[94]

그 밖에 현재 중국에서는 주은래(周恩來)·등영초(鄧穎超) 부부의 관계를 이상적 부부관계로 간주하고 그들이 주장한 '팔호(八互: 互敬·互愛·互信·互勉·互幫·互讓·互諒·互慰)'를 현대 중국의 가정관계의 준칙의 하나로 삼고 있다.[95]

단결하여 상호 협조를 이룩하는 가정을 의미한다.

94) 賀正時, 「初探中國特色的社會主義家庭」, 中國婚姻家庭研究會 編, 『當代中國婚姻家庭』(北京: 中國婦女出版社, 1986), pp.166~168.

앞에서 살펴본 바와 같이 현 중국정부가 추진하고 있는 가정문화
정책은 기본적으로 사회주의 가정관에 입각하고 있으나, 과거 모택
동체제와는 달리 사회적 변화의 추이와 잔존하고 있는 전통적 가정
문화를 일부 수용하고 있다고 하겠다. 특히 그들의 가정문화정책은
국가의 이익과 가정의 이익의 일치를 주장하고 있는데, 이는 가정의
이익에 국가의 이익을 맞추어야 한다는 의미가 아니라 국가의 이익
(이념)에 가정의 이익이 부합되도록 해야 한다는 의미이다. 또한 현
중국정부는 가정의 안정과 과학화 그리고 전통적 중국가정에서 지켜
왔던 덕목, 예를 들면 경로효친사상(敬老孝親思想) 등을 중시하고
있음을 알 수 있는데, 이는 과거 문혁 때 파괴된 가정을 회복시키지
않고서는 그들이 추진하고 있는 4개 현대화 및 경제건설을 이룩할
수 없다는 인식에 따른 것으로 보인다.

4. 등소평체제하의 가정윤리의 실제

1) 부부간의 윤리

앞에서 살펴본 바와 같이 공산화 이후 문혁까지는 전통적 가정이
많이 파괴되어 감을 볼 수 있었다. 그러나 등소평이 집권하고 난 후 가
정은 1950년대 이전으로 많이 회복되어 가고 있으며, 부부관계에 있어서
도 공산화 초기나 문혁 때와 같이 가정의 혁명화 경향은 사라지고 점차
안정적 추세에 있다.[96]

---

95) 劉其仁, 『家庭幸福秘訣』(北京: 藍天出版社, 1990), pp.44~46.

마저리 울프(Margery Wolf)는 1980년 초 중국가정을 방문하고 기록한『지연된 혁명(Revolution Postponed)』에서 중국정부의 많은 노력에도 불구하고 전통적인 부부관계의 관념이라 할 수 있는 '부주외처주내(夫主外妻主內)' 사상이 많이 남아 있으며, 이러한 경향은 특히 도시보다 농촌 지역이 심하다고 기록하고 있다.[97] 또 1987년 천진 인민출판사가 발간한 『혼인사회학(婚姻社會學)』에서도 '남주외여주내(男主外女主內), 남솔여종(男率女從)'의 사상이 여전히 남아 있어 사회 기풍을 흐리게 한다고 지적하고 있다. 또 이 책에서는 '남녀불평등, 부녀의 지위비하'는 자본주의 사회의 특징이 동시에 착취제도의 구체적 표현이라며, 구사회에서 많은 부녀자들이 정치·경제적 지위가 없었고, 또 부권(父權)·부권(夫權)·신권(神權)·족권(族權)의 잔혹한 통치를 받았으며, 가정 내에서 처자는 남편[丈夫]과 가정의 노예였으며 모든 것은 남자의 지배를 받았고, 독립된 인격은 거의 없었다고 언급하고 있다. 그래서 '집에서는 아버지를 따르고, 출가해서는 남편을 따르며, 남편이 죽으면 아들을 따른다. 이 한 몸은 남자에게 복종해야 한다는 것이다'라는 말이 통용되었다는 것이다.[98] 뿐만 아니라 남존여비의 사상이 아직 철저히 제거되지 못한 현상이 곳곳에서 나타나고 있다고 지적하면서 배우자 선택의 예를 들고 있다. 최근 중국 젊은이들이 배우자를 선택할 때 '생활형'의 여자와 '사업형'의 여자로 먼저 구분한 다음 주로 '사업형에 속하는 여당원, 맹렬여성' 등을 택하지 않고 '현모양처'형을 택한다는 것이다.[99] 그 이유

---

96) 蔡國裕, 「中共統治下에서 中國大陸社會構造의 變遷」, 『亞細亞傳統社會에 미친 共産主義의 影響』(西江大 東亞研究所 國立政治大學國際關係研究中心, 1987년 第8次 韓國學術會議 세미나 원고), p.171

97) Margery Wolf, Op. Cit., p.38, p.97.

98) 劉達鑑, 『婚姻社會學』(天津: 天津人民出版社, 1987), p.192.

99) 위의 책, p.193. 현재 중국정부에서는 '사업형' 여성을 이상적 여성으로 보고 있는데, 이런 여성의 특성으로는 ① 일에 대한 책임감이 강하고 ② 일에 대한 추진력이 있으며 ③ 일에 대한 경쟁심이 강하다는 것이다. 李

는 '사업형' 여성들이 가사에 열중하지 않을 뿐 아니라 남편 말에 순종
하는 '현모양처'가 아니기 때문이라고 설명하고 있다. 심지어는 젊은
이 중에는 '여자는 가정으로 돌아가라[婦女回家去]'라는 풍조까지
나오고 있다고 개탄하면서 이러한 풍조는 역사를 후퇴시키고 있다고
지적하고 있다.[100]

가정에 대한 일차적인 책임을 져야 할 사람은 여성이고 따라서 여
성은 자녀양육에 전념하고 남편이 직장생활에 전념할 수 있도록 내조해야
한다는 '부녀회가론(婦女回家論)'의 이유는 다음과 같다.[101]

> 첫째, 생산력이 미발전했던 대약진기의 여성의 사회노동정책은 참
> 다운 의미의 여성해방이 아니며, 나아가 남성이 하는 일이라면 여성
> 도 할 수 있다는 슬로건은 여성의 단점을 남성의 장점과 단순 비교하
> 는 것으로 결과적으로 여성의 건강을 해친다. 따라서 가정이냐 직업
> 이냐를 선택할 수 있는 권리를 가지는 것은 제2의 여성해방이다.
> 둘째, 여성이 생산에 참가하여 사회에 공헌해야 하지만 중국의 국가
> 사정에 비추어 여성취업은 사회생산규모, 가사의 현대화 정도에 따라
> 제약을 받지 않을 수 없다. 여성은 생산의 상품화, 사회화, 현대화의
> 필요, 여성의 소질 등 구체적 상황에 따라 여성취업의 폭을 결정해야
> 하는데, 현재의 생산력 발달단계에서는 가사노동의 사회화 및 충분한

合龍, 『中國女性未來發展大趨勢』(北京: 北方婦女兒童出版社, 1988), pp.29~35. 또 '현모양처'란 과거처럼 무조건 복종형이 아니라 가족 내의 정서적 관리기술에 능한 여성을 의미한다. 李溫竹, 「中國의 現代化와 女性에 대한 社會意識」, 『中國女性研究』(서울: 淑明女子大學校 亞細亞女性問題研究所, 1989), pp.110~111. 1980년대 중반에 영화제에서 수상한 영화 '향음(鄉音)'은 현모양처에 대한 논쟁을 불러일으켰고, 주인공 타오춘의 남편에 대한 맹목적인 순종을 비판하였으나 현모양처 자체를 비판하지는 않았다. 김순영, 「여성의 지위변화」, 장경섭 편, 『현대중국사회의 이해』(서울: 사회문화연구소출판부, 1994), pp.347~348.
100) 劉達鑑, 위의 책, p.193.
101) 金潤煥, 「經濟體制改革과 女性의 經濟活動參加」, 『中國女性研究』, pp.82~83; 김순영, 앞의 논문, pp.344~345.

노동력 수요 등 여성이 취업할 수 있는 조건이 되어 있지 않다.

셋째, 사회주의사회에서는 가사도 사회분업의 일종이므로 현 단계의 실제에서 출발하여 전면적 취업의 이해득실을 재평가하여야 하고 가사와 직업의 이중부담으로 해소해야 한다.

넷째, 과잉노동력을 감소시키는 것으로 생산력의 우위를 확보할 수 있다.

여성이 왜 가정에 대해 책임을 져야 하는가라는 질문에 대한 이들의 답은 여성이 기존에 그 부분에 숙련되어 있고, 여성의 여러 특성이 가사와 육아에 적합하기 때문이라는 것이다. 이 경우 발생하는 문제는 부부가 함께 벌던 것을 남편 혼자 버는 것으로 생활을 꾸려나갈 수 없다는 것이다. 그래서 부녀회가론(婦女回家論)들은 남편의 수입의 절반 정도를 여성에게 지급해야 한다고 주장한다. 이들 중에서도 여성이 과거 전통사회와 같이 일생 동안 전업주부로 가정에 있어야 한다고 주장하는 사람은 극소수이고, 대부분의 여성들은 '단계적 취업'을 원하고 있다. 즉 자녀가 아직 어린 사람은 가사를 돌보고 자녀가 성장한 후에 다시 사회노동에 참여한다는 것이다.

그러나 이 같은 '부녀회가(婦女回家)' 주장에 대한 비판론 또한 없지 않다. 전 중국부녀연합회 등 많은 여성단체들은, 여성의 경제력은 남녀평등의 시고인데 경제력을 상실하게 되면 불평등이 심화될 것이며 여성의 지아실현의 기회를 박탈당하게 될 것을 우려하고 있다.[102]

한편 이 두 가지 주장을 변증법적으로 종합하고자 하는 견해도 있다. 그들은 '현모양처'가 남성중심의 종법제도의 산물이며, 또 그것의 도덕적 표준이 '삼종사덕(三從四德)'이며, 그것의 행위규범이 '남주외 여수내'라고 언급하면서, 비록 전통적인 것이기는 하지만 모두 버려야 할 것은 아니라고 주장하면서 다음과 같이 '신(현대식) 현모

102) 김순영, 위의 논문, p.346.

양처'론을 제시하고 있다.

　　예를 들어 맹모(孟母), 도모(陶母: 陶侃의 母), 구모(歐母: 歐陽修의
母), 악모(岳母: 岳飛의 母) 등과 같이 그 자식을 훌륭히 교육시켜 후
세에 이름을 남긴 사람이 있으므로 비판적으로 계승할 필요가 있다.
또 혁명전쟁기에는 '모친이 아들을 일본을 타도하러 내보냈고, 처자는
남편을 전쟁터로 보냈다'. 이러한 장면들은 매우 장렬하고 사람들을
감격케 하는 것이다. 한 여성이 남편이나 자녀가 위대한 일을 할 수
있도록 뒷받침하기 위하여 묵묵히 인내하는 생활은 무사(無私)의 자
기희생이다. 이러한 정신이야말로 숭고한 것이다! 사회주의 건설 시기
에 이러한 여성이 요구되지 않겠는가? 대체로 필요하다. 어떤 사람은
'위대한 인물 뒤에는 반드시 위대한 여성이 있다'라고 말했다.[103]

　　아내는 남편에게 부드럽고 애정 어린 동반자가 되어야 하고 남편의
일을 옹호, 지원해 주며 그의 약점을 지적해 줄 줄도 알고, 그리고 무
엇보다도 중요한 것은 그녀 스스로의 지식, 기술 및 사상을 지녀야
한다.[104]

　위의 내용에서 알 수 있듯이, 현재 중국에서는 과거 전통적인 사
회에서와 같이 여성이 일방적으로 남성(남편)에게 복종하는 식의 '현
모양처'는 아니지만 아내가 남편에게 복종하고 가정일에 충실할 것
(男主外妻主內)을 바라는 전통적인 현모양처의 사상이 많이 남아 있
음을 알 수 있다. 또 전통적인 가족관계라 할 수 있는 '부자독(父子
篤), 형제목(兄弟睦), 부부화(夫婦和), 가지비(家之肥)'라는 속담을 인
용하면서 부모자식 간의 사랑이 돈독할 것과 형제간에 우애하고, 부

103) 叶章永,「中國家庭倫理觀念與 現代生活的 矛盾和適應」, 中國倫理學會
　　 編,『道德與改革』(上海: 上海人民出版, 1988), pp.322~323.
104) Honing, Emily and Gail Hershatter, Personal Voices, *Chinese Women
　　 in the 1980* (Standford: Standford Univ. 1988), p.175.

부간의 화목을 행복한 가정의 도덕적 요소로 보고 있다.[105] 이는 전통적인 것이면 무엇이든지 비판하던 과거와는 많은 변화의 양상을 보여 주고 있음을 알 수 있다.

한편, 현재 중국 정부가 권장하고 있는 모범적 가정이 지녀야 할 요소는 첫째 성숙한 애정관을 가져야 하며, 둘째 서로 의사(감정)가 통해야 하고, 셋째 서로 인내하고 이해해야 하며, 넷째 먼 장래를 내다보는 긴 안목을 가져야 한다는 것이다.[106] 그리고 모범적 부부관계로는 주은래·등영초 부부관계를 들고 있다. 그들의 부부관계는 '팔호(八互)', 즉 호경(互敬)·호애(互愛)·호신(互信)·호면(互勉)·호방(互帮)·호양(互讓)·호량(互諒)·호위(互慰)를 지키는 생활이었다고 하여 이를 권장하고 있다. 그 밖에도 모범적인 부부관계가 되려면 ① 애정생활이 날로 새로워져야 하고, ② 가정의 경제소비를 잘 안배해야 하며 ③ 가정의 화목을 이루어야 한다는 것이다.[107] 중국정부에서 이같이 모범적 부부관계를 제시하고 있으나 대부분의 남성들은 아내가 자기에게 순종하기를 원하고 있다.

마저리 울프의 조사에 이하면 중국 남성들이 말하는 좋은 아내란 ① 열심히 일하며(33%) ② 남편에게 순종하고(22%) ③ 성질이 좋은 여자(18%)이다. 반면에 여성들이 원하는 남편상은 ① 친절하고 성격이 좋으며(31%) ② 집안일을 돕고(24%) ③ 열심히 일하는 사람(15%) 등의 순위로 나타났다. 여기서 좋은 남편과 아내 사이에 열심히 일을 하는 것과 좋은 성질의 순위가 각기 다르게 나타나고 있음을 주목할 만하다. 여성들은 남성에 비해 열심히 일하는 것에 중요도를 덜 부여하고 있다. 즉 좋은 성질을 가진 남자를 열심히 일하는 남자보다 더 높게 평가히고 있다. 올프는 다른 많은 남성들과의 인

---

105) 叶章永, 앞의 논문, p.324.
106) 杜立憲, 앞의 책, p.499.
107) 劉其仁, 『家庭幸福秘訣』(北京: 藍天出版社, 1990), pp.44~46.

터뷰에서도 같은 질문을 되풀이해 보았는데 여기서도 동일한 유형의
응답이 나왔다는 것이다. 즉 좋은 남편이란 아내에게 관심을 표명하
고 대화를 나누는 사람이며, 좋은 아내란 열심히 일을 하고 남편을
모든 것 중 가장 우선적으로 섬기며 남편에게 순종하는 사람이라는
것이다.[108)

여기서 우리는 아직까지 전통적 부부의 관념, 즉 남존여비의 남녀
불평등사상이 강하게 남아 있음을 알 수 있다. 이러한 전통적 남녀
불평등관념은 사회 일반에도 그대로 나타나 있다. 중국 통계처 인구
센서스에 의하면 1980년부터 1987년 사이에 중국에는 약 4,000여 만
명의 취학연령 아동이 입학을 않거나 중도에서 학업을 포기하였고
그중 배움의 기회를 잃은 여자 어린이의 비율은 3,000만 명으로, 전
체의 7, 80퍼센트 이상을 차지한다. 뿐만 아니라 아직도 농촌 일부
지역에서는 여아를 물에 빠뜨려 죽이는 악습이 남아 있어 중남경여
(重男輕女)사상이 그대로 남아 있음을 엿볼 수 있다.[109)

이러한 현상이 나타나는 첫째 원인은 개혁개방 이후 중국인들 사
이에는 남녀노소를 불문하고 돈이 최고라는 물질만능주의 사고를 갖
게 되어 돈에만 관심을 갖고 눈앞의 이익에만 눈이 어두워져 장기적
인 이익을 생각하지 못하는 현상 때문이며, 둘째는 여자는 재주가
없어야 덕(德)이 된다는 남존여비의 사상, 즉 남자를 중시 여기고 여
자를 경시하는 전통적인 관념의 영향을 받아 교육수준이 높지 않은
학부모(특히 농촌일대의 낙후 지역)들은 여자 어린이를 학교에 보낼
필요가 없다고 생각하기 때문이고, 셋째는 지방도시의 기업이 불법
으로 아동(미성년자)을 대량으로 고용하자 돈벌이에 급급한 어른과

---

108) Margery Wolf, Op. Cit., p.262.
109) 1981년 약 23만 2,000명의 갓 난 여아를 부모가 물에 빠뜨리거나 밟
    아 죽였거나 또는 내다버렸다는 통계가 있다. 王康,「傳統與變革」,『社
    會科學戰線』(第4期, 1983), pp.96~97;『서울신문』(1992. 4. 13); 李溫
    竹, 앞의 논문, p.114.

어린이들이 그러한 지방도시기업으로 떼를 지어 몰렸기 때문이다. 그리고 넷째는 교육비가 큰 폭으로 뛰어올라 형편이 어려운 상당수의 학생들(주로 낙후한 농촌 지역의 학생)이 부득이 중도에 학업을 포기해야 했으며, 다섯째는 현대 중국사회가 지식층에 대한 처우가 지나치게 낮아 육체노동이 정신노동보다 돈을 더 많이 번다는 현상이 지배적이어서 많은 학부형, 학생들이 학교교육의 필요성을 느끼지 못했기 때문이다. 비교적 발달한 지역이라 할 수 있는 동부연해도시에 거주하는 사람은 '요즘 세태는 초등학교, 중학교만 졸업을 하면 큰돈을 벌고, 고등학교를 졸업하면 얼마가운 돈을 벌 수 있으나 대학까지 마치면 돈을 벌 수 없다'고까지 말하고 있다고 한다.[110] 또 여성문맹률이 남성보다 높고, 농촌문맹은 전체 문맹 수의 90퍼센트를 차지하고 있으며, 특히 여성문맹률이 전체 문맹률의 70퍼센트 이상을 차지하고 있다. 그 밖에 일반 직장에서나 당 및 관공서 등에서 성차별이 여전하다.[111]

문혁 이후 가정, 특히 부부관계의 새로운 변화 중의 하나는 과거 전통사회에서는 여자가 남자의 가족성원이 되는 것이 관례였으나 지금의 중국사회는 여자가 남자 집으로 시집오듯 남자가 여자 집에 입적하는 것이 드물지 않다. 광서 대신현 보허향 판가촌의 617호 가구 중에 데릴사위를 삼은 집이 127호나 된다. 그리하여 부마촌(駙馬村)이라 불리고 있다. 이 마을에서는 여자가 시집을 가거나 남자가 데릴사위로 들어가거나 모두 자기의 성실한 노동으로 윤택하게 살아가고 있다고 한다.[112] 또 상해에서는 적지 않은 청년들이 교외에 있는

---

110) 1980~1987년 사이에 학습의 기회를 잃거나 중도에서 포기한 4,000만 초등학생 가운데 지방도시에서 각종 돈벌이에 참여한 비율은 75%이다. 彭玲, 「社會變革의 渦中에 있는 중국여성」, 한국여성개발원, 앞의 세미나 제1주제, pp.19~20.
111) 위의 논문.
112) 蔡磊, 앞의 논문, p.19.

농촌에 데릴사위로 들어간다는 것이다. 그리하여 '도향결합형(都鄉結
合型: 도시와 농촌의 결합형)' 가정이란 용어까지 탄생하였다. 이것
은 전통적 관념과 반대되는 것으로 볼 수 있다.

그러나 이러한 형태는 산업·도시화되는 과정에서 서로의 편의에
따른 것으로 우리나라에서도 흔히 볼 수 있는 현상이라 하겠다.

또 하나의 특징은 신혼인법 제16조의 규정이다. 제16조에 의하면
'자녀는 부성(父姓)을 따를 수도 있고 모성(母姓)을 따를 수도 있다'
라고 규정되어 있다. 채뢰(蔡磊: 중국부녀관리간부학원 고급강사)에
따르면 신혼인법 제16조의 실제를 다음과 같이 설명하고 있다.

> 1990년에 중국의 대지에는 자녀들이 개씨(改氏)하는 바람이 일어났
> 는데 이것도 가정에서 남녀가 평등하다는 것을 실증하여 주고 있다.
> 강소성 소남현에 성이 부와 유란 부부가 있었는데 둘 다 외동아들,
> 외동딸이었으므로 아들의 성씨를 두고 논쟁이 일어났다. 후에 부부
> 가 협상하여 아들의 이름 앞에 '부유'란 복성을 붙였다. 어떤 집에는
> 마침 자식이 둘이므로 부부쌍방을 존중하여 부부의 성을 각기 두 자
> 식에게 달았다. 성씨는 확실히 부처의 지위를 반영한다. 구중국에서
> 농촌의 여성들은 시집가게 되면 아예 원래의 성명은 없어지고 왕씨에
> 게 시집가면 왕씨라 불렀다. 도시에서 지식 있는 여성이 시집가면 자
> 기의 성명 앞에 남편의 성씨를 덧붙여야 했다. 동방사람과 서방사람
> 의 성씨를 비교해 보아도 부처간의 지위가 어떠한가를 알 수 있다.[113]

그러나 위와 같은 현상은 극히 예외적 상황일 뿐 보편적인 현상이
라고 보기는 어렵다. 중국정부가 과거 '구혼인법'(1950년 제정)에 없
던 것을 '신혼인법'에 이 같은 조항(제16조)을 넣은 이유는 남아선호
사상, 즉 대를 이어야 한다는 관념이 아직 강하게 남아 있기 때문이
었다. 남자아이를 낳을 때까지 자녀를 낳아 인구증가율이 높아지자

---

113) 위의 논문, p.20.

자녀들에게 양가의 성을 따를 수 있게 하여 대를 잇게 함으로써 인구증가율을 억제하기 위해서 만든 규정이라 할 수 있다. 이것을 통하여 아직 중국에서는 전통적 관념, 즉 대를 잇기 위해 남아를 더 선호하고 있음을 간접적으로 알 수 있다. 이러한 경향은 전통적 의식이 많이 남아 있는 농촌 지역이 도시보다 더 심하게 남아 있음을 알 수 있다.

또 다른 부부관계의 특징으로는 일부 도시의 젊은 부부들이 자녀를 낳지 않으려고 한다는 것이다. 어느 한 조사에 의하면 지난 1979년 '한 가정 한 자녀 갖기' 캠페인이 벌어진 이후 1989년까지 상해에서 결혼한 부부 중 14퍼센트인 16만 쌍이 아이를 낳지 않는 것으로 조사되었는데, 이러한 경향은 주로 북경이나 상해 등 대도시 지식층에 많다. 그들 중 대다수는 문화수준이 높고 좋은 직업에 종사하고 있는 사람들로서 그들이 어린애를 낳지 않으려 하는 원인은 주로 다음 네 가지이다. ① 사업을 잘하기 위해서인데, 이는 어린애를 낳으면 시끄럽고 거추장스러운 일들이 많이 생기기 때문이다. ② 애정을 위해서인데, 이는 어린애가 없으면 부부간의 애정생활을 아무런 구애 없이 자유자재로 할 수 있기 때문이다. ③ 가정경제생활에 여유가 있게 하기 위해서이며 ④ 계속 젊음을 유지하기 위해서이다.[114] 이러한 풍조는 중국의 개방화 이후에 나타난 현상으로 중국의 가정도 서구의 가정에서 일어나고 있는 보편적 현상이 일어나고 있는 것이라 하겠다.

한편 결혼관계의 종식이라 할 수 있는 이혼이 최근 중국에서 현저하게 증가되고 있다는 점이다. 한 연구조사에 의하면 최근 중국의 이혼율은 1980년에 27만 쌍, 1985년에 34만 쌍, 1985년에 45.7만 쌍, 1989년에는 75.2만 쌍이다. 1989년의 이혼자 수는 75.2만 쌍으로 그

114) 『서울신문』(1992. 4. 13).

해 결혼한 인원수의 8퍼센트를 차지하며, 이는 중국 총인구의 1.3퍼센트에 해당되며,[115] 1994년 결혼한 929만 27쌍 중 이혼이 98만 980쌍으로 그해 결혼한 인원수의 10.6퍼센트나 차지한다.[116]

청도시에서 있었던 한 이혼사건을 분석해 보면 혼변(婚變)에서 여성이 어떤 역할을 하고 있는가 하는 것을 알 수 있다. 청도시 법원의 발표에 의하면 1986년 이후 이 시에서 이혼사건은 해마다 10퍼센트씩 상승하는 추세에 있다. 1986년에 이혼한 건은 1,753건이었는데 1987년에는 3,499건, 1990년에는 5,357건으로 증가하여 13.2퍼센트 성장하였다. 청도시에서 혼인으로 파괴된 가정을 보면 학력 구조면에서 중학교 출신이 주종을 이루고 있고 연령은 28~38세가 '위험연령단계'이며 직업구조 면에서 노동자 비율이 비교적 많다.[117]

이혼율의 상승에는 여러 가지 원인이 있겠으나 가장 큰 원인은 부부간의 애정상실이며 두 번째는 다른 가정이나 타인의 배우자에게 관심을 갖는 것이고 세 번째는 배우자의 타 이성과의 접촉, 네 번째가 성격상의 문제이며, 그밖에 경제문제, 자녀출산(딸 출산, 자녀 수 등) 그리고 노인부양 및 가족·친족 간의 갈등 등이 주요 원인이 되고 있다. 이러한 이혼을 제기하는 쪽은 주로 여성들로서 전체의 60퍼센트 이상을 차지하고 있다.[118] 이와 같이 최근 중국의 이혼율이 급증하는 이유는 정부에서 남녀이혼의 자유를 법적으로 보장하고 있는 탓도 있지만 무엇보다도 중국정부의 개혁·개방 정책 등으로 서구사회의 개인주의에 영향을 받아 가정을 위해 자신이 희생하지 않으려는 이기주의적 경향 때문으로 해석된다.

중국의 이혼절차는 당사자 쌍방이 합의를 하고 이혼 신청서를 써

---

115) 蔡磊, 앞의 논문, p.12
116) 통계청, 앞의 책, p.97.
117) 蔡磊, 앞의 논문, p.13.
118) 앞의 논문, 이혼사유에 관해 보다 자세한 내용은 田島淳子,「中國の離婚狀況」,『中國研究月報』(1986, 3월호), p.7 참조.

서 근무기관의 증명서를 첨부하여 혼인등기소에 가서 수속하면 된
다. 물론 등기소에서는 화해를 붙이고 조사도 한다. 대개 접수·이해
·식사·화해 끝에 이혼증을 발급하는 데 약 7~8개월 정도 걸린다.
중국정부에서는 이혼율이 매년 급격히 상승하자, 이에 대한 대책으
로 법률적 조정을 통하여 화해와 재결합을 권장하고 있고, 또 이혼
소송을 제기한 사람들을 위해 '이혼자 부모학교'를 개설하여 이혼으
로 인하여 파생되는 문제, 예를 들면 자녀문제 등의 심각성을 가르
치고 있다.[119] 그러나 도시와 달리 농촌에서는 이혼율이 그다지 높
지 않은 것으로 나타났다.

또 전통 중국사회에 부부관계에 지켜야 할 규범 중의 하나가 여성
의 '정조'였다. 정조는 여자에 대한 남자의 일방적 권리로 간주되어
왔다. 다시 말해서 남자는 3명의 부인과 4명의 첩을 둘 수 있으며,
황제는 3궁(宮) 6원(院) 72비(妃)를 둘 수 있고, 여자는 반드시 '닭한
테 시집가면 닭을 따르고, 개한테 시집가면 개에 따르라(嫁鷄隨鷄,
嫁狗隨狗)'라고 했다. 이른바 '충신불사이주 열녀불가이부(忠臣不事
二主 烈女不嫁二夫)'란 말도 있었다. 특히 송대 이후에는 여성의 정
절을 더욱 중요시하여 '굶어 죽는 것은 적은 일이요, 정절을 잃는
것은 큰일이라' '살아도 그 집 사람, 죽어도 그 집 귀신'이라는 말까
지 있었다.[120] 그러나 이러한 관념들은 공산화되면서 봉건주의 잔재
라 하여 많은 비판을 받았다. 그런데 최근 들어 '정조'관념은 반드시
나쁜 것만은 아니라고 규정하면서 남녀가 모두 원만한 결혼생활을
위해서는 순결과 정조를 지켜야 한다고 주장하고 있다.[121] 중국정부
가 이와 같이 과거 봉건주의 잔재라고 비판하던 '정조'의 관념을 재

---

119) 위의 논문, p.13.
120) 程顥, 『遺書』(卷第二十二), 叶章永, 앞의 논문, p.321. 재인용.
121) 위의 논문, p.321; 仲秋月, 「略說中國婦女傳統美德」, 『道德與文明』(第2期,
    1995), pp.22~24.

삼 강조하는 것은 원만한 부부생활과 개혁과 개방화에 따른 젊은이들의 성문란을 방지하기 위한 조치의 일환으로 보인다.[122]

현재 중국에서는 부부관계의 평등의 원칙이 신체적인 면에서는 자기의 성(姓)을 사용할 권리, 생산·작업·학습과 사회활동에 자유롭게 참가하고, 계획생육을 실천할 의무가 똑같이 있으며, 재산권 측면에서는 부부쌍방이 공유재산에 대해 평등한 소유권 및 처분권과 상호 부양의 의무와 상호 재산상속의 권리 등이 있다고 주장하고 있다.[123]

2) 부모와 자녀 간의 윤리

과거 공산화 초기와 문화대혁명 때 부모와 자녀관계는 자식이 부모를 고발하는 등 전통적인 부자관계가 비정상적인 인간관계로 발전한 때가 있었다. 그러나 등소평정권이 들어서고 난 후 부자관계도 1950년대 이전으로 회복되어 가는 경향을 보이고 있다. 과거에는 '효'를 봉건시대의 종법제도를 반영한 가정윤리라고 비판하였으나 최근 들어서는 '효'를 봉건적 잔재라 하여 쓸모없는 것으로 간주하여 버릴 것이 아니라고 언급하면서, 전통사회에서 중시 여겨 왔던 경로·양로·애노의 정신을 받아들여 더욱 계승·발전시켜야 한다고 주장하고 있다.[124] 1984년 북경대학에서 발간한 『윤리학간명교정(倫理學簡

---

122) 중국정부는 1980년대 후반부터 많은 출판물과 성교육학교 등의 설치로 성교육을 대담하게 실시하고 있다. 趙鏞官, 「최근 中國의 家庭生活實態」, 『민주문화논총』 제2권 1호(서울: 민주문화아카데미, 1992), pp.132~133. 최근 중국 젊은이들 중에는 혼전 시험동거가 확산되고 있다는 보도가 있다. 『서울신문』(1992. 4. 13).

123) 宋培淸, 『婚姻家庭法律咨洵』(江蘇: 江蘇人民出版社, 1985), pp.9~10.

124) 叶章永, 앞의 논문, p.320. 성년이 된 자녀와 중학교·소학교 재학생들이 부모의 예의범절 교육[管敎]에 대해 많은 반감을 가지고 있음을 지적하고 있다. 예를 들어 북경 景山學校 10~13세 소학생 100명 가

明敎程)』에서는 가정윤리에 대해 다음과 같이 기술하고 있다.125)

> 중국가정은 역사적 전통과 관습에 따라 3대 동당(同堂) 내지 4대 동당의 대가정이었다. 조부모·시부모·부모 혹은 외조부(外公)·외조모·숙부·시누이 등이 한곳에 살아 서로 왕래하며 친밀하게 지냈다. 윗사람을 존경하고, 가정도덕도 중요한 문제였다. 나이 많은 사람을 존경하고, 부모를 봉양하는 것이 중화민족의 아름다운 전통이며, 이는 반드시 계승·발전시켜야 한다. ……부모를 부양하거나 돕는 것[扶助]은 자녀의 의무이며, 또 노인을 존경하는 것은 후배 된 사람의 미덕[美德]이다.
>
> 공자는 '요즈음은 효도라는 것이 부모를 잘 봉양하는 것을 이르는 모양이나 개나 말도 사람에 의해서 길러지는 것이니, 공경하는 마음이 없다면 무엇이 다를 바 있겠는가'126)라고 하였다. 우리는 공자의 이 말을 단순히 답습할 수는 없으나 윗사람을 존경하는 것은 매우 중요하다. 봉건시대의 도덕도 존로(尊老)를 제창하고 있으나 봉건시대의 효도는 노인(부모)에 대한 무조건적인, 부모에 절대적으로 복종하는 것이 자녀의 일방적인 의무였다. 이러한 효도는 가장의 절대통치권에 기초를 둔 것이다. 사회주의에서 제창하고 있는 존로는 노인과 윗사람에 대해 정치적, 인격상의 평등의 기초 위에 이루어지는 것이다. 우리의 노인에 대한 존경은 그들의 양육의 은혜에 대한 보답인 동시에 그들의 노고에 대한 존중이다.

위의 인용구에서 중국정부가 '효도'를 비록 전통·복고적 형태는 아니지만 전통적 가치관을 회복하려는 노력의 일환으로 이해하고 있음을 엿볼 수 있다. 특히 1973년 모택동시절, '비림비공운동(批林批孔運動)'으로 인해 전통사상의 맹주로 비판받아 오던 공자의 말을

운데 92명이 부모이 흔게 때문에 방학 때 집에 들이가기 싫어한다는 것이다. 李桂梅, 「中國家庭倫理文化的變化及思考」, 『道德與文明』(第4期, 1995), p.15.
125) 魏英敏·金河溪, 『倫理學簡明敎程』(北京: 北京大學出版社, 1984), pp.318~319.
126) 『論語』(爲政編), '今之孝者 是謂能養 至於犬馬 皆能有養 不敬 何以別乎?'.

인용하여 효도를 발전적으로 계승해야 한다고 주장하는 것[127]은 중국인들이 전통적 사고를 아직 많이 보존하고 있음을 의미하며, 중국정부가 이러한 사회적 분위기를 반영한 것으로 보아야 할 것이다. 또한 과거 전통적인 것은 무엇이든지 나쁘며, 버려야 할 것이라고 주장하던 때와는 달리 '우수한 전통'이라고 표현하고 있는 것도 많은 변화를 상징한다.[128]

'신혼인법' 제22조는 구혼인법에 없었던 조항으로 '부모가 이미 사망한 미성년의 손자(녀), 외손자(녀)는 조부모나 외조부모가 부담할 능력이 있을 경우 양육의 의무가 있다. 자녀가 일찍 사망한 조부모, 외조부모는 손자(녀)가 부양할 의무가 있다'라고 규정하고 있다. 이는 과거 전통사회의 대가족제도에서 흔히 볼 수 있었던 가족애와 유사하다. 그러나 중국정부가 이러한 규정을 넣은 것은 과거 공산화 초기나 문혁으로 말미암아 사회윤리와 가정윤리가 파괴된 것을 정상적으로 되돌려 놓자는 윤리적 차원에서의 판단도 있겠지만, 보다 중요한 것은 경제적 차원의 문제를 고려한 것으로 보인다. 즉 국가나 사회에서 노인들에게 연금을 다 지급할 수 없고(도시 일부 지역에서만 연금혜택을 받을 수 있다), 또 한편으로는 고아들의 문제도 해결할 수 없기 때문이라 풀이된다.

한편 부모와 자녀 간의 관계는 민주·평등·상호 협조·합작의 관계이고 노인을 존경하고 어린이를 사랑하는 것은 부모와 자녀 간의 평등관계를 대표적으로 표현한 관계로 본다. 부모는 자녀를 부양하고 교육할 뿐만 아니라 자녀를 존중하고 그들의 의견과 요구를 귀담아 들으며 그들이 사회로 진출하여 자기의 이상과 생활을 추구하는 것

---

127) 章海山·陳思迪·徐煥洲, 『家庭倫理』(廣東: 廣東人民出版社, 1984), pp.125~129; 羅國杰, 「孝思想의 中國的 傳統과 現代社會」, 『孝思想과 未來社會』(성남: 한국정신문화연구원, 1995), pp.623~631. 공자에 대한 재평가에 관해서는 態自建, 『中共學界孔子研究新貌』(臺北: 文津出版社, 1988) 참조.
128) 魏英敏, 『新倫理學敎程』(北京: 北京大學出版社, 1993), pp.607~608.

을 지지하여야 한다. 그래서 가정에서 자녀들은 부모에게 예의를 다
하여 대우하고, 부모의 도움으로 교육을 받으며, 부모를 도와 자기
능력껏 일하고, 부모가 늙으면 자녀들은 스스로 부모를 봉양하고 물
질·정신적인 면에서 부모를 위안하여야 할 것을 당부하고 있다.[129]

　전통적 부모와 자녀 간의 관계 중의 한 가지 특성이 가부장제였
다. 따라서 공산화 이후 가부장제는 봉건종법사회의 대명사로서 타
도의 대상이 되었다. 현재 중국에서는 가부장제란 봉건사회의 토지
사유화에 기초한 것으로써, 그 특징은 ① 재산권의 독점적 지배 ②
자녀에 대한 징벌권 소유 ③ 자녀에 대한 혼인결정권(包辦婚姻) ④
장친(長親: 항렬이 높은 친척)권 침범에 관한 처벌권 등으로 보고,
이러한 가장권(家長權)은 신중국수립 후 사라졌다고 주장하고 있
다.[130] 그러나 가부장적 특성이 아직 곳곳에 남아 있음을 볼 수 있
다.[131] 가부장제가 아직 남아 있다고 볼 수 있는 증거 중의 하나가
자녀결혼에 대한 부모의 권한이다. 신혼인법 제3조에 '부모에 의한
강제결혼(包辦婚), 매매혼인과 기타 혼인의 자유로운 행위를 간섭하
는 것을 금지한다. 혼인을 빙자하여 재물을 취하는 것을 금지한다'
라고 규정하고 있으나 실제 자녀결혼에 부모(가장)의 권한이 강하게
작용하고 있을 뿐 아니라 심지어 매매혼까지 남아 있다.[132]

---

129) 蔡磊, 「현대가정에서의 중국여성」, 『女性硏究』(서울: 韓國女性開發院,
　　 1992), 제10권 제1호, p.163; 최근 중국에서는 사녀들의 성보사상과 부
　　 모봉양의식이 악해시고 있음을 우려하고 있다. 최근 중국에서는 자녀
　　 들이 경로사상과 부모봉양의식이 약해지고 있음을 우려하는 목소리가
　　 높다. 李桂梅, 앞의 논문, p 15
130) 杜立憲, 앞의 책, pp.23~24.
131) 등소평도 낭의 혁냉사업에 막대한 해악을 주고 있는 가부장제는 역사
　　 적으로 매우 오래된 해뮤은 사회현상이라며 히루빨리 디피할 깃을 주
　　 장하였다. 『鄧小平文選』(北京: 人民出版社, 1983), p.289.
132) 최근까지 중국에는 남자들이 배우자를 구하지 못해 매매혼이 성행하고
　　 있는 것으로 알려져 있다. 張捷, 「大陸拐賣人口犯罪問題調査」, 『共黨
　　 問題硏究』(第十八卷 第八期, 1992), p.38.

마저리 울프의 조사연구에 의하면 1980년대 초까지 중국가정에서 자녀의 결혼은 대부분 부모의사에 따라 결정되는 포판혼인이 많이 남아 있었음을 알 수 있다. 또 1982년 산동성 어느 현에서는 1년 동안 128명의 청년이 부모가 강요하는 결혼 때문에 도피한 일[133)이 있었으며, 상해시(虹口區 長春街道)에서는 1983년 1월 조사대상 791명 중 119명(15.04%)이, 그리고 천진시에서는 379명 중 39명(10.29%)이, 북경에서는 620명 중 98명(15.81%)이 포판에 의한 결혼을 하였다.[134) 또 최근 청도시 한 지역의 기혼여성 379명을 표본 조사한 결과 결혼 당사자끼리 사귀어 결혼한 사람은 불과 32명으로 전체 피조사자 중 8.4퍼센트밖에 되지 않으며 나머지 91퍼센트는 부모를 비롯한 친척들의 소개에 의한 것으로 나타났다.[135)

포판혼인을 비롯하여 부모들이 자녀들의 결혼에 결정적 역할을 할 수밖에 없는 중요한 원인 중의 하나는 결혼하는 데 막대한 비용이 소요되기 때문이다. 그래서 부모의 도움 없이는 실제 원만한 결혼식을 올리기는 불가능하다. 1991년 현재 중국 대도시의 경우 한 자녀를 결혼시키는 데 최소한 1만 위안(yuan)에서 3만 위안이 소요된다고 한다. 이 액수는 중국 장년 근로자의 평균 임금이 200~300위안인 것을 고려해 볼 때 상당한 액수가 아닐 수 없다.[136) 또 1996년 9월 천진시와 '금만보(今晚報)'사가 100쌍(200명)의 신혼부부를 대상으로 한 설문조사에서 응답자의 85퍼센트가 정도의 차이는 있지만 결혼 시 부모의 도움을 받았고, 단지 11퍼센트만이 자기가 저축한 돈으로 결혼했다고 응답하였다. 이러한 현상은 중국 전통문화 관념과 관계가 있으며, 나아가 많은 중국 사람들은 결혼을 결혼 당사자

133) 鄧偉志·陸營·孔知華, 「試論父子關係」, 『解放日報』(第4版, 1982. 4. 1).
134) 潘允康, 『中國城市婚姻與家庭』(山東: 山東人民出版社, 1987), pp.141~142.
135) 蔡 磊, 앞의 논문, pp.6~7.
136) 趙鏞官, 「최근 中國의 家庭生活實態」, 『민주문화논총』(제2권 1호, 민주문화아카데미, 1991), p.129; 蔡磊, 위의 논문, p.10.

의 일뿐 아니라 가정의 대사로 간주하여 부모가 자녀의 결혼을 돕는 것을 당연한 의무로 생각하고 있다.[137] 이와 같은 결혼에 필요한 거액을 결혼 당사자들이 마련할 수 없기 때문에 부모 특히 가장의 뜻에 따를 수밖에 없다. 이러한 결혼을 중국에서는 비자주적 결혼, 즉 포판혼이라 하여 비판하고 있다. 물론 과거에는 자녀의 의사와는 아무런 상관없이 부모의 뜻대로 결혼시키는 것을 의미하였으나 현재는 과거와 같은 형태는 아니지만 그래도 가장권을 행사하고 있어 비판의 대상이 되고 있다. 특히 이러한 형태는 도시보다 농촌 지역에 강하게 남아 있음을 볼 수 있다.

또 마저리 울프는 1980년대 초까지 매매혼이 있었다고 주장하고 있다. 즉 자녀를 미끼로 삼아 돈을 요구하는 매매혼이 있다는 것이다.[138] 그런데 1990년 북경과보창작협회(北京科普創作協會)가 편찬한 『당대성향청년과학생활 500제(當代城鄕靑年科學生活 500題)』란 책에서도 '혼인자주 반대포판' '매매결혼은 위법이다(賣買結婚是違法的)'라며 강제결혼과 매매혼을 비판하고 있다.[139] 이것은 곧 전통적인 가부장제도하에 있었던 유습이 일부 남아 있음을 보어 주는 증기라 하겠다.

그리고 고부간의 관계에 있어서도 과거 시어머니의 전제적인 관계에서 벗어나 상호의 타협점을 찾아 정착되어 가는 경향이다. 이는 봉건적 사회에서 갖던 고부간의 관계는 공산화 과정을 기치면서 사라졌고, 경제권이 없는 시어머니는 집안일이나 아이들을 돌보면서 며느리를 돕고, 며느리는 시어머니께 경제적으로 도움을 줌으로써 상호 도우면서 함께 살고 있는 경우가 많다. 정부에서는 TV, 신문 등 언론매체를 통하여 '효부'를 높이 평가하고 있다.[140] 이것은 정부

---

137) 陳勇, 「百對新婚佳偶婚姻, 消費觀念調査綜述」, 『道德與文明』(第1期, 1997), p.28.

138) Margery Wolf, Op. Cit., p.203.

139) 北京科普創作協會 編, 『當代城鄕靑年科學生活 500題』(上海: 上海科學普及出版社, 1990), p.382.

가 노인들에게 가사노동을 돕게 함으로써 부녀자들을 사회노동에 참여시킬 수 있을 뿐 아니라 정부가 부담해야 할 노인문제도 자녀들에게 떠맡김으로써 부담을 덜자는 이중적 계산에서 비롯된 것이라 할 수 있다.

다른 한편 형제자매 간의 관계는 특별히 법적으로 규정해 놓은 조항은 없으나 '신혼인법' 제23조에는 '형이나 누이는 부모가 이미 사망하였거나 부모가 미성년자인 동생이나 누이를 부양할 수 없을 경우 부양의 의무가 있다'라고 규정하고 있다. 또한 형제지간은 '수족지정(手足之情)'이라 하여 매우 귀중한 관계이므로 서로 사심을 버리고 깨끗한 마음으로 대해야 하며, 또 어릴 때 순수한 심정으로 돌아가 어려울 때는 서로 돕고 항상 우애할 것을 권장하고 있다.[141]

형제·자매 관계가 서로의 연령이 비슷하고 동일한 환경에서 자라왔으며 서로의 이해관계에 반하지 않는 한 특별히 갈등관계를 가져야 할 필요가 없기 때문에 이 문제에 관해서는 특별한 관심을 가지지 않고 있다. 그러나 최근에는 형제간이라 할지라도 금전관계에 있어서는 명확히 거래할 것을 권장하고 있는데,[142] 이것은 중국사회만이 갖는 특징이라기보다 산업·도시화되는 사회의 일반적 현상 때문이라 하겠다.

3) 조상친족 간의 윤리

전통 중국사회는 종법사회로서 조상숭배의식이 대단히 강하였으나 공산화되면서 조상숭배에 관한 의식을 미신이라 하여 타파를 주장하

---

140) 蔡 磊, 앞의 논문, p.22.
141) 宋鎭陽, 『中國農村社會學』(黑龍: 黑龍江人民出版社, 1989), p.194.
142) 趙鏞官, 앞의 논문, pp.129~136.

였고, 특히 문화대혁명 때는 유적까지 다 파괴해 버렸다. 그러나 모택동이 사망한 후 전통에 대한 새로운 인식으로 공자를 재평가하는가 하면 문혁 때 파괴된 유적지도 복원하고 있다. 모택동정권이 조상숭배의식을 타파하였음에도 불구하고 옛날처럼 완전히 회복되지는 않았지만 조상숭배의식은 여전히 남아 있는 것으로 보인다. 마저리 울프는 조상숭배의식이 남아 있음을 다음과 같이 묘사하고 있다.

> 내가 샤오싱에서 보았던 좀 천박하지만 마음이 끌리는 장식조차 없었다. 조상숭배의 직접적 증거는 보이지 않았으나, 세 집 모두 이상하게도 비어 있는 제단용 탁자를 가지고 있었다. 몇몇 여인들은 인터뷰 도중에 조상의 영혼에 정기적인 봉헌을 한다고 했다.[143]

> 내가 방문했던 여섯 곳 중 세 곳에서 조상숭배가 한두 가지 형태로 비밀리에 계속되고 있었고, 한 곳에서는 매우 공개적이었다. 비록 남자 쪽 가계의 보다 광범위한 구조인 종족을 공식적으로 구성하는 것은 오늘날 금지되어 있지만, 아직까지도 부계 이데올로기는 중국에서 강하게 남아 있다.[144]

> 펑훠(奉火) 생산대대는 원래 세 개의 린(隣)으로 구성되어 있다. 구촌락 대신에 웨이강의 범람으로 신촌락이 형성되었다. 여섯 개 정도의 가족은 아식노 오늘날 대약진 마을로 알려진 강의 다른 쪽 편에 살고 있었다. 세 개의 린에 있는 남자들은 모두 왕씨 성을 가졌고 그 촌락에 있는 왕씨 종족의 사당에 제사를 지내고 있었다.[145]

조상에 대한 제사는 위에서 알 수 있는 바와 같이 도시보다는 일부 농촌에서 계속되고 있음을 알 수 있다. 또 농촌에서는 전통사회

---

143) Margery Wolf, Op. Cit., p.61.
144) Ibid., p.161.
145) Ibid., p.188.

에서 강한 유대관계를 맺어 오던 봉건적 친척관계가 그대로 유지되고 있어 중국 현대화의 장애요인이 되고 있음을 지적하고 있다. 그 구체적 예로서 아직도 일부 농촌 지역에서는 가보(家譜)를 만들고 있으며 사당(祠堂)을 수리하고 있고, 묘지를 만들고 심지어 비석을 세우는 일조차 있다.[146]

중국은 인구가 많은 대신 경작지가 상대적으로 적은 나라로, 전통적인 토장은 땅을 많이 차지하기 때문에 정부에서는 1950년대 중반부터 먼저 대도시에서 화장을 하도록 하였다. 1960년대 중반 이후부터 경제적이고 위생적인 화장형식을 점차 중소도시와 농촌으로 보급시키고 있다. 그래서 지금 중국의 도시에서는 전통적 장례의식을 지양하고 간단한 새 장례식을 취하고 있다. 사람이 죽으면 그의 직장이나 친속이 죽은 이의 동료와 친척, 친구들에게 부고를 보내고, 유해를 화장터로 옮겨 화장시킨 다음 아주 간단히 '유해고별의식(遺骸告別儀式)'을 행하는 것이 보통이다. 그 전에는 모택동이 주창한 추도회를 열었다. 추도회에서는 죽은 이를 추모하고 그의 일생을 평가했다. 근년에 와서는 장례를 간단히 하기 위하여 추도회를 열지 않고 규모가 큰 유해고별의식도 하지 않는다. 정부의 많은 노력으로 인해 장례풍습이 한동안 크게 억제되어 왔다.

그러나 최근에 개혁·개방으로 산업의 각 분야가 발전하면서 인민들의 물질생활 수준이 뚜렷이 향상되자 많은 지방에서, 특히 경제가 비교적 빨리 발전하고 있는 남방에서 장례를 대규모로 치르는 풍습이 다시 성행하기 시작하였다. 특히 농촌에서 이러한 현상이 뚜렷하게 나타나고 있다. 부유해진 농민은 수많은 돈을 장례에 쓰고 있다. 지난 수십 년간 농촌에서 볼 수 있는 무덤은 대다수가 흙을 쌓아 올린 것이었다. 벽돌로 쌓은 것은 얼마 안 되는 부자 무덤뿐이고, 기껏

---

146) 劉應杰, 「中國農村社會的家庭和親屬」, 『社會學硏究』(第5期, 1988), p.89; 『人民日報』(1992. 1. 3).

해야 관에다 치장이나 하는 정도였다. 그런데 근년에 와서 많은 농가에서 장례를 성대하게 치르고 있다.

관을 치장하는 것 외에 가장 보편적인 것은 무덤을 어마어마하게 짓는 것이다. 일부 지방에서는 요즘 흙으로 된 무덤을 보기가 어렵다. 절대 다수가 시멘트, 벽돌 또는 대리석으로 무덤을 쌓는 것이다. 절강성 온주지구는 농민의 생활수준이 비교적 빨리 향상되자 누가 무덤을 더 호화롭고 사치스럽게 만드는가를 시합할 정도이다. 그뿐 아니라 죽은 사람의 무덤만 짓는 것이 아니라 스무 살이 조금 넘은 새파란 젊은이도 좋은 재료로 호화로운 무덤을 미리 마련한 경우도 있다.

장례풍습은 농촌보다 심하지 않을 뿐 도시에서도 다시 되살아나고 있다. 화장터가 있는 도시에서는 반드시 화장하기로 규정되어 있지만, 일부 주민은 어떻게 하든 토장을 하려 한다. 그리고는 유해를 몰래 도시 부근의 농촌으로 옮겨다 매장한다. 일부 지방에서는 장례풍습이 범람하지 못하도록 하기 위하여 각급 행정기관에서 '장례 간단히 치르기'를 적극 선전하고 있다.[147]

뿐만 아니라 인생지대사인 관혼상제 때 많은 일가친척을 초대하여 전통적 예속(禮俗)에 따라 많은 비용을 들여 벌이는 큰 잔치는 문제로 지적되고 있다.[148] 그리고 결혼할 때도 양가의 집안이 비슷한 층끼리 결혼하던 전통적 문당호식(門當戶式) 결혼방법이 그대로 존속하고 있으며, 아들이 많으면 복이 많다는 남존여비의 전통적 사고가 남아 있어 정부의 가족계획이 농촌에서 큰 성과를 거두고 있지 못함을 아울러 지적하고 있다.[149]

---

147) 이벤허, 앞의 책, pp.123~125.
148) 위의 책, pp.118~119; 劉應杰, 앞의 논문, p.95.
149) 楊俊戶, 「論社會主義時期我國農村的婚姻家庭問題」, 『文史哲』(第6期, 1981), pp.83~89.

또한 우리의 관심을 끄는 것은 농촌에서 노인들의 재혼문제가 전통적인 가문의식 때문에 자녀들이나 친척들의 반대로 문제가 되고 있다는 점이다.150) 자녀들이 부모의 재혼을 꺼리는 것은 얼마 되지 않은 재산분배에서 손해를 볼까 하는 걱정과 노인 한 분을 더 모셔야 한다는 경제·정신적인 부담에서 비롯되나, 친척들은 전통적으로 재혼이 가문을 더럽히는 일로 간주하기 때문이다.151) 이 같은 현상들은 아직까지 조상에 대한 의식이나 친척(가문)의식이 많이 남아 있음을 의미하는 것이라 하겠다.

그리고 정부에서 과거 조상묘의 풀을 깎고 제사지내던 청명(淸明)을 국경일(청명절)로 정하여 각급 학교에서 어린이들이 단체로 애국선열의 묘에 참배하고, 또 가족들은 조상의 산소에 성묘하러 가는 것을 공식적으로 허용하고 있다.152) 이것은 유물론을 신봉하는 공산국가에서 있을 수 없는 일이지만 전통적 유습 때문에 남아 있는 것으로 보인다. 또한 중국정부에서는 종교의 자유를, 국가를 위태롭게 할 정도가 아닌 범위 내에서 형식적으로나마 인정하고 있다. 조상에 대한 제사 같은 것은 시간이 가면 점차 감소될 것으로 보고 묵인하고 있는 것으로 보인다.

조상숭배와 관련하여 또 중요한 것은 대를 잇는 것이다. 그래서 중국에서는 전통적으로 남아선호사상이 지배적이었으나 공산화 이후 남녀평등사상을 주창하며 남아선호사상을 없애기 위해 부단한 노력을 해왔고, 급기야는 1979년 '한 가정 한 자녀 갖기 운동'까지 벌였다. 이 정책은 정부의 강력한 행정력 등을 동원하여 어느 정도 성과를 거두고 있으나 일부 도시 및 농촌에서는 여전히 남아선호사상이 남아 있다. 그렇지만 현재 중국에 남아 있는 남아선호사상은 대를

---

150) 宋錫陽, 앞의 책, p.196.
151) 이벤허, 앞의 책, pp.234~235.
152) Margery Wolf, Op. Cit., p.278; 趙鏞官, 앞의 논문, p.135.

잇는다는 점도 있지만 보다 중요한 것은 앞에서 지적한 바와 같이 노후에 대한 걱정 때문이라 생각된다. 왜냐하면 정부에서 도시 일부 지역을 제외하고는 노후연금 혜택을 부여하지 못하기 때문에 아들을 낳아 노후를 걱정하지 않고 지내려는 사고가 중국인들에게 강하게 자리잡고 있기 때문이다.

제 **5** 장

중국 통치이념의 변동과
가정윤리

본 연구는 사회변동에 있어서 한 국가의 통치이데올로기의 변동이 그 사회의 정치체제와 문화체제에 어떠한 영향을 미치는가라는 문제의식에서 출발하였고, 중국을 그 연구의 대상으로 삼았다. 보다 구체적으로는 유가사상을 통치이념으로 하여 비교적 오랜 세월을 두고 형성된 문화체제, 특히 그중에서도 중국이 공산화 이후 가정윤리체계로 공식적으로 채택한 마르크스-레닌주의라는 새로운 통치이데올로기를 수용한 이후 공산화정책(가정문화정책)은 어떠한 변화와 갈등을 겪었으며, 또 이를 극복하기 위하여 어떠한 노력들이 시도되었으며, 나아가 현재 어떠한 형태로 잔존 또는 변형(연속성과 불연속성)되었는가를 논구하였다. 이러한 연구결과에 따라 본 연구의 종합적 결론을 도출하면 다음과 같다.

1. 통치이념

먼저 각 시대별로 추구하고 있는 이상사회를 살펴보면, 전통중국의 유가에서 이상으로 삼고 있는 '대동세계(大同世界)'와 모택동과 등소평체제가 지향하고자 하는 '공산사회'는 다툼이 없는 '만인의 평

등사회'를 주장한다는 점에서 일면 공유되는 면이 없지 않다. 그러
나 유가의 '대동세계'에서 주장하는 '공유(公有)'의 개념은 모든 사
물에 대해 '소유'의 개념조차도 인정하지 않지만 모·등 체제가 이상
으로 삼는 '공산사회'에서 '공산(共産)'의 개념은 생산수단을 '공유'
한다는 점에서 차이가 있다. 또 이상사회에 도달하고자 하는 방법론
으로서 전통중국의 유가에서는 이미 이제[[요(堯)·순(舜)] 삼왕[우
(禹)·탕(湯)·무(武)]에 의해 실현된 바 있는 '상정(想定)된 과거'로
되돌아가자는 상고주의(尙古主義)였지만, 현대 중국에서는 그들의
철학적 기초가 되는 변증법적 유물론에 따라 비록 '사회주의 초급단
계'를 거치지만 궁극적으로 공산주의 사회를 사회발전의 최후단계로
보며, 또한 필연적으로 다가올 것이라고 믿는 '상정된 미래'라는 점
에서 구별된다.

통치이념적 측면에서는 전통 중국의 유가들이 그들의 이상인 '대
동세계'를 실현하기 위해 택한 민본주의(民本主義)는 하늘(天)의 명
을 받은 천자가 하늘의 뜻(天意)에 따라 백성을 다스림에 있어 백성
의 뜻을 부살펴 인(仁)과 더(德)으로 공익케 하여 백성들괴 함께 즐
기는 통치행위(여민동락)를 이상화하였다. 그렇지만 만약 군주가 그
임무를 다하지 못하면 역성혁명(易姓革命)론에 의거하여 군주를 바꿀
수도 있다고 보았다. 반면에 모택동체제하에서는 마르크스 레닌주의
와 모택동사상을 통치이념으로 삼았고, 등소평체제는 마르크스-레닌
주의와 모택동사상을 견지할 것을 강조하면서도 또 한편으로는 이를
'현실화'시켜 냄으로써 사상·이념상의 비급진화(Deradicalization)를 도
모하여 4개 현대화 실용주의노선을 지향하는 등 과학·경험 제일주의
이 원칙에 충실하고자 했으며, 강빅민(江澤民)에 이어 현 호감도(胡
錦濤: 후진타오)체제도 계속해서 등의 노선을 견지하고 있다.

이들 간의 공통점을 찾아본다면 전통유가에서의 여민동락(與民同
樂)사상과 모택동의 군중노선은 모든 것을 백성(군중)과 더불어 한다

는 점에서, 그리고 유가의 역성혁명론과 모택동의 부단혁명론은 혁명을 정당화한다는 점에서 유사성이 있다고 하겠다. 그런데 유가에서의 민본주의는 특정 계급의 이익이 아니라 백성 전체의 이익에 근거하고 있으나, 모택동의 군중노선은 프롤레타리아 무산계급을 상정한다는 점이 다르다. 또 유가에서 말하는 역성혁명은 군주가 유가사상에 바탕을 둔 도덕적 의무를 행하지 않았을 경우 일어나는 혁명이지만, 모택동의 부단혁명론은 공산주의의 철학이론인 변증법적 유물론에 바탕을 둔 이론이기 때문에 무산계급독재를 위해 기존의 지배(반대)계급을 혁명으로 타도한다는 점에서 다르다. 나아가 등소평체제는 모와는 달리 부단혁명론을 강조하지 않고 오로지 인민들의 생활을 풍요롭게 하는 데 그 목적을 두고 있다(爲人民服務)는 점에서 유가에서 말하는 위민(爲民)사상과 유사성을 갖는다고 하겠으나 이것 역시 기본적으로는 마르크스주의의 계급론에 입각하고 있다는 점에서 차이가 발견된다.

따라서 전통 중국사회와 현대 중국은 통치이념적 측면에서 볼 때 부분적으로 상관성이 없지 않으나 서로 상이한 사회정치사상에 기초를 두고 있다는 점에서 단절성 불연속성(不連續性)을 갖는다고 하겠다.

2. 가정문화정책

전통 중국사회는 농업위주의 집단생활이 중심을 이루었기 때문에 세계에서 가장 복잡하고 잘 조직된 가족제도를 배태시킨 가정 중심의 혈연사회였다. 이러한 농경사회의 특성에 부합되는 사상체계가

유가사상이었으며, 이 유가사상은 상호 간에 갈등을 표출시키기보다
는 조화를 중시하여 상하 간의 서열을 체계화시키는 윤리체계를 형
성하여 왔다.[1] 이 같은 농경사회에 기초한 전통 중국사회는 조상을
숭배하고 자손의 번성을 중시 여겼으며, 또 가산에 대해 동거동재
(同居同財)사상이 인정되었을 뿐 아니라 가정의 모든 권한이 가장
(씨족장)에게 독점적으로 주어져 있는 가부장적 사회인 동시에 가문
의 명예를 중시하는 종법사회였다.

그러나 모택동이 지향하는 가정문화정책은 마르크스—엥겔스의 이
론에 기초한 사회주의 가정관을 토대로 ① 혼인의 자유 ② 일부일처
제 ③ 남녀평등의 실현 ④ 여성과 아동의 합법적 권익보호 등을 그
특성으로 하고 있다. 모택동은 이러한 사회주의 가정이론과 전통 중
국가정의 특성이라 할 수 있는 가장제와 부모에 의한 강제결혼의 폐
지 등을 혼인법에 첨가시켜 전통 가정문화 타도에 주력하였다. 혼인
법 이외에도 '토지개혁'과 '인민공사운동' 그리고 '문화대혁명' 등의
대중 동원방법을 통하여 전통 가정문화를 타파하는 가운데 사회주의
가정문화 정착에 적지 않은 노력을 기울였다.

한편 등소평체제는 건국 후 30여 년 동안의 사회적 변화와 경험
을 토대로 하여 구혼인법을 새로이 수정·보완하여 1980년에는 '중
화인민공화국혼인법'을, 그리고 현존하는 개인의 사유재산권을 보호
하기 위해서 1985년에 '중화인민공화국계승법'을 제정·선포하였다.
그리고 1979년부터는 인구증가율을 억제하기 위해 '산아제한정책'을
실시하고 있다. 이러한 정책들은 대부분 잔존하고 있는 전통적 가정
문화를 현실적으로 수용하고 있어 모택동시대와는 달리 유화·안정
적 기조를 보이고 있다.

따라서 가정문화정책 면에서 모택동은 전통적 가정문화를 타파하

---

1) 宋榮培, 『中國社會思想史』(서울: 한길사, 1986), pp.110~116.

고 마르크스-레닌주의에 입각한 사회주의 가정문화를 이식시키기 위해 전통 가정문화와의 단절성을 강조한 강압적 방법을 동원한 반면, 등소평은 모시대와 같이 혁명적인 제도개혁이나 운동을 채택하기보다는 현실에 잔존하고 있는 전통적 가정윤리들을 묵시적으로 인정하고 있을 뿐 아니라 일부 이를 수용하고 있어 전통 가정문화와의 연속성을 유지시키고 있음을 지적할 수 있다.

3. 가정윤리의 실제

전통 유가사상에 기초를 두고 형성된 전통적 가정윤리체계가 1931년(보다 구체적으로는 1949년) 공산화 이후 모택동체제와 등소평체제가 실시한 가정문화정책을 통하여 실제 현실에서 어떻게 나타나고 있는가를 분석하면 그 요지는 다음과 같다.

첫째, 부부간의 윤리를 살펴보면 전통 중국사회에서 부부간에 지켜야 할 대표적인 윤리규범은 '현모양처'이며, 이것의 도덕적 표준은 삼종사덕 '미가종부(未嫁從父)·기가종부(旣嫁從夫)·부사종자(夫死從子)·부덕(婦德)·불언(不言)·불용(不容)·부공(婦功)'이고, 또 그것의 행위규범은 '남주외 여주내(男主外女主內)'였다. 이러한 규범들은 모두 남존여비(부고어처)사상에 기초를 둔 남녀불평등(여성차별)관계에서 영향 받은 결과였다.

그러나 이러한 전통적 규범들은 모택동을 비롯한 중국 공산주의자들이 이상으로 삼고 있는 사회주의 문화체제의 정착을 위해 시도한 각종 공산화 정책, 특히 두세 차례 실시한 '혼인법' 제정과 '토지개혁' 그리고 '인민공사운동'과 '문화대혁명' 등으로 말미암아 많은 갈등과 변화를 유발시켰다. 사회주의의 가정관에 기초한 '혼인법'과 남녀노소 구분 없이 균등하게 분배한 '토지개혁'이 남녀 간의 법적·경제적 평등을 보장하고 있어, 공산화 초기에 이를 실현하려는 부녀자들과 전통적 남성우위의 부권제(夫權制)를 유지하려던 남성 측과의 적지 않은 마찰과 갈등을 야기하던 것이다. 공산화정책으로 인해 전통적인 부부관계에서 절대적 우위를 점하던 남편의 권위(부고어처)는 무너지고, 아내들이 공개석상에서 남편을 비판·고발하는 현상이 곳곳에서 벌어졌으며, 또 여성해방이라는 이름 아래 여성들을 가사노동에서 벗어나 사회노동에 적극 참여케 하여 '남주외 처주내'의 전통적 관념의 타파를 시도하였다. 뿐만 아니라 이혼의 자유를 보장한 결과 많은 여성들이 이혼을 제기하여 이혼율이 급증하였는데, 이것은 과거 '일부종사 일부종신(一夫從事一夫終身)' 및 '삼종지도' 등의 관념과는 정면 상치되는 것이었다. 특히 이러한 현상들은 1958년부터 실시한 인민공사운동과 문화대혁명 때 그 절정에 달한다. '가사노동의 사회화' '생활의 집단화'라는 기치하에 실시된 인민공사운동의 근본적 목적은 중국 전래의 가족제도를 해체하려는 데 있었다.[2] 인민공사운동으로 가정에서의 부권(夫權: 가장권(家長權))은 실추되고, 여성의 '가사노동의 사회화'로 인해 전통적 '남주외 처주내' 관념은 결정적 타격을 받았으며, 이혼율도 급승하게 되었다. 1965년부터 실시된 문화대혁명 때는 특별히 가정문화정책이라고 언급할 만한 것은 없으나, 사회 전체적인 혁명적 분위기에 영향을 받아 가정에서도 '가정이 혁명화'라 하여 부부간에도 시로 감시·고발하는 비정상적 관계가 형성되었다.

---

2) 金相浹, 『毛澤東思想』(서울: 一潮閣, 1978), p.220.

그렇지만 등소평체제가 들어서고 난 다음 과거 모시대와 같은 혁명적인 현상은 찾아보기 어렵게 되었으며, 공산화 이전의 부부관계로 되돌아가는 경향이 있음을 살필 수 있게 된다. 또한 앞에서 살펴본 바와 같이, 현재 중국에서는 젊은이들이 결혼상대로 '사업형'의 여성보다 '여성은 가정으로 돌아가라'며 '현모양처형' 여자를 더 선호하고 있다. 이는 과거 '부주외 처주내' '남솔여종(男率女從)'의 전통적 관념이 아직까지도 많이 남아 있음을 의미하며, 가정과 직장에서도 남녀차별문제와 여아들의 살해율과 미취학 여아수 등에서 알 수 있는 바와 같이 아직 남존여비사상이 곳곳에 남아 있음을 알 수 있다.

이혼율이 급증하고 있는 것은 과거의 잘못된 결혼(예를 들면 문혁시의 결혼)의 해지라는 측면도 있지만, 현 중국정부가 추진하고 있는 개혁과 개방정책에 영향을 받아 이기주의에 따른 선진국형(성격불화)의 이혼사유가 주된 원인으로 작용하고 있기 때문이다.

요컨대 모택동체제는 인위·강압적인 방법으로 전통적인 부부간의 윤리관계를 단절시키려고 노력했으나, 현재 중국에서는 다소 변형되기는 했지만 상당부분 전통적 부부간의 윤리의식이 잔존하고 있는 것으로 보아 전통적 부부윤리가 지금까지 연속성을 지니고 있다고 하겠다.

둘째, 부자간의 윤리를 살펴보면 부모와 자녀 간에 지켜야 할 윤리는 '부자자효(父慈子孝)'이다. 부자자효란 부모는 자녀를 자비로움으로 대해야 하고 자녀는 부모에게 효도해야 한다는 것을 의미하지만, 전통 중국사회에서는 실제 자녀가 부모에게 지켜야 할 규범인 '효도'만을 일방적으로 강조하여 왔다. 부모 중에 가부장제로 불릴 정도로 부의 권한은 거의 절대적이었으며, 자녀의 혼인문제와 재산권에 있어 독점·배타적 권한을 행사하였다.

그러나 모택동체제가 실시한 각종 공산화 정책으로 인해 부모와 자녀 간에도 법·경제적 평등을 보장하고 있고, 부모의 자녀 통제권이 약화되었으며, 또 포판혼인 등이 법으로 금지되어 전통적 가부장적 권위는 실추되었다.

모가 사망한 후 등장한 등소평체제는 모체제와는 다른 양상을 보이고 있다. 모택동시대에 봉건적 사상이라고 비판의 대상이 되어 왔던 '효'사상에 대해 그것은 우수한 전통이라고 새로운 평가를 내리고 있고,[3] 한 걸음 더 나아가 부모와 자녀쌍방이 지켜야 할 사항들을 법으로 규정하고 있다. 또 현 중국정부는 경로효친사상[경로(敬老)·양로(養老)·애로(愛老)]를 강조하면서, 윗사람에 대해서는 정치·인격적 평등 위에서 존경할 것을 강조하고 있다. 이 같은 사상이 구체적으로 표현된 것이 1980년에 제정한 '신혼인법'(제22조)과 1985년에 제정한 '계승법'(제12조)의 규정이다. 이러한 규정들은 물론 국가에서 이들을 경제적으로 부담하기 어려워 관련 가족에게 떠넘기려는 의도가 없지 않으나 전통사회에서 흔히 볼 수 있는 가족애와 유사하다고 할 수 있다. 결혼문제에 있어서도 봉건적 잔재로 비판받던 포판혼인(비자주적 결혼)이 곳곳에, 특히 도시보다 농촌에 많이 남이 있음을 확인할 수 있게 된다. 결국 부자간의 윤리관계에 있어서도 과거 모택동정권은 인위·강압적인 방법으로 이를 타파하려고 노력했으나, 등소평정권하에서는 공사화 이전 단계의 부자관계, 즉 전통적 부자간의 윤리관계로 되돌아가는 경향이 있음을 볼 수 있다.

셋째, 전통적 형제(사매)간에 지켜야 할 윤리규범은 '형우제공(兄

---

3) 魏英敏·金可溪,『倫理學簡明敎程』(北京: 北京大學出版社, 1984), pp.318~319; 王貞韶·單正平 編,『怎樣繼承遺産』(上海: 知識出版社, 1985), p.9; 최근 발간되는 많은 책자 속에 '한 가정 한 자녀 갖기 정책' 이후 가정이 아이들 중심으로 되었고, 이로 인하여 또 자녀들이 예의범절이 없음을 지적하면서 전통적인 가정 윤리·도덕의 재건을 주장하는 목소리가 높다. 肖創東 戢太坤「當前家庭敎育存在論若干問題」,『道德興文明』(第1期, 1997), pp.26~27.

友弟恭)', 즉 형(언니)이 동생을 사랑하고 보호하며, 또 동생은 형(언니)을 존경해야 한다는 것이었다.

이러한 형제자매 간의 윤리규범은 모택동시대 때 특별히 계급적 이해관계가 없는 경우에는 별다른 관심의 대상이 되지 못하였다. 또 등소평체제에서도 형제(자매)간은 수족지의(정)로 서로 도와가며 살아갈 것을 권고하고 있을 뿐 별다른 규정을 두고 있지는 않다. 따라서 형제(자매)간의 윤리관계는 모택동정권하에서 다소 단절이 있었으나 커다란 변화 없이 지속되고 있는 것으로 보인다.

넷째, 전통 중국사회의 특징 중의 하나가 조상숭배의식이었다. 조상의 은혜에 보답하는 '보본반시(報本反始)'의 의식이 '제사'였고, 살아 있는 부모의 은혜에 보답하는 것이 '효도'였다. 그래서 과거 중국에서는 다른 무엇보다 중시 여겼던 것이 조상숭배의식이었다. 이러한 조상숭배의식은 종적으로는 조상에 대한 그리운 정을, 그리고 횡적으로는 혈연 간, 즉 친족 간의 유대관계를 확인시켜 주는 역할을 하였다.

이 같은 혈연·친족 간의 유대관계는 전통 중국사회를 지탱하는 중요한 사회조직으로 기능을 해왔으며, 또 가장이나 씨족장들은 중국문화를 유지·발전시키는 데 주도적 역할을 담당하여 왔다. 그들은 대부분 많은 토지를 바탕으로 씨족제, 동제와 같은 문화행사를 주관하는 역할을 담당하여 왔는데, 일반인들에게 정치·경제적으로 많은 영향을 미쳤다.

그러나 모택동은 일찍이 이 같은 조상숭배의식을 타파하지 않고서는 사회주의 체제가 이식될 수 없음을 인식하고 조상숭배 및 친족·씨족 간의 유대관계를 단절시키는 데 많은 노력을 기울였다. 모는 이러한 인식에 기초하여 조상숭배와 같은 제사의식과 그와 관련되는 여러 가지 의식행사를 금지하였다. 자녀의 결혼문제에 있어서도 혼인자유원칙에 따라 부모나 친척이 간여하는 것을 금지하였고, 결혼

식에도 가까운 친척만이 참석토록 하였다. 그렇지만 등소평체제는
과거 전통사회와 같은 조상숭배의식을 공식적으로 허용하고 있지는
않으나 아직도 중국에서는, 특히 농촌 지역에서는 가보를 만드는 풍
습이 있으며, 또 사당을 수리하고, 묘지와 조상의 무덤에 비석을 세
우는 등 전통적 유습이 여전히 남아 있어 중국정부의 비판의 대상이
되고 있다.4) 관혼상제에 일가친척들이 많이 참석하는 것 역시 문제
로 지적되고 있으며, 심지어 농촌에서는 노인의 재혼문제가 자녀와
친척들의 가문의식으로 반대에 부딪혀 사회문제가 되고 있다. 이는
전통사회에서 강조되던 가문의식과 친척 간의 유대관계가 재현되고
있는 것이라 하겠다. 따라서 전통적 조상·친족 간의 윤리관계는 모
택동시대 때 많은 시련을 겪지만 등소평체제에서는 많은 형태로 복
원되어 가고 있음을 확인할 수 있다.

　요컨대, 유가사상에 기초하여 비교적 오랜 세월을 두고 형성된 전
통적 가정윤리는 공산화 이후 모택동정권이 통치이념으로 삼고 있던
마르크스-레닌주의에 따라 사회주의 문화를 정착시키기 위해 시도
한 다양한 형태의 가정문화정책, 예컨대, '혼인법'의 제정, 토지개혁
및 인민공사운동 그리고 문화대혁명 등으로 인해 역동적인 변화와
갈등을 겪게 되었다. 모택동이 실시한 이러한 정책들은 전통가정문
화(윤리)와의 단절을 강조하는 혁명적 성격을 띤 것들이었다.

　다른 한편 모사후에 집권한 등소평정권은 1978년 11기 3중전회
이래 실용주의 경제건설노선을 통한 '부강사회주의국가(富强社會主
義國家)' 건설을 국가전략 목표로 설정하고 있고, 이 같은 방침은
가정문화정책에도 그대로 투영되어 왔다. 1950년에 제정된 혼인법을
수정 보완한 1980년의 '신혼인법'의 제정·공포, 또 부분적인 사유재
산의 인정과 이를 법률적으로 보장하기 위해 1985년에 제정한 '중화

---

4) 劉應杰,「中國農村社會的家庭和親屬」,『社會學研究』(第5期, 1988), p.89;『
人民日報』(1992. 1. 3).

인민공화국계승법', 그리고 인구증가율과 경제발전속도의 불균형을 시정하고자 1979년부터 실시하고 있는 '산아제한정책' 등이 그것이다. 그런데 이러한 가정문화정책들은 모시대와 같이 혁명적 정향을 띠기보다는 비교적 안정적 정향을 띠고 있다고 하겠다.

다시 말해서 현재 중국의 가정윤리는 전통적 가정문화를 토대로 하여 사회주의 가정문화와 서구사회의 보편적 가정문화가 변증법적으로 조화를 이루면서 점차 안정적 성향을 띠고 있으며, 이러한 변화 추세로 보아 중국정치가 과거 문화대혁명과 같은 사회적 대변혁이 일어나지 않는 한 지속성을 유지할 것으로 보인다.

이 같은 사실은 사회변동에 있어 한 국가의 통치이데올로기의 변동이 기존사회의 문화체제와 조화를 이루지 못할 경우, 정치체제는 정치권력 주체의 인위·강압적인 정책으로 인해 단시일 내 강제적 변화가 가능하지만, 역사·문화적 전통성을 갖는 문화체제는 정치적 의도에 의해 단절을 강요받으며 그 결과 불연속성을 형성하나, 그럼에도 불구하고 그 과정에서 여전히 연속성을 유지하려는 관성을 갖고 있음을 보여 준다. 요컨대, 정치체제는 정치권력의 의도에 따라 짧은 기간 내 변화가 가능하지만 윤리·도덕과 같은 문화체제는 쉽게 변화시킬 수 없음을 보여 주는 것이라 하겠다.

참고문헌

1. 중문 자료

1) 단행본

『論　語』

『孟　子』

『禮　記』

『孝　經』

『北京週報』

『人民日報』

『紅　旗』

『新中國婦女』

『解放日報』

郭卿友, 『中國現代史』, 北京: 中央人民大學出版, 1997.

『鄧小平文選(朝鮮文)』, 北京: 民族出版社, 1983.

『鄧小平文選』, 北京: 人民出版社, 1983.

『馬克思恩格斯全集(第2·3卷)』, 北京: 人民出版社, 1972.

『毛澤東選集(第1卷)』, 北京: 人民出版社, 1969.

『毛澤東選集』, 北京: 人民出版社, 1969.

『顔氏家訓』, 北京: 北京燕山出版社, 1995.

十偉國·冷辯 主編, 『學習江澤民同志重要講話』, 北京: 人民出版社, 1989.

魯　迅, 金光洲 譯, 『阿Q正傳 外』, 서울: 同和出版公社, 1972.

凌相權, 『中華人民共和國民法槪論』, 濟南: 山東人民出版社, 1986.

當代思潮雜誌社 編, 『學習社會主義理論增强社會主義信念』, 北京: 光明日報出版

社, 1990.

戴厚英, 신영복 옮김, 『人阿, 人!(사람아 아, 사람아)』, 서울: 다섯수레, 1991.

杜立憲, 『現代家庭知識大觀』, 河北: 河北科學技術出版社, 1991.

馬　起, 『中國革命與婚姻家庭』, 遼寧: 遼寧人民出版社, 1955.

巫昌讀 主編, 『中國婚姻法』, 天津: 中國政法大學出版社, 1991.

文史知識 編, 『儒·佛·道與傳統文化』, 北京: 中華書局, 1990.

龐　朴 主編, 『中國儒學』, 上海: 東方出版中心, 1997.

藩允康 主編, 『中國城市婚姻與家庭』, 山東: 山東人民出版社, 1987.

范忠臣·鄭定·詹學農, 李仁哲 譯, 『中國法律文化探究』, 서울: 一潮閣, 1996.

北京科普創作協會 編, 『當代城鄉靑年科學生活500題』, 上海: 上海料學普及出版
　　社, 1990.

北京廣播電視大學法律敎硏室, 『婚姻法資料選編』, 北京: 中央廣播電視大學出版
　　社, 1985.

北京大哲學系 中國婦女幹部學院 『現代家庭學槪論』, 北京: 北京大學出版部, 1990.

北京大學哲學系毛澤東哲學思想敎硏室 編, 『毛澤東哲學思想槪論』, 北京: 北京大
　　學出版社, 1983.

費孝通, 이경규 옮김, 『중국사회의 기본구조』, 서울: 一潮閣, 1995.

史風儀, 『中國古代婚姻與家庭』, 湖南: 湖南人民出版社, 1987.

蕭公權, 『中國政治思想史』, 臺灣: 聯經出版公司, 1980.

邵伏先, 『中國的婚姻與家庭』, 北京: 人民出版社, 1989.

宋培淸, 『婚姻家庭法律諮洵』, 江蘇: 江蘇人民出版社, 1985.

宋子宏, 『簡明思想政治敎育辭典』, 河南: 河南人民出版社, 1989.

宋鎭陽, 『中國農村社會學』, 黑龍: 黑龍江人民出版社, 1989.

梁啓超, 李民樹 譯, 『中國文化思想史』, 서울: 正音社, 1974.

楊懋春, 『中國家庭與倫理』, 臺北: 中央文物供應社, 1980.

梁漱溟, 『中國文化要義』, 上海: 學林文庫, 1996.

楊幼炯, 『中國政治思想史』, 臺灣: 臺灣商務印書館, 1980.

楊　適, 『中西人論的衝突』, 北京: 中國人民大學出版社, 1991.

楊慧傑, 『朱喜倫理學』, 臺北: 牧童出版社, 1979.

梁　浩, 『中國特色的道德文明』, 南京: 河海大學出版社, 1990.

梁　桓, 정성호 옮김, 『革命의 아들』, 서울: 後里出版社, 1983.

葉 靑, 『毛澤東思想批判』, 臺北: 帕米爾書店, 1974.

吳自甦, 『中國家庭制度』, 臺灣: 臺灣商務印書館, 1973.

王玉波, 『歷史的家長制』, 北京: 人民出版社, 1984.

王章陸, 『中國大陸社會的變遷』, 臺北: 黎明文化事業公司, 1978.

王章陸, 『中共敎育制度』, 臺灣: 正中書局, 1980.

王貞韶·單正平 編, 『怎樣繼承遺産』, 上海: 知識出版社, 1985.

于偉國·冷溶 主編, 『學習江澤民同志重要講話』, 北京: 人民出版社, 1989.

熊自建, 『中國學界孔子硏究新貌』, 臺北: 文津出版社, 1988.

魏英敏·金可溪, 『倫理學簡明敎程』, 北京: 北京大學出版社, 1984.

魏英敏, 『新倫埋學敎程』, 北京: 北京大學出版社, 1993.

劉其仁, 『家庭幸福秘訣』, 北京: 藍天出版社, 1990.

劉達鑑, 『婚姻社會學』, 天津: 天津人民出版社, 1987.

劉武生 編著, 『社會主義初級段階的基本路線學習講話』, 北京: 棠案出版社, 1988.

劉少奇, 『關於修改黨章的報告』, 北京: 中國出版社, 1947.

劉志琴, 『文化危機與展望上』, 北京: 中國靑年出版社, 1989.

劉淸波, 『中國的婚姻法』, 臺北: 臺灣商務印書館, 1983.

劉澤華 主編, 『中國古代政治思想史』, 天津: 南開大學出版社, 1994.

吳振坤·王樹雲, 『中國社會主義現代化建設問題』, 北京: 中共中央黨敎校出版社, 1984.

李文奎 編譯, 『鄧小平文選下』, 서울: 인간사랑, 1989.

李福麟 外 2人, 『新時期思想敎育手冊』, 北京: 中國法制出版社, 1990.

李書有, 『儒學與社會文明』, 南京: 南京人民出版社, 1995.

李赤園 編, 『中國人的性格』, 臺灣: 中央硏究院, 1971.

李宗桂, 李宰碩 譯, 『중국문화개론』, 서울: 東文選, 1997.

李合龍, 『中國女性未來發展大趨勢』, 北京: 婦女兒童出版社, 1988.

人民日報理論部 編, 『只有社會主義才能發展中國』, 北京: 人民日報社, 1990.

仟繼愈, 『中國哲學史簡編』, 北京: 人民出版社, 1974.

林毓生, 『中國傳統的創造性轉化』, 北京: 三聯書店, 1988.

張 弓, 『人民公社眞像』, 九龍: 自聯出版社, 1959.

張玉法, 신승하 옮김, 『중국현대정치사론』, 서울: 고려원, 1991.

章政通, 『中國文化與現代生活』, 臺北: 水牛出版社, 1987.

堅持四項基本原則 編纂組, 『堅持四項基本原則』, 北京: 解放軍出版社, 1984.

張侃霖·錢明華, 『中國繼承法』, 天津: 中國政法大學出版社, 1991.

章海山·陳思迪·徐煥洲, 『家庭倫理』, 廣東: 廣東人民出版社, 1984.

張賢鑑 外 3人, 『婚姻家庭槪論』, 抗州: 抗州人民出版社, 1986.

鄭　剛, 『中國人的精神』, 廣州: 廣東旅遊出版社, 1977.

趙吉惠·郭厚安·趙馥浩·潘策, 김동휘 옮김, 『中國儒學史 1·2』, 서울: 신원문화
　　　사, 1997.

趙云獻, 『鄧小平黨的建設思想槪論』, 北京: 知識出版, 1991.

周鯨文, 金俊燁 譯, 『共産政權下의 中國(上·下)』, 서울: 文明社, 1985.

中共中央書記處研究室綜合組編寫, 『學習十二大黨問答(朝鮮文)』, 北京: 民族出版
　　　社, 1983.

中國大百料全書出版社 編輯部 編, 『中國大百料全書 I』, 北京: 中國大百料全書
　　　出版社, 1987.

中國倫理學會 編, 『道德與改革』, 上海: 上海人民出版社, 1988.

中國百科大辭典 編, 『中國百科大辭典』, 北京: 華夏出版社, 1990.

中國法律年鑑 編輯部, 『中國法律年鑑』, 上海: 法律出版社, 1987.

中國婚姻家庭研究會 編, 『當代中國婚姻家庭』, 北京: 中國婦女出版社, 1986.

中華全國婦女聯合會 編, 박지영·전동현·차경애 옮김, 『中國女性運動史(上·下)』,
　　　서울: 한국여성개발원, 1992.

陳東原, 『中團女性生活史』, 上海: 上海文藝出版社, 1990.

陳紹禹, 『婚姻法及其有關文件』, 北京: 人民出版社, 1952.

陳若曦 外, 黃大測 編譯, 『北京25時』, 서울: 新潮社, 1979.

陳玉金, 『鄧小平倫理思想研究』, 江蘇: 南京出版社, 1990.

蔡　磊, 『社會和家庭中的韓·中婦女』, 서울: 한국여성개발원, 1991.

鄒積貴·鄭可圃 主編, 『馬克思主義基本原理』, 青島: 青島大學出版社, 1990.

巴　金, 최보섭 옮김, 『家』, 서울: 청람, 1985.

馮友蘭, 『中國哲學簡史』, 北京: 北京大學出版社, 1996.

馮友蘭, 鄭仁在 譯, 『中國哲學史』, 서울: 螢雪出版社, 1982.

何幹之, 『中國啓蒙運動史』, 重慶: 生活書店, 1947.

何錫章, 『歷史透鏡下的塊靈』, 北京: 國際文化出版公司, 1988.

何竹康 主編, 『中國共産黨百料要覽』, 吉林: 吉林人民出版社, 1991.

2) 논 문

羅榮渠, 羅榮渠, 主編, 「中國近百年來現代化思潮演變的反思」, 『從‘西化’到現代化』,
　　北京: 北京大學出版社, 1990.

潭雙泉, 「毛澤東思想儒家化」, 『求是』, 第23其(總1170號), 1991.

徐源培, 「實事求是是毛澤東思想的精髓」, 『復旦學報』(社會科學版), 第6期, 1993.

成子范, 全國黨校 哲學年會秘書處 編, 「建設有中國特色的社會主義的哲學思考」,
　　『建設有中國特色的社會主義的哲學思考』(全國黨校 哲學年會 論文集), 第4
　　期, 貴州: 貴州人民出版社, 1984.

安起民, 中央人民廣播電壹理論部 編, 「實事求是是毛澤東思想卜的精隋」, 『‘鄧小
　　平文選’中的哲學思想』, 北京: 廣播出版社, 1984.

楊俊戶, 「論社會主義時期我國農村的婚姻家庭問題」, 『文史哲』, 第6期, 1981.

余敦康, 「論家庭倫理思想」, 『儒家國際學術討論會論文集』, 山東: 齋魯書社出版社,
　　1989.

王　康, 「傳統與變遷」, 『社會科學戰線』, 第4期, 1983.

劉大年, 「馬克思主義與中國傳統文化」, 『求是』, 第97其(總329號), 1989.

劉膽驥, 「中國大陸婚姻與家庭的變遷」, 『中團大陸研究(第31券)』, 第4期, 1988.

劉膝驥, 「中國大陸婚姻與家庭的變遷」, 『中國大陸研究(第31券)』, 第4期, 1988.

劉應杰, 「中國農村社會的家庭和親屬」, 『社會學研究』, 第5期, 1988.

尹　治, 「評包遵信的‘當代中國馬克思主義儒家化’」, 『求是』, 第24期(總1225號), 1989.

李先念, 當代思潮雜誌社 編, 「改革, 開放政策符合中國國情」, 『學習社會主義理論
　　增强社會主義信念』, 北京: 光明日報社, 1990.

張敏杰, 「二十世紀中國家庭的變遷」, 『浙江學刊』, 第6期(總59期), 1989.

張炳玉, 「析論現代化理念對中國現代化的解釋」, 『中國學誌』, 第4期, 계명대학교
　　中國學研究所, 1987.

張　婕, 「大陸拐賣人口犯罪問題調查」, 『共黨問題研究(第18券)』, 第8期, 1992.

陳基五, 「實事求是是毛澤東思想的精髓」, 『毛澤東思想論文集』, 上海: 上海人民出
　　版社, 1984.

陳　勝, 「應當重視家庭文化建設」, 『道德與文明』, 第4期, 天津: 中國倫理學會·天津
　　社會科學院, 1996.

周振華, 「現代化是一個歷史的世界的槪念」, 『經濟研究』, 第8期, 1979.
夏征農, 中共上海市委宣傳部 編, 「從實踐出發, 堅持和發展毛澤東思想」, 『毛澤東 思想論文集』, 上海: 上海人民出版社, 1984.

2. 국문 자료

1) 단행본

경남대 극동문제연구소 中·蘇硏究室, 『中國改革政治』, 서울: 경남대출판부, 1985.
高範瑞, 『變革期의 社會倫理』, 강원: 翰林大學出版部, 1986.
공산권연구협의회, 『共産圈硏究現況』, 서울: 法文社, 1981.
金璟東, 『現代의 社會學』, 서울: 博英社, 1989.
金敬琢, 『中國哲學槪論』, 서울: 汎學圖書, 1970.
金能梧, 『中國哲學史』, 서울: 獎學出版社, 1978.
金相狹, 『毛澤東思想』, 서울: 一潮閣, 1978.
金永俊, 『毛澤東思想과 鄧小平의 社會主義』, 서울: 亞細亞文化社, 1985.
金在泳, 『政治社會化論』, 서울: 大王社, 1982.
羅昌柱, 『北韓共産政治論』, 서울: 形成社, 1983.
都珖淳 編, 『東아시아文化와 韓國文化』, 서울: 敎文社, 1988.
東亞日報社, 『동양사상과 사회발전』, 서울: 東亞日報社, 1996.
디 브로이엘, 김주영 옮김, 『하늘의 절반: 중국의 혁명과 여성해방』, 서울: 동녘, 1985.
K. 마르크스·F. 엥겔스 김재기 편역, 『마르크스·엥겔스 저작선』, 서울: 거름, 1988.
라이샤워·페어뱅크, 全海宗·高柄翊 譯, 『東洋文化史』, 서울: 知識産業文化社, 1964.
閔斗基, 『中國近代史論』, 서울: 知識産業社, 1980.
朴秉濠, 『韓國法制史考』, 서울: 法文社, 1987.
白秉勳, 『中國式社會主義論』, 서울: 東方圖書, 1991.

최완규, 『북한의 국가 성격 변동에 관한 연구』, 서울; 한울: 2001.

法制處, 『北韓法制槪要』, 서울: 韓國法制研究院, 1992.

北韓研究所 編, 『北韓敎育論』, 서울: 北韓研究所, 1977.

서울大學校 現代思想研究會 編, 『이데올로기와 社會變動』, 서울: 서울대학교출판부, 1973.

徐鎭英 編, 『現代中國의 政治와 社會變動』, 서울: 고려대학교 아시아문제연구소, 1986.

成均館大學校 儒學科敎材編纂委員會, 『儒學原論』, 서울: 成均館大學校出版部, 1981.

宋榮培, 『中國社會思想史』, 서울: 한길사, 1986.

申榮鎬, 『共同相續論』, 서울: 나남, 1987.

安秉永, 『現代共産主義硏究』, 서울: 한길사, 1983.

梁性喆, 『北韓政治硏究』, 서울: 博英社, 1993.

F. 엥겔스, 김대웅 옮김, 『가족 사유재산 국가의 기원』, 서울: 아침, 1991.

廉弘喆, 『比較共産主義政治論』, 서울: 博英社, 1977.

오세철, 『문화와 사회심리이론』, 서울: 博英社, 1986.

柳承國, 『東洋哲學硏究』, 서울: 槿域書齋, 1983.

劉永珠, 『新家族關係學』, 서울: 敎文社, 1991.

愈勳 外, 『政策學槪論』, 서울: 法文社, 1981.

尹泰林, 『韓國人의 性格』, 서울: 東方図書, 1986.

李光奎, 『韓國家族의 構造分析』, 서울: 一志社, 1990.

李光奎, 『文化人類學의 世界』, 서울: 서울대학교출판부, 1986.

李光奎, 『韓國家族의 構造分析』, 서울: 一志社, 1980.

李基遠, 『軍事戰略論』, 서울: 東洋文化社, 1982.

李明南, 『이데올로기 分析論』, 전남: 전남대학교출판부, 1985.

李命植 中正鉉 編, 『現代共産體制의 比較硏究』, 서울: 日新社, 1987.

이베허, 『중국인의 생활과 문화』, 서울: 긴영사, 1994.

李瑞行, 『淸白吏精神과 公職倫理』, 서울: 인간사랑, 1990.

李壽允, 『政治哲學』, 서울: 法文社, 1981.

李效再, 『家族과 社會』, 서울: 經文社, 1991.

李熙昇, 『國語大辭典』, 서울: 民衆書林, 1988.

임희섭 編, 『韓國社會의 發展과 文化』, 서울: 나남, 1987.

全海宗, 『韓國과 中國』, 서울: 知識産業社, 1979.

鄭慶模·崔達坤, 『北韓法令集(第2·3券)』, 서울: 大陸研究所, 1990.

鄭仁興 外 2人, 『政治學大辭典』, 서울: 博英社, 1988.

鄭賢壽·金容煥·全外述, 『北韓政治經濟論』, 서울: 新英社, 1995.

曹准煥, 『中國의 實體와 政策』, 서울: 韓國外國語大學出版部, 1994.

체스타 탄, 閔斗基 譯 『中國現代政治思想史』, 서울: 知識産業社, 1985.

崔東熙 外 2人, 『倫理』, 서울: 고려대학교출판부, 1973.

崔 明, 『現代中國의 理解』, 서울: 玄岩社, 1975.

崔在錫, 『韓國人의 社會的 特性』, 서울: 開文社, 1980.

쿠시넨, 『사회주의와 공산주의』, 서울: 동녘, 1989.

통계청, 『중국의 주요 경제사회지표』, 통계청, 1996.

한국공산권연구협의회, 『韓國 共産圈研究 白書』, 서울: 한국공산권협의회, 1989.

韓國社會主義體制研究協議會, 『社會主義研究文獻 目錄』, 서울: 韓國社會主義體制研究協議會, 1991.

韓國精神文化研究院, 『韓國人의 初期 社會化 過程 研究』, 성남: 한국정신문화연구원, 1983.

韓大元 外, 『現代中國法入門』, 서울: 博英社, 1995.

韓培浩·魚秀永, 『韓國政治文化』, 서울: 法文社, 1984.

韓相福·李文雄·金光億, 『文化人類學概論』, 서울: 서울대학교출판부, 1991.

『現代社會와 家族』, 서울, 峨山社會福祉事業財團, 1986.

2) 논 문

金稔子, 「中共의 婦女運動에 관한 研究」, 서울: 西江大學校博士學位論文, 1983.

金丁鎭, 「孔子의 理想政治論과 그 哲學」, 『東洋文化研究(第5輯)』, 대구: 경북대학교, 1979.

金河龍, 徐鎭英 編, 「四個現代化와 理念變質」, 『現代中國의 政治와 社會變動』, 서울: 고려대학교 아시아문제연구소, 1986.

南仁淑, 「북한의 가정생활 실태: 衣食住 생활과 女性」, 『北韓研究(가을호)』, 서울:

大陸硏究所, 1990.

柳岸津, 「韓國 傳統社會의 特性과 初期 社會化」, 『韓國人의 初期社會化 過程硏究』, 성남: 한국정신문화연구원, 1983.

朴秉濠, 「韓國의 傳統社會와 法」, 『法學』, 서울: 서울대학교 法學硏究所, 1991.

朴秉濠, 「孝倫理의 法規範化와 그 繼承」, 『孝思想과 未來社會』, 성남: 한국정신문화연구원, 1995.

朴在侃, 「傳統的 孝思想과 그 現代的 意義」, 『傳統倫理의 現代的 照明』, 성남: 한국정신문화연구원, 1989.

朴容憲, 「價値敎育을 위한 槪念設計」, 『민주문화논총(제2권)』, 제8호, 서울: 민주문화아카데미, 1991.

朴容憲, 「中國의 變化와 政治思想敎育의 動向」, 『민주문화논총(제1권)』, 제4호, 서울: 민주문화아카데미, 1989.

朴治正, 「中國特色的 社會主義의 특성연구」, 『中蘇硏究』, 통권 60호 1993/4 겨울, 서울: 한양대학교 중·소연구소

朴忠錫, 「古代中國의 政治思想」, 『梨大社會科學論集 I』, 1980.

夫南哲, 『朝鮮前期 政治思想硏究』, 韓國外國語大學校 博士學位論文, 1990.

夫南哲, 「北韓의 儒敎的 傳統倫理政策: 家族倫理·法을 중심으로」, 서울: 통일원 연구보고서, 1992.

서진영, 「중국 사회주의: 그 승리와 좌절의 역사」, 『사상(가을호)』, 서울: 사회과학원, 1989.

李慶淑, 「中國의 女性政策과 女性의 政策決定參與」, 『中國女性硏究』, 서울: 숙명여자대학교 아세아여성문제연구소, 1989.

李箕永, 「家庭倫理와 社會敎育」, 『汎國民새生活倫理學講演大會』, 서울: 栗谷思想硏究院, 1992.

李秉錫, 「土地改革과 政黨의 制度化」, 高麗大學校 博士學位論文, 1987.

李溫竹, 「中國의 現代化와 女性에 대한 社會意識」, 『中國女性硏究』, 서울: 숙명여자대학교 아세아여성문제연구소, 1989.

李兌榮, 「北韓의 女性解放정책과 家父長制」, 『北韓硏究(가을호)』, 서울: 大陸硏究所, 1990.

李漢龜, 「儒敎倫理의 構造와 社會的 機能」, 『韓國哲學思想硏究』, 성남: 한국정신문화연구원, 1982.

張　虎, 「中國의 傳統的 價値體系와 共産主義」, 『亞細亞傳統社會에 미친 共産主義의 影響』, 서울: 西江大學校 東亞研究所, 1987.

田鳳德, 「傳統的 社會와 法思想」, 『法學』, 서울: 서울대학교 法學研究所, 1978.

趙鏞官, 「最近 中國의 家庭生活 實態」, 『민주문화논총(제2권)』, 제1호, 서울: 민주문화아카데미, 1991.

趙鏞官, 「鄧小平體制下의 中共의 政治教育」, 『論文集』, 第2號, 성남: 한국정신문화연구원, 1987.

池教憲, 「家庭의 倫理的 特性과 社會·教育的 機能」, 『個人과 國家』, 성남: 한국정신문화연구원, 1985.

陳德奎, 「한국사회에서의 가족체운동의 전개」, 『민주문화논총(제1권)』, 제6호, 서울: 민주문화아카데미, 1989.

蔡國裕, 「中共統治下에서 中國大陸社會構造의 變遷」, 『亞細亞傳統社會에 미친 共産主義의 影響』, 서강대 東亞研究所·國立政治大學 國際關係研究中心, 1987.

崔達坤, 「1980年의 改正中共婚姻法」, 『法學論集(第20輯)』, 서울: 高麗大學校 法科大學, 1982.

패리스 장, 「中共의 現實」, 『思想界(3월호)』, 1957.

3) 외국서

(1) 동양서

宮崎孝治良, 『財産承繼制度の比較法的研究－農業基本法の基調を求めて』, 東京: 勁草書房, 1983.

大內憲昭, 「朝鮮民主主義人民共和國の新しい家族法」, 『定住外國人と家族法 Ⅲ』, 東京: '定住外國人と家族法' 研究會, 1991.

島田正郎, 『東洋法史』, 東京: 東京敎學社, 1977.

福島正夫 外, 원화용 옮김, 『家族』, 서울: 한울림, 1985.

三浦薦作, 張宗九·林科裳 譯, 『中國倫理學史』, 臺灣: 臺灣商務印書館, 1970.

小野私子, 李東潤 譯, 『現代中國女性史』, 서울: 正宇社, 1985.

鹽谷弘康·黑木三郎 編, 「中華人民共和國の家族法」, 『世界の家族法』, 東京: 敬文

堂, 1991.

宇野重昭 外, 이재선 옮김, 『中華人民共和國』, 서울: 학민사, 1988.

日本國際問題硏究所中國部會, 『中國共産黨史資料集(第5券)』, 東京: 徑草書房, 1972.

滋賀秀三, 『中國家族法の原理』, 東京: 創文社, 1967.

田島淳子, 「中國の離婚狀況」, 『中國硏究月報(3月號)』, 1986.

陳明俠, 「中國の家族制度と新たな家族法の變化」, 『中國硏究月報』, Vol.42, No.12 (No.490), 中國硏究所, 1988.

丸山松幸, 김정화 옮김, 『五・四運動의 思想史』, 서울: 일월서각, 1983.

黑木三郎 編, 『世界の家族法』, 東京: 敬文社, 1991.

靑山道夫, 國際法律家連絡協會, 「社會改造と人間改造」, 『中國の法と社會』, 東京: 新讀書社, 1960.

(2) 서양서

A. D. Hall & R. E. Fagen, *Definition of System*, in Ruben, Brent D. & John Book Co., 1945.

Anthony F. C. Wallace, *Culture and Personality*, N. Y.: Random House, 1961.

Archie Brown and Jack Gray(eds.), *Political Culture and Political Change in Communist States*, N. Y.: Holmes & Meier Publishers Inc., 1978.

Arthur F. Wright Denis Twitchett(ed.), *Confucian Personalities*, Stanford: Stanford Univ. Press, 1962.

C. D. Kering, *Western Society and Marxim Communism 2*, N. Y.: Herder, 1972.

C. K. Yang, *Chinese Communist: The Family and the Village*, Massachusetts: The M. I. T. Press, 1959.

C. K. Yang, *Chinese Village in Early Communist Transition*, Cambridge: The Techology Press, 1959.

Chalmers Johnson, *Change in Communist System*, Stanford: Stanford Univ. Press, 1968.

Charles A. Moore(ed.), *The Chinese Mind*, Honolulu: Hawaii Univ. Press, 1967.

Chong-Do Hah, *The Dynamics of the Chinese Cultural Revolution: An Interpretation Base on An Analytical Framework of Political Coalition*, World Politics, Vol.SSIV, No.2, Jan, 1972.

David C. Buxbaum(ed.), *Chinese Family Law and Social Change*, Hongkong: Washington Univ. Press, 1978.

Dean Jaros, Socialization to Politics, N. Y. Praeger Publishers, 1973.

Edgar Snow, *Red Star of China*, 愼洪範 譯, 『中國의 붉은 별』, 서울: 두레, 1985.

Elisabeth Croll, *Feminism and Socialism in China*, 김미영·이연주 옮김, 『中國女性解放運動』, 서울: 사계절, 1985.

Francis L. K. Hsu(ed.), *Psychological Anthropology*, Homewood: The Dorsey Press Inc., 1961.

Franz Schuman, *Ideology and Organization in Communist China*, California: California Univ., 1968.

Fung Yu-lan, *A History of Chinese Philosophy*, N. Y.: The Free Press, 1948.

Gene T, Hsiao, *The Background and Development of The Great Proletarian Cultural Revolution*, Asian Survey Ⅶ June, 1967.

H. Doak Barett, *Uncertain Passage*, Washington, D. C.: The Brookings Institution, 1974.

Harold C. Hinton, *Communist China in World Politics*, 金河龍 譯, 『中共과 世界政治』, 서울: 語文閣, 1967.

Herrlee G. Creel, *Chinese Thought*, Chicago: Chicago Univ. Press, 1953.

Hery J. Lethbridge, 前田壽夫 譯, *Communism in China*: A Handbook, 『中國讀本』, 東京: 時事通信社, 1967.

Ho Ping-ti and Tang Tson(ed)., *China in Crisis Vol.1.: China's Heritage and the Communist Political System*, London: Chicago Univ. Press, 1968.

Ida Pruitt, *A Daughter of Han*, 薛順鳳 譯, 『중국의 딸』, 서울: 靑年社, 1980.

J. Messner, J. U. D., Dr. Econ. Pol., *Social Ethics*, Bingamton and New York, B. Herder Book Co., 1949.

James R. Townsend, *Politics in China*, Boston: Little, Brown and Co., 1980.

John Bryan Starr, *Ideology and Culture: Introduction to the Dialectic of Contemporary Chinese Politicis*, N. Y.: Harper, 1973.

John King Fairbank, *The United States and China*, 梁好民·禹勝勇 譯, 『現代中國의 展開』, 서울: 螢雪出版社, 1983.

Jorathan Harrison, Ethics, Paul Edwards(ed.), *The Encylopedia of Philosophy, 3*, N.

Y.: MacMillan, 1967.

L. J. Cohen & J. P. Shapiro(ed.), *Communist Systems in Comparative Perspective*, N. Y.: Anchor Press, 1974.

Lucian W. Pye, *China an Introduce*, Boston: Little, Brown and Co., 1978.

Margery Wolf, *The Revolution Postponed: Women in Contemporary China*, 문옥표 옮김, 『지연된 혁명』, 서울: 한울, 1988.

P. Wilkinson *Social Movement*, London: Paul Mall Press, 1971.

Paul Edwards(ed.), *The Encyclopedia of Philosophy, 3*, N. Y.; MacMillan 1967.

Paul H. Clyde Burton F. Beers, *The Far East, A History of Western Impact and Eastern Response, 1830-1975*, New Jersey: Prentice-Hall Inc., 1975.

R. K. Murdock, *Social Structure*, N. Y.: Free Press, 1966.

R. P. Appelbaum, *Theories of Social Change*, 김지화 옮김, 『사회변동의 이론』, 서울: 한울, 1983.

Robert C. Tucker, *The Marxian Revolutionary Idea*, W. W Norton & Company, 1970.

Royc. Macridis, *Contemporary Political Ideologies*, Boston: Brown and Co., 1983.

Szymon Chodak, *Societal Development*, N. Y.: Oxford Univ. Press, 1973.

V. A. Rubin, *Individual and State in Ancient China*, 임철규 옮김, 『중국에서의 개인과 국가』, 서울: 현상과 인식, 1983.

W. F. Ogburn, *On Culture and Social Change*, Chicage: Chicago Univ. Press, 1964.

W. T. de Bary, *Personal Reflections on Confucian Filal Piety*, 『孝思想과 未來社會』, 성남: 한국정신문화연구원, 1995.

William Ehenstein and Edwin Fogelman, *Today's Isms*, New Jersey: Prentice Hall, Inc., 1980.

William Hinton, *Fanshen-A Documentary of Revolution in a Chinese Village*, N. Y.: Vintage Books, 1966.

Y. Kim(ed.), *General System And Human Communication*, New Jersey: Hoyden Book Co. Inc., 1975.

조 용 관

1953년 경남 함안 출생. 고려대학교 문과대학(중어중문과)졸업. 한국
학중앙연구원 한국학대학원에서 석·박사학위 취득(정치교육·정치사
상전공).경희대·충남대·서울교대 강사 및 중국 천진사회과학원 특
별연구원, 인천대학교 정외과 겸임교수 역임. 현재 고려대학교 중국
학연구소 특별연구원, 치안정책연구소 연구부장으로 재직 중이다.

논문으로 「전통중국 교화론과 현대중국 정치교육론의 비교연구」, 「중
국경찰의 형성과정과 지도이념연구」, 「남북한 정치교육과 정치체제의
안정」, 「탈북자의 남한사회 적응을 통해본 통일교육의 과제」등 다수
가 있다.

중국학 총서 1

중국의 공산화 정책이 전통 가정윤리에 미친 영향

중국혁명과 가정윤리

• 초판 인쇄   2007년 5월 2일
• 초판 발행   2007년 5월 2일

• 지 은 이   조용관
• 펴 낸 이   채종준
• 펴 낸 곳   한국학술정보㈜
             경기도 파주시 교하읍 문발리 526-2
             파주출판문화정보산업단지
             전화 031) 908-3181(대표)·팩스 031) 908-3189
             홈페이지 http://www.kstudy.com
             e-mail(출판사업팀사업부) publish@kstudy.com
• 등   록   제일산 115호(2000. 6. 19)
• 가   격   20,000원

ISBN   978-89-534-6887-0 93590 (Paper Book)
          978-89-534-6888-7 98590 (e-Book)